オブジェクト指向設計実践ガイド

Practical Object-Oriented Design in Ruby

Rubyでわかる 進化しつづける柔軟なアプリケーションの育て方

Sandi Metz【著】 髙山泰基【訳】

技術評論社

はしがき

ソフトウェア開発において最もわかりきっていることを1つ挙げましょう。コードが育ち作成中のソフトウェアの要件が変化するにつれ、ロジックがさらに追加されることです。それは、現在のシステムにはまだ存在しないものです。ですから、ほとんどの場合において、コードの運用期間全体に渡ってのメンテナンス性が、現状の最適化よりも優先されます。

オブジェクト指向設計が約束するのは、コードのメンテナンス性の高さと進化のさせやすさです。これはほかの手法に勝ります。では、プログラミングを新しくはじめた人が、その優れたメンテナンス性の秘訣を解き明かすにはどうすればよいのでしょう。事実、プログラマーの多くは包括的なトレーニングを一度も受けたことがないまま、オブジェクト指向のコードを書いています。きれいに書くために、同僚や無数の古い本やオンラインの情報から、徐々にテクニックを拾い集めてきたのです。学校でオブジェクト指向について初歩的な教育を受けていたとしても、使われた言語はJavaやC++でした。(Smalltalkだった人は運がいいです！)

本書は、オブジェクト指向設計の基礎をすべて網羅しています。そのうえ、言語にはRubyを用いています。つまりRubyやRailsをはじめたばかりの無数の初心者を、次の段階である成熟したプログラマーへといつでも案内できるのです。

Ruby自体は、Smalltalkのように純粋なオブジェクト指向言語です。Rubyでは、(文字列や数値といった基本的なデータ構造でさえ、)すべてが振る舞いを持つオブジェクトとして表現されます。アプリケーションをRubyで書いているときは、オブジェクトを書いているのです。オブジェクトはそれぞれが何らかの状態をカプセル化し、自身の振る舞いを定義します。まだオブジェクト指向の経験がないのであれば、このプロセスのはじめ方を学ぶことに気が引けるかもしれません。しかし、本書はクラスに何を含めるかといった最も基本的な疑問にはじまり、単一責任の原則といった基本的な概念、損得を織り込んで継承とコンポジションから選択をすること、オブジェクトを単体でテストする方法まで、学びの段階をすべて案内します。

しかし、何と言っても、最大の長所はサンディの語り口にあります。彼女は経験豊富なだけではありません。Rubyコミュニティの中でも、これ以上ないほど特に人当たりの良いメンバーの1人です。彼女は良い仕事をしたと思います。文章全体をとおして、彼女の人柄の良さが伝わってきますから。私とサンディが知り合ってから数年が経ちました。そこで自問してみたのです。彼女の原稿は、実際に彼女と知り合いになることの素晴らしさにかなうものだろうかと。嬉しいことに、答えは「かなう」でした。それも、紛れもなく。だからこそ私は、彼女を新しい著者として、Ruby Professional Seriesへと喜んで迎え入れるのです。

オビー・フェルナンデス、シリーズ編集者
Addison Wesley Professional Ruby Series

はじめに

だれしも自身のベストを尽くしたいものであり、また意味のあることに取り組みたいと思うものです。さらに、ほかの条件が一切変わらないのであれば、その過程を楽しみたいと思うでしょう。

ソフトウェアを書くことを仕事とする私たちは、信じられないほどに恵まれています。ソフトウェアをつくることはこのうえない喜びです。物事を完成させるために自らの想像力を注げるのですから。私たちは、一石二鳥の仕事を選んだのです。書いたコードが役に立つという確信のもとに、純粋にコードを書く行為を楽しめます。生み出すものには価値があります。私たちは、今日の現実をつくる仕組みを構築する、現代の職人なのです。建築士や土木技術者に負けず劣らず、自分たちの業績に胸を張ることができます。

これはすべてのプログラマーが共有することです。とても情熱的な新人から、見るからに疲れはてた年長者、あるいはスタートアップで働くプログラマーから、盤石な企業で働くプログラマーまで共通します。プログラマーはだれしも自身のベストを尽くしたいのです。意味のあることに取り組みたいのです。過程を楽しみたいのです。

そのため、ソフトウェアがうまくいかないと、とりわけ困ってしまいます。質の悪いソフトウェアはプログラマーの目的を阻害し、また、プログラマーの幸福を妨げます。かつての生産性は損なわれ、速かったものは遅くなり、満足していた心は不満でいっぱいになるでしょう。

この不満は、物事を終わらせるためのコストが高くなりすぎたときに現れます。私たちの内面にある計算機は常に動いており、達成した総量とそこに費やされた努力の総量を絶えず比較しています。仕事のコストがその価値を上回れば、努力が無駄になったように感じます。プログラミングが楽しいとすれば、それは自身を有能にしてくれるからです。反対に、苦痛であるときは、自分はもっとできる、いや、すべきであると感じているのではないでしょうか。プログラマーの喜びは仕事の足取り次第です。

この本の題材は、オブジェクト指向ソフトウェアの設計です。アカデミックな重い本ではなく、1人のプログラマーが書いた、コードをいかに書くかという話です。今日の生産性が翌月も翌年も持続するようなソフトウェアをいかに構成するかを教えます。現時点で成果をあげ、それでありながら将来へも適応できるアプリケーションの書き方を示します。この本を読むことで自身の生産性を高め、そして、アプリケーションの運用コストを最初から最後まで下げられるようになるでしょう。

この本は、プログラマーの良い仕事をしたいという欲求を信じ、プログラマーにとって必要で、最も役立つ道具を授けます。この本はまったく実践的ですので、その核心では、楽しさをもたらすコードを書く方法についての本であるとも言えます。

対象読者

この本の対象読者は、オブジェクト指向でソフトウェアを書こうとしたことが最低一度はある人です。必要なのは、それがうまくいったかどうかではなく、単に、何らかのオブジェクト指向言語で挑戦したことがあるという事実だけです。第1章では、オブジェクト指向プログラミングの概要についても手短に説明しますが、その目的は共通の用語を定義することにあり、プログラミングを教えることではありません。

オブジェクト指向設計を学びたいけれど、オブジェクト指向プログラミングをまだ一度もやったことがないのであれば、この本を読む前に少なくとも何かチュートリアルを1つはこなしましょう。オブジェクト指向設計は問題を解決するものです。問題の解決法を理解するためには、それらの問題に苦しんだ経験が不可欠なのです。経験を積んだプログラマーであれば、このステップを飛ばしても差し支えないでしょう。しかし、多くの読者にとっては、この本を読みはじめる前にオブジェクト指向でコードを書いたほうが、より満足の得られる結果となるはずです。

この本では、Rubyを使ってオブジェクト指向設計を教えます。しかし、本で説明する概念を理解するためにRubyを知っている必要はありません。コード例も多くありますが、どれもかんたんに書かれています。何であれ、オブジェクト指向言語でプログラミングをしたことがあれば、Rubyを理解するのはたやすいことでしょう。

JavaやC++といった静的型付けのオブジェクト指向言語を使ってきたのであれば、この本から利益を得るために必要な経験はすでに持っているはずです。Rubyは動的型付け言語ですので、コード例の文法が簡潔になり、設計概念のエッセンスが明確になっているのは確かでしょうが、この本の概念自体は、どれをとっても、そのまま静的型付けのオブジェクト指向言語にも当てはめられます。

本書の読み方

「第1章　オブジェクト指向設計」では、オブジェクト指向設計の理由やその由来について一般的な概要を説明し、続いて手短にオブジェクト指向プログラミングの概要を説明します。この章は独立しています。最初に読んでも、最後に読んでも、正直なところ、完全に飛ばしてしまっても構いません。しかし、設計が貧弱なアプリケーションに苦しんでいる最中であれば、一服の清涼剤となるでしょう。

オブジェクト指向設計でアプリケーションを書いた経験があり、すぐにでも本題に入りたい場合は、安心して第2章から読み進めてください。その後聞き慣れない用語でまごついたときには、はじめに戻り、第1章に書かれているオブジェクト指向プログラミングの導入をめくってください。この本全体をとおして使われるオブジェクト指向の用語の紹介と定義は、そこでおこなわれています。

第2章から第9章にかけては、立て続けにオブジェクト指向設計の説明をします。「第2章　単一責任のクラスを設計する」で扱うのは、1つのクラスに属するものを決定する方法です。「第3章　依存関係を管理する」では、オブジェクトが互いに絡みつく原因と、それらを分離しておくための方法を説明します。これら2つの章では、メッセージよりもクラスに焦点を当てています。

「第4章　柔軟なインターフェースをつくる」から、焦点は徐々にオブジェクト中心からメッセージ中心の設計へと移っていきます。第4章はインターフェースの定義に際する話です。オブジェクトが互いに会話する方法について取り扱います。「第5章　ダックタイピングでコストを削減する」ではダックタイピングを取り扱います。ここで導入するのは「異なるクラスのオブジェクトが共通の役割を果たす」という概念です。「第6章　継承によって振る舞いを獲得する」では、クラスによる継承のテクニックを学びます。これを使って、「第7章　モジュールでロールの振る舞いを共有する」ではダックタイプされた役割をつくります。「第8章　コンポジションでオブジェクトを組み合わせる」ではコンポジションによってオブジェクトを組み立てるテクニックを説明したうえで、コンポジション、継承、ダックタイプによる役割の共有からいずれかを選ぶためのガイドラインを示します。「第9章　費用対効果の高いテストを設計する」ではテストの設計に専念します。前章までに登場したコードを使って説明が行われます。

これらの章はそれぞれ前の章に登場した概念の上に構成されます。コードがたくさん登場しますので、順番に読むのが一番でしょう。

本書の使い方

この本から汲み取れるものは、読者のこれまでの経歴によって異なります。すでにオブジェクト指向設計をよく知っている人にとっては、いくつかの考えるべきことと、いくつかの新しい視点、そしておそらく一部賛同できない意見を見つけることでしょう。オブジェクト指向設計に最終的な権威などいないのですから、原則（そして著者）に挑むことで、全体の理解が向上するはずです。最終的には、みなさんが自身の設計の権威にならなくてはなりません。問いかけをするも、実験をするも、選別をするも、みなさんの自由なのです。

さまざまな読者レベルに合わせるべきなのでしょうが、本書は、初心者にとってわかりやすいことを特に目標としています。もし、そんな初心者の一人なのであれば、このイントロダクションは特にあなたのために書かれたものと思ってください。ここで1つ、よいことを教えましょう。オブジェクト指向設計は黒魔術ではありません。単純に、まだみなさんがそのことを知らないだけです。ここまで読み進めてきたみなさんは、きっと設計について考えていることでしょう。この学びたいという欲求こそが、本書から利益を得るための唯一の必須条件です。

第2章から第9章にかけてオブジェクト指向設計の原則が説明され、とても明確なプログラミングのルールが示されています。しかし、これらのルールの受け取り方は初心者と熟練者で異なるものです。初心者であれば、必要に応じてこれらのルールに素直に従うことからはじめましょう。初期の素直さは、十分な経験を積んで自身で決断できるようになるまでの間の惨事を防いでくれます。これらのルールに対して意見が出てきたころには、自身のルールを決めるために十分な経験を積んでいることだと思います。そのころにはもう、設計者としての新たな経歴はすでにはじまっているのです。

謝辞

この本が存在することは驚くべきことです。この本が存在するという事実は、多くの人の努力と励ましによるものです。

執筆という長いプロセスの間中、Lori EvansとTJ Stankusはすべての章に対して早期のフィードバックをくれました。彼らはノースカロライナ州のダーラムに住んでいるので、私から逃れることはそもそもできなかったのですが、それでも彼らの支えに対する感謝の念は変わりません。

執筆途中で、否定のしようがなく、本来見積もっていた執筆時間よりもほぼ2倍の時間がかかるとわかったあとには、Mike DalessioとGregory Brownが草稿を読んで、非常に貴重なフィードバックとサポートをしてくれました。2人の励ましと情熱によって、プロジェクトは暗い日々を生き抜きました。

完成が近づいてきたときには、Steve Klabnik、Desi McAdam、Seth Waxがレビューをしてくれ、代役を丁重に務めてくれました。親切な読者である、みなさんの代役です。彼らの感想と提案により生まれた変更は、読者のみなさんにとって有益なものになるでしょう。

終盤の草稿を丁寧かつ綿密に読みとおしてくれたのは、Katrina Owen、Avdi Grimm、Rebecca Wirfs-Brockの3人です。彼らの親切かつ思慮深いフィードバックによって、この本はかなり改善されました。KatrinaとAvdi、Rebeccaとは、3人が力を貸してくれる以前には面識がありませんでした。参加してくれたことへの感謝もさることながら、彼らの気前の良さには頭が下がるばかりです。この本が有益だと思ってもらえましたら、彼らに会ったときに感謝をお伝えください。

また、ほかにも感謝を伝えたいのは、Gotham Ruby Groupと、筆者の設計についてのトークに高い評価を示してくださったみなさまです。その話をしたのはGoRuCo 2009と2011でした。GoRuCoのメンバーは、無名の私に、このアイデアを発表する場を与えてくれたのです。この本は、そこからはじまりました。Ian McFarlandとBrian Fordの、そのGoRuCoでのトークを見た直後からのこのプロジェクトに対する継続的な情熱は、伝わりやすく、かつ自信を持たせてくれるものでした。

執筆の過程を多大に支援してくださったのは、Pearson EducationのMichael Thurstonです。彼はまるで、私の安定しない執筆の波で混沌とした海を着実に進む、穏やかな大型客船のようでした。彼が直面した問題は想像に難くないでしょう。彼は、尽きることのない忍耐と思いやりを持って、書いているものは読まれるかたちに仕上げなければだめだと力強く言い続けてくれました。彼の努力は報われたと信じています。読者のみなさんにもそう思っていただければ幸いです。

Debra Williams Cauleyへの感謝も伝えたいと思います。Addison-Wesleyの担当編集者です。彼女が廊下での立ち話を偶然（間の悪いことに）耳にしたのは、2006年にシカゴで開かれた最初のRuby on Railsのカンファレンスでした。そこから彼女がはじめた活動が、次第にこの本になったのです。私の最大限の抵抗にもかかわらず、彼女はついに「いいえ」と言ってくれませんでした。上手に議論を運び続け、相手が説得されるまでやめません。これが物語るのは、彼女の忍耐力と真摯さです。

オブジェクト指向設計のコミュニティ全体への借りもあります。この本にある概念は、私がつくったのではありません。私は単に概念の翻訳者にすぎず、巨人の肩に乗っているだけです。言うまでもなく、これらの概念は他者の功績です。翻訳の失敗は、ひとえに私の責任です。

最後に、この本は、私のパートナーであるAmy Germuthなくしては存在し得ませんでした。このプロジェクトがはじまる前、自分が本を書くなど想像ができませんでした。多くの先人がこれまでに書いてきたと、彼女が教えてくれたおかげで、ずいぶんとできそうなことに思えました。いまみなさんの手にとられているこの本は、彼女の際限のない忍耐力と、尽きることのないサポートの証です。

感謝を、みなさんへ。

目次 —— *Contents*

Contents

Contents

Contents

Contents

Contents

第9章 費用対効果の高いテストを設計する 237

第1章 オブジェクト指向設計

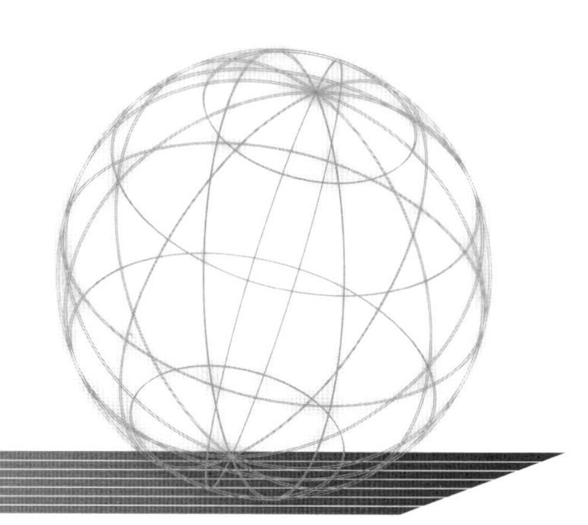

世界は手続き的です。時の流れの中で出来事が順番に起こり、過ぎ去っていきます。朝起きてからの手続きであれば、ベッドから出て、歯を磨いて、コーヒーを淹れて、着替えて、仕事へ向かう、となるでしょう。こうした活動は手続き型のソフトウェアで表現できます。物事の順序がわかっているのですから、それぞれを実行するコードを書いて、1つ1つを慎重につなぎ合わせればよいのです。

世界はまた、オブジェクト指向でもあります。日常ではさまざまなオブジェクトに関わりがあります。それが「配偶者」と「猫」ということもあれば、ガレージに置かれた古い「自動車」と大量の「自動車用部品」ということもあるでしょう。自身の脈打つ「心臓」とその健康を保つための「エクササイズ計画」ということも考えられます。オブジェクトはそれぞれが自身の振る舞いを持ち、そして互いに作用し合うのです。相互作用には予測可能なものもあります。しかし、たとえば、配偶者が予期せず猫を踏みつけてしまい、家族全員の心臓を激しく動悸させるようなリアクションが引き起こされ、そして、あなた自身は、計画的にエクササイズをしていてよかったなと新たに思うことだって、まったく起こり得るのです。

オブジェクトの世界では、振る舞いの新しい組み合わせは自然に現れます。spouse_steps_on_catの手続き（配偶者が猫を踏む手続き）コードをわざわざ書く必要はありません。必要なものは、歩き回る配偶者オブジェクトと、踏みつけられることを嫌う猫オブジェクトだけです。この

2つのオブジェクトを1つの部屋に配置すれば、予期しない組み合わせの振る舞いはいずれ起こるでしょう。

この本の主題は、オブジェクト指向ソフトウェアの設計です。ここでは世界を、オブジェクト間の自発的な相互作用の連続として捉えています。オブジェクト指向設計では発想の転換が求められます。世界を、あらかじめ決められた手続きの集まりと考えるのではなく、オブジェクト間で受け渡されるメッセージの連続としてモデル化するのです。オブジェクト指向設計が失敗する原因は、一見コーディングテクニックにあるように思えます。しかし、実際は視点の置き方に失敗していることにあります。オブジェクト指向設計の手法を学ぶにあたって、第一に要求されることは、オブジェクトの世界へ没入することです。一度オブジェクト指向の視点を手に入れてしまえば、あとは自然についてくるでしょう。

この本では、その没入の過程を最初から最後まで案内します。この章では、まずオブジェクト指向設計についての一般的な議論を述べます。そこで設計の下敷きとなる議論ができたら、そのあとに、設計をいつ行うかと、その良し悪しをどのように判断するかを説明します。最後にオブジェクト指向設計の概要を手短に説明して、章を終えます。この本の全体をとおして使われる用語は、その概要の中で定義します。

1.1 設計の賞賛

ソフトウェアは目的があってつくられます。ささいなゲームであろうと、放射線治療を補助するプログラムであろうと、対象のアプリケーションこそがその目的です。苦痛に満ちたプログラミングこそが、動くソフトウェアを生み出すために最も費用対効果の優れた方法であるならば、プログラマーはそれに堪え忍ぶか、ほかの仕事を探すかを、自身の心に従って決めねばならないでしょう。

幸いなことに、楽しさと生産性を天秤にかける必要はありません。これらのプログラミング手法（コーディングを楽しくするためのものと、最も効率良くソフトウェアを生産するためのもの）は重なります。オブジェクト指向設計の手法は、自身の心の問題と技術的なジレンマの両方を解決するものです。オブジェクト指向設計の手法に従えば、費用対効果の高いソフトウェアを生み出せるだけでなく、楽しく取り組めるコードで実現できるのです。

設計が解決する問題

新しくアプリケーションを書いているところを想像してみてください。このアプリケーションは、完全で正確に仕様を満たして完成するとします。また、考えにくいことですが、一度書かれたら、このアプリケーションは永久に変化しないとしましょう。

この場合、設計を気にする必要はありません。摩擦力や重力のない世界で大道芸人が皿を回すかのごとく、アプリケーションを動くようにプログラムしたら、あとは一歩下がって誇らしげに眺めていればよいのです。アプリケーションは永久に動き続けます。どれだけ不安定であろうと、コードという皿は回り続けます。ぐらつきながら回転し続けますが、決して落ちることはありません。

何も変わらない限りはですが。

あいにく、変化は訪れます。変化は常に訪れるものなのです。依頼者自身が望みをわかっていなかったり、伝えたいことが言えていなかったりするかもしれません。あなた自身が依頼者のニーズを理解できていないこともあれば、より良い方法を思いついたりすることもあるでしょう。あらゆる面で完璧なアプリケーションでさえ、安定ではないのです。アプリケーションが大成功すれば、さらなる要望が寄せられます。変化は避けられません。どんなところにも、どんなときにも表れます。変更は避けられないのです。

要件の変更は、プログラミングにおける摩擦力と重力と言えます。これにより導入される力は唐突で予期しない圧力を作用させ、よく練られた計画に影響を及ぼします。この、変更の必要性こそが、設計を重要にするのです。

変更が容易なアプリケーションは、書くにも拡張するにも楽しいものです。柔軟で適応性があります。変更を拒むアプリケーションはまったく逆です。どんな変更にもコストがかかるうえ、変更のたびに次の変更にかかるコストが上がります。変更が難しいアプリケーション開発に楽しんで取り組めることなど、ほとんどありません。とりわけ酷いものは、だんだんと自身が主演するホラー映画のようになっていきます。主人公は、不幸なプログラマーです。回転する皿から皿へと一心不乱に飛び回り、皿が割れる音を聞くまいと必死に駆けずり回ることになります。

変更が困難な理由

オブジェクト指向のアプリケーションは部品から構成されます。部品が相互に作用し合い、全体の振る舞いが生まれます。部品が「オブジェクト」であり、相互作用はオブジェクト間で受け渡される「メッセージ」です。正しいメッセージを正しいオブジェクトへ届けるには、メッセージの送り手が受け手のことを知っている必要があります。この知識が2つのオブジェクト間に依存関係をつくり出します。この依存関係が変更を邪魔するのです。

オブジェクト指向設計とは、「依存関係を管理すること」です。オブジェクト指向設計は、オブジェクトが変更を許容できるようなかたちで依存関係を構成するための、コーディングテクニックが集まったものです。設計がないと、管理されていない依存関係が大混乱を引き起こします。オブジェクトが互いを知りすぎるためです。オブジェクトを1つ変更すると、一緒に動くオブジェクトにも変更を加えることになり、すると、今度はそのオブジェクトとともに動くオブジェクトにも変更を加えることになります。これが「際限なく」続くのです。一見したところ何でもない改良が被害をもたらし、被害は同心円を重ねるように放射状に広がっていきます。最終的にはすべてのコードに手が加えられることでしょう。

オブジェクトが知識を持ちすぎているとき、オブジェクトは自分のいる世界に対して多くのことを望みます。そういったオブジェクトは気難しいので、物事が変わらずに「ただそのように」あるべきことを求めます。そして、その望みがそのままそのオブジェクト自身の制約となってしまいます。異なる環境で再利用しようとしても、オブジェクトがそうさせてくれません。そういったオブジェクトはテストするにも苦痛であり、また、複製もされやすいものです。

アプリケーションが小さければ、設計が貧弱でも耐えられます。あらゆるものが自分以外のすべてに結合していたとしても、一度にすべてを頭にとどめておくことができるぐらいの量であれば、まだアプリケーションの改善は可能です。設計が貧弱で「小さな」アプリケーションの問題は、そのアプリケーションが成功した場合、設計が貧弱で「大きな」アプリケーションに育っていくことにあります。やがて底なし沼のようになり、痕跡も残さず溺れてしまうのではないかと足を踏みだすのも恐ろしいアプリケーションになります。単純であるべき変更がアプリケーション内部を次々と伝わり、あらゆるところでコードを破壊するのです。そして、広範囲の書き直しが必要になります。テストは四方から板挟みになり、やがて開発を助けてくれるというよりも、開発を妨げているように感じてくるでしょう。

設計の実用的な定義

アプリケーションはどれもがコードの集まりです。つまり、コードの構成こそが「設計」であると言えます。プログラマーが2人いて、2人とも設計について共通の考えを持っていたとしても、同じ問題を解くときに解決策のコード構成まで同じになることはまずありません。設計とは、同じように訓練された作業員が同一の製品をつくる組み立てラインではなく、アトリエなのです。志を同じくした芸術家たちが、特別なアプリケーションを創り上げる仕事場です。ですから、設計は芸術と言えます。コード構成の芸術なのです。

設計が難しい理由の1つは、すべての問題が2つの要素を抱えている点にあります。同じコードにしても、いまユーザーに届けようと計画している機能のコードをただ書くのではなく、その後の変更も受け入れられるものをつくらなければなりません。最初のベータ版リリースを過ぎると、その後は変更コストがかさんでいき、最終的には初期の開発コストをしのぐようになるでしょう。設計原則は一部重複していますし、どの問題にしても期間の変更を伴います。ですから、設計課題に対していつもすぐに解決法を決められるわけではありません。設計で求められるのは、一種の合成です。アプリケーションに求められる機能全体の知識と、それぞれの設計案にかかるコストと利点についての知識を組み合わせ、コードの構成を工夫しなければなりません。現時点、そして未来においても、一貫して費用対効果の優れた構成を考える必要があります。

未来のことを考慮すると言うと、超能力のような、ふつうはプログラミングの領域外だと思われるものが必要だと言っているように聞こえるかもしれません。しかし、そうではありません。設計において、未来を考慮するという考えは、まだ知られていない要件を想定して、いまのうちにそのうち1つを実装しておくということではないのです。プログラマーは超能力者ではないので、特定の未来を予測した設計は、たいてい失敗に終わります。実用的な設計は、アプリケーションに何が起こるかを予測することはなく、将来何かが起こる、ということを単に認めるだけです。その「何か」を、現時点で設計者が知ることはできません。つまり、実用的な設計とは、未来を推測するものではなく、未来を受け入れるための選択肢を保護するものなのです。選択してしまうのではなく、動くための余地を設計者に残すものです。

設計の目的は「あとにでも」設計をできるようにすることであり、その第一の目標は変更コストの削減です。

1.2 設計の道具

設計とは、決められた一連のルールに従う行為ではありません。設計は、枝分かれする道を進む旅です。先立つ選択により、行き止まりになる選択肢もあれば、開かれる選択肢もあるでしょう。設計の間は、要件の迷路を歩き回ることになります。分かれ道はいつでも決断のときであり、その決断によって未来は左右されます。

ちょうど、彫刻家がノミとやすりを持つように、オブジェクト指向の設計者も道具を持ちます。それが、原則とパターンです。

設計原則

SOLIDという頭字語は、Michael Feathersによってつくられ、Robert Martinによって広められました。これは、オブジェクト指向設計で最もよく知られている5つの原則を表します。単一責任（**S**ingle Responsibility）、オープン・クローズド（**O**pen-Closed）、リスコフの置換（**L**iskov

Substitution)、インターフェース分離（Interface Segregation)、依存性逆転（Dependency Inversion）です。これらの原則のほかにも、Andy HuntとDave ThomasによるDRY（Don't Repeat Yourself)、ノースイースタン大学のデメテルプロジェクトによるデメテルの法則（LoD：Law of Demeter）といったものがあります。

これらの原則自体はこの本全体で扱っていきます。ここでの問題は、「これらの原則は、いったいどこから来たのだろう？」ということです。原則に価値があることは実証されているのでしょうか。それとも単なるだれかの意見であって、別に無視してもよいものなのでしょうか。一言で言えば、「だれがこの原則を提唱しているのだろう？」ということです。

これらの原則は、はじめはどれも、だれかがコードを書いている間に選んだ選択肢でした。初期のオブジェクト指向プログラマーは、仕事を楽にするコード編成もあれば、大変にするものもあることに気づきました。それらの経験が、良いコードの書き方に関する意見を進展させることになったのです。

次第に研究者たちも加わり、論文を書く際に必要な「良さ」を定量化することに決めました。彼らの欲求は称賛に値するものです。もし物事を数えることができれば、すなわち、自分たちのコードについて「メトリクス」を計算し、メトリクスを高品質／低品質のアプリケーション（それにもまた客観的な尺度が必要なのですが）に関連付けることができれば、コストを削減することはより多く、増加させることはより少なく実施することができます。品質を計測することで、オブジェクト指向設計を終わりのない論争から計測可能な科学に変えることができるのです。

1990年代に、ChidamberとKemerer[注1]、Basili[注2]らがまったくこのとおりのことをしました。オブジェクト指向のアプリケーションを採用し、コードを定量的に計測しようと試みたのです。さまざまなものに名前を付け、クラス全体の大きさやクラス同士のかかわり合い、継承階層の深さや広さ、メッセージが送られるごとに実行されるメソッドの数、といったようなものを計測しました。彼らは重要だと思ったコード構成を選び出し、計測する公式を考案しました。そしてできあがったメトリクスをアプリケーションに適用し、品質に関連付けたのです。調査結果は、高品質のコードとこれらの手法の間に明確な相関を示すものでした。

一連の研究は設計原則の有効性を証明したように見えたものの、経験豊富なプログラマーはその結果に慎重でした。初期の研究は大学院生によって書かれたとても小さなアプリケーションを

注1：Chidamber, S. R., & Kemerer, C. F. (1994). A metrics suite for object-oriented design. *IEEE Trans. Softw. Eng. 20*(6): 476-493.

注2：Basili Technical Report (1995). Univ. of Maryland, Dep. of Computer Science, College Park, MD, 20742 USA. April 1995. *A Validation of Object-Oriented Design Metrics as Quality Indicators.*

対象としていました。それだけでも、その結論に注意を払わなければいけないものだとみなすのには十分でした。用いられたアプリケーションのコードは、現実のオブジェクト指向アプリケーションを代表できるものではないかもしれないからです。

しかし、注意を払う必要がないということがのちに判明します。2001年、LaingとColemanは、「より高品質で低コストのソフトウェアを生産する方法」を探すという意図のもと、NASAのゴダード宇宙飛行センターのいくつかのアプリケーション（ロケット科学）を調査しました[注3]。調査対象となったのは、性質の異なる3つのアプリケーションです。1つは1,617のクラスと500,000行以上のコードから構成されていました。彼らの調査結果は以前の研究を支持するもので、また設計原則が大事なものであるということをさらに裏付けるものでした。

その研究結果を自分では一生読まないとしても、結果自体は確実に信頼してよいものです。これらの良い設計のための原則は、計測できる事実に基づいています。原則に従えば自身のコードを改善できるでしょう。

設計（デザイン）パターン

原則に加え、オブジェクト指向設計には「パターン」もあります。いわゆるGang of Four（GoF）と呼ばれる、Erich Gamma、Richard Helm、Ralph Johnson、そしてJon Vlissidesが、パターンについての画期的な作品を1995年に書きました。彼らの『Design Patterns』という本では、パターンは次のように説明されています。

> 「オブジェクト指向ソフトウェア設計において遭遇するさまざまな問題に対して、簡単でかつ明瞭な解を与える」ものであり「設計プロダクトの柔軟性、モジュール性、再利用性、および理解のしやすさをより高める」ために使えるものである[注4]。

デザインパターンの概念はとてつもなく強力です。一般的に共通する問題に同じ名前をつけ同じ手法で解決することで、あいまいなことが明確になります。デザインパターンによってプログラマー達は世代を問わず、コミュニケーションと共同作業ができるようになったのです。

パターンはすべての設計者の道具箱に入っています。よく知られたパターンそれぞれが、その

注3：Laing, Victor & Coleman, Charles. (2001). Principal Components of Orthogonal Object-Oriented Metrics (323-08-14).

注4：Gamma, E., Helm, R., Johnson, R., & Vlissides, J.(1995). *Design Patterns, Elements of Reusable Object-Oriented Software*. New York, NY: Addison-Wesley Publishing Company, Inc. (『オブジェクト指向における再利用のためのデザインパターン改訂版』本位田真一／吉田和樹 監訳、ソフトバンククリエイティブ、1999)

解決しようとする問題に対するほぼ完璧なオープンソースの解決法です。しかし、パターンの人気が出たことで、初心者が一種の乱用をするようになりました。熱意があり余るあまりに、まったく正しいパターンを間違った問題に適用してしまうといったことが起きたのです。パターンを間違って適用すれば、当然、複雑で混乱を招くコードがつくられます。パターンそのものに責任はありません。道具を、その使われ方で非難しても意味がなく、使うほうが道具をマスターしなければならないだけのことです。

本書はパターンについての本ではありません。しかし、パターンを理解するための準備と、適切に選び使うための知識は身につけることができるでしょう。

1.3 設計の行為

共通の設計原則とパターンが発見され、普及したことで、オブジェクト指向設計の問題はすべて解決したかのように見えました。根底にあるルールが明らかにされたのです。オブジェクト指向のソフトウェア設計で大変なことなど、ほかにもまだあるのでしょうか。

たくさんある、というのが答えです。もしソフトウェアが注文家具だとするならば、原則とパターンは木工道具のようなものです。ソフトウェアの完成像がわかっていても、それが勝手に完成品になることはありません。アプリケーションが現実のものとなるのは、道具を適切に使うプログラマーがいてこそです。完成品が美しいキャビネットになるか、がたつく椅子になるかには、プログラマーの設計の道具についての経験が反映されています。

設計が失敗する原因

設計が失敗する最初の原因は、設計が十分でないことにあります。プログラマーは最初、設計について少しのことしか知りません。しかし、これが抑止力になっているわけではありません。設計の初歩を知らなくても、動くアプリケーションはつくれるからです。

これはどんなオブジェクト指向言語にもあてはまる事実なのですが、より設計の影響を受けやすい言語があるのも確かです。Rubyのような手をつけやすい言語などは特にあてはまります。Rubyはとても親しみやすい言語です。Rubyを使えばほぼだれもが、反復作業を自動化するスクリプトをつくれます。また、Ruby on Railsのような主張の強いフレームワークのおかげで、Webアプリケーションはすべてのプログラマーに広がりました。Rubyのシンタックスはとても親切ですから、自分の考えを論理的に並べられる能力を持つ人ならだれでも動くアプリケーションをつくれます。オブジェクト指向設計について何も知らないプログラマーでも、Rubyを使えば目的を達成できるのです。

しかし、目的を達成していても「設計されていない」アプリケーションは、自身を破壊することになる種も運んでいます。設計のないアプリケーションは、書くのはかんたんですが、次第に変更ができなくなるでしょう。プログラマーは過去の経験に基づいて未来を予測できません。はじめのうちに約束されていた苦痛のない開発は、次第に破られます。変更の要求に対して、プログラマーが常に「はい、その機能は追加できますが、『すべてが壊れます』」と答えるようになると、楽観は失望へと変わっていきます。

もう少し経験を積んだプログラマーは別の失敗にぶつかります。オブジェクト指向設計の手法を知ってはいるものの、依然として適用方法がわかっていないようなプログラマーです。よかれと思って設計しすぎるという罠にかかります。少し知識を得たころこそ危険なのです。知識が増え、その見返りを求めるようになり、執拗に設計するようになってしまいます。情熱のあまり、不適切な場所に原則を適用し、存在しないところにパターンを見いだすのです。複雑で美しいコードの城を築き上げたあとに、石の壁に閉じ込められていることに気づいて苦しむことになります。このようなプログラマーも見分けることができます。変更の要求に対してこのように答えるでしょう。「いいえ、その機能は追加できません。『それをやるための設計はしていません』」

最終的に、設計の行為と実装の行為が乖離したとき、オブジェクト指向ソフトウェアは失敗します。設計とは漸進的な発見のプロセスであり、繰り返しのフィードバックを頼りに進んでいきます。この繰り返しのフィードバックは、適度な時間ごとに、インクリメンタルに行われるべきです。それゆえアジャイルソフトウェア運動（http://agilemanifesto.org/）の反復的な手法は、適切に設計されたオブジェクト指向アプリケーションをつくるためにはまさにうってつけです。アジャイル開発の反復的な性質によって、設計は定期的に調整され、自然に進化します。設計が早すぎる、つまり必要な調整がわかるにはまだまだ手前の時点で設計が行われると、コードには初期の間違った理解が固く埋め込まれます。どこか見知らぬところで、専門家が設計したアプリケーションを書くことになったプログラマーは、このように言うでしょう。「ええと、もちろんこれを書くことはできます。『けれど、これはあなたが本当に求めているものではないですし、いずれ後悔しますよ』」

設計をいつ行うか

アジャイルでは、正しいとされている考えがあります。それは、顧客は自身の求めるソフトウェアをその目で見るまではっきりとはわからないので、顧客にはすぐに見せるのがベストだ、という考えです。この前提が正しければ、ソフトウェアは小さな追加の繰り返しでつくっていくべきであり、開発を繰り返すことで徐々に顧客が本当に必要とするものを満たすアプリケーションに近づけていくべきである、ということを論理的に導けるでしょう。アジャイルで正しいとされる、顧客が本当に求めるものを生み出すための最も費用対効果の高い方法は、顧客と共同作業をすることです。ソフトウェアは一度に小さな単位でつくり、そのときそれぞれの単位が次のアイデアを変える機会となることを目指すのです。アジャイル体験とは、この共同作業によって最初に想像したものとは異なるソフトウェアが生み出されることです。できあがったソフトウェアは、ほかのどんな方法を用いても予測すらできなかったものになるでしょう。

アジャイルが正しいならば、同じように正しいことが2つあります。1つ目は、前もって全体の詳細設計（BUFD：Big Up Front Design）[注5]をつくることにはまったく何の意味もないことです（だって、それが正しいことなどないのですから）。2つ目は、アプリケーションの完成時期はだれにも予測できないことです（最終的にアプリケーションが何をするのかを前もって知ることはできませんよね）。アジャイルを快く思わない人がいても驚きはありません。「私たちが何をしているか、私たちにはわかりません」、「私たちのやっていることがいつ完了するのか、私たちにはわかりません」といったことを売り込むのは、ときに難しいものです。BUFDが欲しいという要望が消えることはありません。だれかにとっては、ほかの方法では得ることのできない、コントロールしている感覚をもたらしてくれる方法だからです。安心感こそあるかもしれませんが、それは、つかの間の幻想です。アプリケーションの開発をするうちにやがて消えてしまうでしょう。

BUFDにより、顧客とプログラマーは必然的に敵対することになります。動かせるソフトウェアに先立って全体の設計をつくったところで、それが正しいことはありません。それがどんなものであってもです。ですから、仕様どおりにアプリケーションを書いたところで、顧客のニーズを満たすアプリケーションができないことは決まりきっています。顧客はアプリケーションを使おうとしてはじめてそれに気づき、そこで変更を求めます。当然、プログラマーはこの変更を拒みます。守らなければならないスケジュールがあるからです。たいていはそのスケジュールもすでに遅れているのですが。プロジェクト参加者の力は、プロジェクトを成功させるためではなく、失敗の責任を負わせられないことに注がれていきます。そうなるともう、プロジェクトが徐々に死んでいくのを待つばかりです。

この戦いのルールはだれにとっても明白です。プロジェクトの納期が過ぎれば、たとえ仕様の変更によるものだとしても、プログラマーの責任になります。しかしもし納期に間に合えば、完成

注5：訳注 一般にはBDUF（Big Design Up Front）と言うことのほうが多いようです。ここでは原文に倣い、BUFDを用います。また、c2wikiにはBig Design Up Frontに関してこのように書かれています。「コーディングとテスティングの前に大きな詳細設計を行うソフトウェア開発メソッドを表す用語としてよく使われる」（http://c2.com/cgi/wiki?BigDesignUpFront）

品が実際のニーズを満たしていないとしても、それは仕様が悪かったことになります。つまり、顧客の責任です。BUFDの設計資料は、はじめはアプリケーション開発のロードマップとして用意されますが、次第に異なる意見が集中する場となります。それらの設計書は高品質のソフトウェアの代わりに、曲解された言葉を生み出します。最終的に責めを負う人になるまいと、最後の責任の押しつけ合いの中で使われる言葉となるのです。最終的にやっかいな責任をなすり付けられる人間になど、だれもなりたくないのです。

同じことを何度も繰り返しながら異なる結果を期待することが狂気であるならば、アジャイル宣言によって、私たちは全体として正気を取り戻しました。アジャイルが有効である理由は、ソフトウェアがかたちになる「前」に確かさを手に入れることはできないと認めたからです。アジャイルはこの事実を受け入れることで、戦略を用意できるようになりました。目標も日程も知らぬままソフトウェアを開発することのハンディキャップを乗り越えるための戦略です。

しかし、アジャイルが「BUFDをつくるな」と言うのは、設計をまったくするなという意味ではありません。同じ「設計」という言葉でも、BUFDとオブジェクト指向設計とでは、意味が異なります。BUFDは、提案されたアプリケーションの、すべての機能の、想定される未来の内部動作をすべて特定し、完全に文書化することです。もしソフトウェアアーキテクトも関わっていれば、前もって、すべてのコードがどのように構成されるかまで決めることになるかもしれません。一方オブジェクト指向設計は、もっと小さな領域に関心を向けたものです。オブジェクト指向設計とは、変更がかんたんになるように、どんなコード構成にするか、ということです。

アジャイルプロセスは、「変更が起きることを約束」します。そして、変更ができるかどうかはアプリケーションの設計に依存します。もし、適切に設計されたコードを書けないのであれば、すべてのイテレーションで自身のアプリケーションを書き直さなければならなくなるでしょう。

したがって、アジャイルは設計を禁止しているのではなく、設計を必要としているのです。それも単なる設計ではなく、本当に良い設計です。最善を尽くしましょう。アジャイルが成功するかどうかは、シンプルで、適応性があり、柔軟性があるコードにかかっているのです。

設計を判断する

その昔、プログラマーは生産したコードの行数（source lines of code、またはSLOCと呼ばれます）で判断されることもありました。このメトリクスが導入された経緯は明らかでしょう。プログラミングを、同じように訓練された作業員がまったく同じ製品を組み立てる工程だと考えている上司がいたとします。その人たちが、個々の生産性はそれぞれの成果物の量で単純に測れると思い込むのは容易にあり得ることです。必要性に迫られた管理職が導入することもあります。プログラマーを比較する方法とソフトウェアを評価するための信頼できる方法を、喉から手が出るほど欲しい状況にあったとしましょう。そんなとき、コード行数は、たとえどんな問題があったとしても、何もないよりははるかによかったのです。少なくともコード行数は、「何らかの」再現性のある測定値でした。

このメトリクスは明らかにプログラマーによってつくられたものではありません。コード行数は、確かに個人の努力とアプリケーションの複雑さを測る物差しにはなるかもしれません。しかし、全体の品質については不明瞭です。冗長なコードを書くプログラマーが高く評価される一方で、有能なプログラマーは不当に評価されます。熟練したプログラマーにとっては創意工夫を凝らす機会にこそなりますが、当然対象のアプリケーションは犠牲になります。自分ならより少ない行数で実装できる機能を、より多くのコードを書いて実装するという理由だけで、隣に座る新人プログラマーのほうが生産的だと思われていたらどうでしょう。この、コード行数というメトリクスは評価の構造を変えてしまい、それにより自然と品質は損なわれるようになるのです。

モダンな世界では、コード行数は過去の遺物で、すでに新しいメトリクスに広く置き換えられています。自分の書いたコードが、どれだけオブジェクト指向設計の原則に沿っているかを測ってくれるRubyのgemはたくさんあります（ruby metricsでgoogle検索すれば、最新のものが出てくるでしょう）。メトリクスを計測するソフトウェアは、ソースコードをスキャンし、品質を予測するものを数えていくことで結果を出します。自分の書いたコードに対して実行してみると、何か気づきを得られるかもしれません。結果によっては、謙虚な気持ちになったり、不安になったりすることもあるでしょう。表面上は適切に設計されたアプリケーションでも、かなりのところでオブジェクト指向設計に違反していることもあるのです。

オブジェクト指向設計のメトリクスの測定結果が悪いときには、悪い設計であることを示しています。これは疑いようもありません。スコアの低いコードの変更は難しくなるでしょう。残念なことに、スコアが高くても逆の事実を示すわけではありません。つまり測定結果がよかったからといって、今後の変更はかんたんだとか、安上がりだとかいうことが保証されることは少しもないのです。問題は、一口に美しい設計と言っても、未来を想定しすぎた設計も可能なことにあります。そのような設計は、オブジェクト指向設計のメトリクスで良い測定結果を出すかもしれません。しかし、「間違った」未来を想定していれば、実際の未来がやって来たときの変更は高くつくのです。オブジェクト指向設計のメトリクスは、正しい方法で間違ったことをしている設計を見分けることはできません。

それゆえ、コード行数に関する失敗の教訓は、オブジェクト指向設計のメトリクスにも当てはまります。それらをうのみにしないようにしましょう。メトリクスが有用な理由は2つあります。

1つはメトリクスにはバイアスがかかっていないこと、もう1つはメトリクスがソフトウェアについて推測できるような数字を出してくれることです。しかし、メトリクスは品質の直接の指標ではありません。あくまでもより詳細な計測の代わりです。究極のソフトウェアのメトリクスは「問題となる期間全体での機能ごとのコスト」となるでしょう。しかし、その計算は決して容易なものではありません。コスト・機能・時間は、そのどれも定義・追跡・計測するのが難しいのです。

仮に個々の機能を分離して、関連するすべてのコストを追跡することができたとしましょう。しかしそれでも、「問題となる期間」によってコードがどのように判断されるべきかは変わります。いますぐ機能を手に入れることが何より大事であり、将来的にコストがどれだけ増えるかよりも優先すべきときもあるはずです。もしある機能が欠けていたことによって、今日にでも会社が倒産してしまうという状況であれば、翌日に、そのコードにどれだけのコストがかかるかを気にしている場合ではありません。与えられた時間で最善を尽くすしかないのです。このような妥協をして設計をすることは、いわば未来から時間を借りているようなものです。これは、「技術的負債」として知られています。技術的負債は貸し付けであり、いずれ返さなければなりません。往々にして利子もつくのですが。

たとえ意図せずに技術的負債をつくってしまったとしても、設計には時間がかかるので、お金を消費することには変わりありません。設計者の目標は、機能あたりのコストが最も低い方法でソフトウェアを書くことです。なので、どの程度まで設計するかについての決断は2つの要素に左右されます。それは、自身のスキルと結果が出るまでの時間です。設計に半月かかり、利益を生み出すようになるまでに1年かかるようであれば、おそらくその設計には見合うほどの価値はありません。設計をすることによって期日どおりにソフトウェアを届けられないのであれば、損失が発生します。適切に設計されたアプリケーションの半分を届けたところで、アプリケーションをまったく届けていないも同然かもしれません。しかし、設計に午前の半分しかかからず、その日の午後から成果が出はじめるのであればどうでしょう。そのうえアプリケーションを運用する限りずっと利益が出続けるのであれば、自身の時間に対し、一種の複利を得ることになります。この設計努力は永遠に報われます。

設計の損益分岐点はプログラマーによって異なります。経験の浅いプログラマーがいくら将来を予測した設計をしたところで、その初期の設計努力が報われる日が来ることは、おそらく永遠にないでしょう。注意深くコードを書く熟練者であれば、午前中に書いたコードで午後のうちにコストを削減できるかもしれません。あなたの熟練度はおおむねその極端な間のどこかに位置するはずです。この本では、以降、自身の損益分岐点を望みどおりのところに移動するために活用できる技術を教えていきます。

1.4 オブジェクト指向プログラミングのかんたんな導入

オブジェクト指向のアプリケーションは、オブジェクトとオブジェクト間で交わされるメッセージから構成されます。その2つのうち、メッセージのほうがより重要なことがのちのちわかります。しかし、このかんたんな導入（と最初の数章）では、両者を同じような重要度で扱います。

手続き型言語

オブジェクト指向プログラミングが「オブジェクト指向」であるというのは、非オブジェクト指向プログラミング、すなわち「手続き型プログラミング」と比べてのことです。この2つのスタイルについて、両者の違いという観点から考えると理解が進むでしょう。汎用的な手続き型プログラミング言語として次のような言語を考えてみます。単純なスクリプトを書くために使うような言語です。この言語では変数を定義できるとします。つまり、名前をつくり出し、その名前にデータのビットを紐付けられます。一度代入されると、紐付けられたデータにはその変数を参照することでアクセスできます。

すべての手続き型言語がそうであるように、この手続き型言語にはデータの種類があらかじめいくつか決められています。そんなに多くはなく、またその種類は文字列や数字、配列、ファイルといったものです。これらのさまざまなデータの種類は「データ型」として知られています。それぞれのデータ型が表すものは非常に限定的です。「文字列」型は「ファイル」データ型とは異なります。言語の構文には、さまざまなデータ型に対し適切なことをするための操作があらかじめ組み込まれています。たとえば文字列の結合や、ファイルを読み取るといった操作です。

「自分」で変数をつくるのですから、つくった人（自分）はそれぞれがどの種類のデータを保持しているのかは知っています。どの操作を使えるかという予測は、変数のデータ型に関する自分の知識に基づきます。文字列であれば付け足せる、数字であれば計算できる、配列であればインデックスを指定できる、ファイルであれば読み込める、といったことを知っているのは、プログラマー自身です。

考えられ得るデータ型とオペレーションは、そのどれもがすでに存在し、言語の構文に組み込まれています。この言語では関数をつくる（あらかじめ定義されているオペレーションをいくつかまとめ、そこに名前を付ける）ことができるでしょう。また、複雑なデータ構造を定義する（あらかじめ定義されているデータ型を集め、名前のついた構成にする）こともできます。しかし、完全に新しい操作や、まったく新しいデータ型をつくることはできません。目にするもの以外を手に入れることはできないのです。

この言語でも、ほかのすべての手続き型言語と同じように、振る舞いとデータの間に隔たりがあります。データと振る舞いは完全に別物です。データは変数に納められ、振る舞いから振る舞いへと引き渡されます。率直に言えば、データに対して何でもできるということです。データはあたかも毎朝学校に送り出される子供のようであり、振る舞いはさながら送り出す保護者のようです。いったん送り出してしまえば、あとは実際に何が起こるかを知るすべはありません。データへの影響も予測不可能で、ほとんどの場合追跡できません。

オブジェクト指向言語

今度は、別の種類のプログラミング言語を考えてみましょう。クラスベースのオブジェクト指向言語、それもRubyのような言語です。Rubyではデータと振る舞いを、2つの独立した、両者が決して出会うことのない[注6]領域に分けることはしません。代わりにRubyではその2つを1つの「オブジェクト」にまとめます。オブジェクトは振る舞いを持ちます。データを持つこともあるでしょう。データへのアクセスをコントロールするのは、そのオブジェクトのみです。オブジェクトは互いにメッセージを送り合うことで、互いの振る舞いを実行します。

Rubyには、文字列のデータ型（文字列型）の代わりに、文字列オブジェクトがあります。文字列を対象とする操作は言語の構文に組み込まれていません。代わりに、文字列オブジェクト自身に組み込まれています。文字列オブジェクトは、それぞれが固有の「文字列」データを持つという点では互いに異なります。しかし、それぞれが同じような振る舞いをするという点ではとても似通っています。文字列はそれぞれ、世界から自身のデータを「カプセル化」、すなわち隠蔽しています。オブジェクトはどれも、どれだけ多く、あるいは少なくデータを晒すかを自身で決めます。

文字列オブジェクトは自身の操作は自身で用意します。ですから、Rubyは文字列型について特に知っている必要はありません。Rubyに必要なのは、オブジェクトがメッセージを送るための一般的な方法を用意することだけです。たとえば、仮に文字列がconcatメッセージを理解するとすれば、Rubyは文字列を結合（concatenate）するための構文を持っている必要はありません。単にオブジェクトがconcatをほかのオブジェクトに送る方法を用意すればよいのです。

注6：訳注 原文のフレーズは「never-the-twain-shall-meet」であり、キップリングの詩『The Ballad of East and West』に由来します。
http://www.oxforddictionaries.com/definition/english/never-the-twain-shall-meet?q=never+the+twain+shall+meet
http://crd.ndl.go.jp/reference/detail?page=ref_view&id=1000069592

最も単純なアプリケーションでさえ、おそらく、1つ以上の文字列や数字、ファイルや配列を必要とするでしょう。実際のところ、雪の結晶のように、この世に2つとないオブジェクトが必要なときもあるものの、振る舞いは同じだけれどもデータは異なるオブジェクトを大量に製造したいと思うことのほうが、ずっと一般的です。

Rubyのようなクラスベースのオブジェクト指向言語では「クラス」を定義できます。クラスは似たようなオブジェクトの、構造の設計図となります。クラスでは「メソッド」（振る舞いの定義）と「属性」（変数の定義）を定義します。メソッドはメッセージに応答して実行されます。同じ名前のメソッドはさまざまなオブジェクトで定義できます。どんなメッセージが送られたときでも、正しいオブジェクトの、正しいメソッドを探し出し実行することは、Rubyに任されます。

一度String（文字列）クラスが存在するようになれば、その後は「インスタンス化」、すなわち文字列オブジェクトの新しい「インスタンス」を繰り返し生成するためにそれを使えます。新たにインスタンス化されたStringはどれも同じメソッドを「実装」し、同じ属性名を使います。しかし、各自が持つ固有のデータは異なります。同じメソッドを共有するので、インスタンスはみんながみんなStringのように振る舞いますが、データは異なるので、それぞれのインスタンスは異なるものを表すのです。

このStringクラスが定義する型は、単なる「データ」以上のものです。オブジェクトの型を知っていれば、そのオブジェクトがどのように振る舞うかを予想できます。手続き型言語では、変数が持つデータ型は1つです。つまり、このデータ型の知識があれば、どの操作が有効かを予想できます。Rubyでは、オブジェクトはいくつもの型を持ち得ます（そのうちの1つは、常に自身のクラスに由来するものでしょう）。そのため、オブジェクトの（いくつもの）型に関する知識を得ることで、オブジェクトが応答するメッセージについて予想できるようになります。

Rubyにはあらかじめいくつもクラスが定義されています。すぐに認識できるのは、手続き型言語でも使われているデータ型と重なるものです。たとえば、Stringクラスはstring、すなわち文字列を定義します。Fixnumクラスは、整数を定義します。Rubyではプログラミング言語に期待されるようなデータ型のすべてに対し、前もってクラスが用意されています。しかしそれだけではありません。オブジェクト指向言語はそれ自体がオブジェクトを使ってつくられています。さて、ここで話が面白くなってきます。

Stringクラス、すなわち新しい文字列オブジェクトの設計図も、「それ自体がオブジェクト」、つまり、Classクラスのインスタンスなのです。どの文字列オブジェクトもStringクラスの、データが固有のインスタンスであるのとまさに同じように、どのクラスオブジェクト（StringやFixnum、その他無数のクラスオブジェクト）も、Classクラスの、データが固有のインスタンスなのです。

Stringクラスは新しい文字列を製造し、Classクラスは新しいクラスを製造します。

それゆえオブジェクト指向言語は拡張可能であり、自由です。オブジェクト指向言語は、少しばかり定義された型や、前もって定義した操作にプログラマーを縛り付けることはありません。プログラマーはまったく新しい型を考案することができます。次第にオブジェクト指向アプリケーションは、プログラマーの扱う領域に特別にあつらえられた、独自のプログラミング言語になっていくのです。

自身の領域に特化した言語が最終的に楽しみをもたらすのか、苦痛をもたらすのかは設計の問題であり、まさに本書の関心とすることです。

1.5 まとめ

もしアプリケーションが十分長生きすれば、つまり、もし成功すれば、アプリケーションの最も大きな問題は変更への対処となるでしょう。効果的に変更を取り入れることができるようにコードを構成することは、設計の問題です。設計の最も表立った要素は原則とパターンですが、残念なことに、原則を正確に適用し、パターンを適切に適用したとしても、それでかんたんに変更可能なアプリケーションをつくることができるとは限りません。

オブジェクト指向のメトリクスは、アプリケーションがどれだけオブジェクト指向設計の原則に従っているかを明らかにします。悪い測定結果は、困難が待ち受けていることを強く示唆します。しかし、測定結果が良くてもそれほど参考になりません。誤ったことをしている設計でも優れた結果は出せますが、その場合依然として変更のコストは高くつくものです。

同じ設計努力で最大限の成果を得る秘訣は、設計理論を理解し、それらの理論を適切に使うことです。正しい時期と、正しい分量で適用しましょう。良い設計は、設計者の、理論を実践に変換する能力にかかっています。

理論と実践の違いは何でしょうか。

理論には、何もありません。理論が実践で「ある」ならば、オブジェクト指向設計のルールを学んで、学んだルールを一貫して適用することで、今日からでも完璧なコードを書けます。やることはそれで終わりです。

しかし、理論がどれだけ上記のことを強く主張しようとも、実践は常に理論より物事を知っています。理論と違い、実践では自身の手を汚します。実際にレンガを並べるのも、橋を建設するのも、そしてコードを書くのも、実践なのです。実践が行われるのは現実の世界です。変化もあれば混乱もあり、不確実でもあります。実世界では、相反する選択に直面し、しかめっ面でまだましなほうを選ぶこともあるでしょう。よけることもあれば、守ることも、借金をして借金を返すようなこともあります。実践とは配られたカードでベストを尽くすことの積み重ねなのです。

理論は有用で必要なものであり、この章で主に扱ってきたことでもあります。しかしもう十分なはずです。それでは、実践に移るとしましょう。

第2章 単一責任のクラスを設計する

オブジェクト指向設計のシステムの基礎は「メッセージ」です。しかし、その組織の構造で最も目立つのは「クラス」です。メッセージこそが設計の核にあるのですが、クラスはとてもはっきりしています。ですからこの章は小さくはじめることにして、クラスに属するものをどのように決めるかについて、集中的に取り扱います。設計における重要な点は、次の数章のうちに徐々にクラスからメッセージへと移っていきます。

クラスはどのようなものにすればよいのでしょう。いくつ用意すればよいのでしょう。どんな振る舞いを実装するものなのでしょう。クラス自身は、ほかのクラスについてはどのくらい知っているものなのでしょう。自身についてはどれぐらい晒し出せばよいのでしょう。

これらの質問に答えるのは必ずしもかんたんではありません。ときには圧倒されてしまうこともあります。どの決断にしても、永続的であり、危険をはらんでいるように見えます。現段階で第一にやるべきことは、深呼吸をして「シンプルであれと主張すること」です。目標はアプリケーションをモデル化することです。クラスを使い、「いますぐに」求められる動作を行い、かつ「あとにも」かんたんに変更できるようにモデル化するのです。

この2つの基準はかなり異なります。いますぐに動作するようにコードを構成することはだれにでもできます。1日でつくったアプリケーションであっても、無理やり提出までこぎつけることができます。標的は視界に立っています。標的をどうするのかは、自分次第です。

変更が容易なアプリケーションをつくるのはまた別の問題です。いますぐにアプリケーションが動く必要があるのはたった一度だけです。しかし、変更の容易さは永続しなければなりません。この変更の容易さという品質には、その人のプログラミングの技術力が如実に現れます。この品質を達成するためには、知識、技術、そしていくばくかの芸術家気質の創造性が必要です。

幸いにも、1からすべてを考える必要はありません。長きに渡って、アプリケーションの変更をかんたんにする性質を特定するための研究がされてきました。テクニック自体はどれもシンプルなものです。設計者は、それらがどんなもので、どのように使うかを学ぶことが求められます。

2.1 クラスに属するものを決める

頭の中にはアプリケーションが描けているとします。何をすべきかもわかっています。もしかしたら振る舞いのうち、最もおもしろい部分を実装する方法にまで考えが及んでいるかもしれません。問題は技術的知識に関することではなく、構造に関することなのです。コードの書き方は知っているけれど、どこに置けばよいのかわからない、そんな段階を考えてみましょう。

メソッドをグループに分けクラスにまとめる

Rubyのようなクラスベースのオブジェクト指向言語では、メソッドはクラス内に定義されます。どんなクラスをつくるかによって、そのアプリケーションに対する考え方が永久に変わります。クラスはソフトウェアにおける仮想の世界を定義します。この仮想世界が、以降の工程に関わる全員の想像力に制約を課します。クラスをつくることは枠組みをつくることであり、この枠組みに縛られずに考えることはおそらく難しいでしょう。

メソッドを正しくグループ分けし、クラスにまとめることはとても重要です。にもかかわらず、現在のようなプロジェクトの初期段階では、正しくグループ分けすることは到底できません。初期段階での知識量は、プロジェクト全体で言えば一番少ないのです。もしアプリケーションが成功すれば、今日の決定の多くが変更を迫られるでしょう。変更が必要な日が来たとき、成功裏にそれらの変更を加えられるかどうかは、アプリケーションの設計によって決まります。

設計とはアプリケーションの可変性を保つために技巧を凝らすことであり、完璧を目指すための行為ではありません。

変更がかんたんなようにコードを組成する

コードはかんたんに変更できるものであるべきだと主張するのは、子供は礼儀正しくあるべきだと主張するようなものです。その主張はもっともであり、同意せざるを得ませんが、愛想の良い子供を育てるためには何の役にも立ちません。「かんたん」というだけでは概念が広すぎます。具体的な「かんたんさ」についての定義が必要です。コードを判断するための具体的な評価基準についても同様です。

「変更がかんたんであること」を次のように定義してみましょう。

- 変更は副作用をもたらさない
- 要件の変更が小さければ、コードの変更も相応して小さい
- 既存のコードはかんたんに再利用できる
- 最もかんたんな変更方法はコードの追加である。ただし追加するコードはそれ自体変更が容易なものとする

上記のように定義するとすれば、自身の書くコードには次の性質が伴うべきです。コードは次のようであるべきでしょう。

- 見通しが良い（*Transparent*）：変更するコードにおいても、そのコードに依存する別の場所のコードにおいても、変更がもたらす影響が明白である
- 合理的（*Reasonable*）：どんな変更であっても、かかるコストは変更がもたらす利益にふさわしい
- 利用性が高い（*Usable*）：新しい環境、予期していなかった環境でも再利用できる
- 模範的（*Exemplary*）：コードに変更を加える人が、上記の品質を自然と保つようなコードになっている

見通しが良く、合理的で、利用性が高く、模範的（それぞれの英単語の頭文字をとってTRUE）なコードはいま現在のニーズを満たすだけではなく、将来的なニーズを満たすように変更を加えることもできます。TRUEなコードを書くための最初の一歩は、それぞれのクラスが、明確に定義された単一の責任を持つよう徹底することです。

2.2 単一の責任を持つクラスをつくる

クラスはできる限り最小で有用なことをするべきです。つまり、単一の責任を持つべきです。

単一責任のクラスをつくる方法と、それがなぜ重要なのかを説明するためには例が必要でしょう。ここでは、自転車(bicycle)を対象領域(ドメイン)とし、そこに少しずつ変化を加えていきます。

アプリケーション例:自転車とギア

自転車は素晴らしく効率の良い機械です。その理由の1つは、人間がギアによって機械効率を得られることにあります。自転車では、小さなギア(漕ぐのはかんたんだけれどあまり速くない)と大きなギア(漕ぐのは大変だけれど非常に速く送り出してくれる)を選べます。ギアがとても優れている理由は、小さなギアで急な坂をゆっくりと登ることができ、大きなギアで駆け下りることができるからです。

ギアを作用させることで、1漕ぎあたりに自転車がどれだけの距離を進むかを変えられます。つまり、ギアが制御するのは、ペダルの1回転に対する車輪の回転数です。小さなギアの場合、何度か漕いでようやく車輪は1回転します。一方、大きなギアでは、1漕ぎするだけでタイヤを複数回回転させることができるでしょう。図2.1を参照してください。

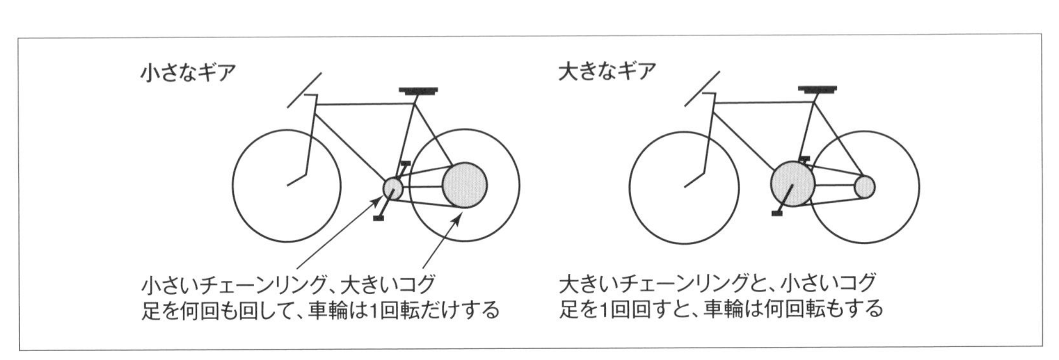

▲図2.1 小さなギアと大きなギア

「小さい」、「大きい」というのは用語としてあまり厳密ではありません。異なるギアを比較するとき、サイクリストはギアの歯数の比を使います。その比は次のようなかんたんなRubyのスクリプトで計算できます。

```
1 chainring = 52                    # 歯数
2 cog       = 11
3 ratio     = chainring / cog.to_f
4 puts ratio                        # -> 4.72727272727273
5
6 chainring = 30
7 cog       = 27
8 ratio     = chainring / cog.to_f
9 puts ratio                        # -> 1.11111111111111
```

歯数が52のチェーンリングと11のコグを組み合わせる（52×11）ことによってつくられるギアの比は4.73です。ペダルを「一度」漕ぐたびに車輪はほぼ5回転します。30×27はより軽いギアです。ペダルの1回転で、車輪は1回転と少しだけ回ります。

信じるか信じないかは別として、自転車のギアについてとても気にする人たちもいます。ギア比を計算するRubyのアプリケーションを書けば、そういう人たちの役に立つはずです。

アプリケーションはRubyのクラスで構成されます。クラスはそれぞれドメインの一部を表します。上記の説明を、ドメイン内のオブジェクトを表す名詞を見つけようとしながら読むと、「自転車」や「ギア」といった単語が目に付きます。これらの名詞は、クラスになる候補のうち最も単純なものを表します。直感的に「自転車」はクラスになるだろうと思いますが、上記のコードでは自転車の振る舞いについて何ひとつ挙げていないので、いまのところ基準を満たしているとは言えません。一方「ギア」にはチェーンリングとコグ、そして比があります。つまりデータと振る舞いがあるのです。ギアはクラスとなるのにふさわしいでしょう。上記のスクリプトから振る舞いを取り出し、次のようにかんたんなGearクラスをつくれます。

```
1  class Gear
2    attr_reader :chainring, :cog
3    def initialize(chainring, cog)
4      @chainring = chainring
5      @cog       = cog
6    end
7
8    def ratio
9      chainring / cog.to_f
10   end
11 end
12
```

```
13 puts Gear.new(52, 11).ratio        # -> 4.72727272727273
14 puts Gear.new(30, 27).ratio        # -> 1.11111111111111
```

Gearクラスは単純そのものです。チェーンリングとコグの歯数を与えることで、新しいGearインスタンスをつくれます。インスタンスは、それぞれが3つのメソッドを備えています。chainring、cog、ratioの3つです。

GearはObjectのサブクラスなので、ほかのメソッドもたくさん継承しています。Gearは自身で実装しているものすべてに加え、継承するものすべてから構成されます。ですから、振る舞いの完全な集合、つまりそれが応答できるすべてのメソッドの合計は、かなり大きなものです。アプリケーションの設計において継承は重要です。しかし今回のような単純なケース、つまりGearがオブジェクトから継承するというのは、とても基本的なことです。ですから少なくともいまは、それらの継承されたメソッドは存在しないかのように考えて問題ありません。より詳細な継承の説明は「第6章　継承によって振る舞いを獲得する」で行います。

ギア計算機をサイクリストの友人に見せたとしましょう。すると実際に役に立つことがわかりましたが、友人はすぐに改良してほしいと言ってきました。彼女は自転車を2台持っているのです。2台ともギア構成はまったく同じなのですが、車輪のサイズが異なります。ですから、車輪の違いによる影響も計算するようにしてほしいと伝えてきました。

図2.2に示すとおり、車輪の大きい自転車における、車輪が1回転するたびに進む距離は、車輪の小さい自転車に比べてかなり長くなります

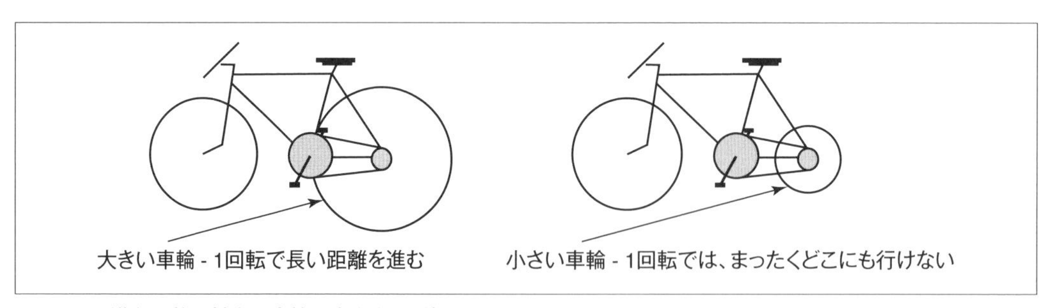

▲図2.2　進む距離に対する車輪の大きさの影響

（少なくとも米国の）サイクリストは「ギアインチ」と呼ばれる何かを用いて、ギアと車輪の大きさがどちらも異なる自転車を比較します。公式は次のように表されます。

ギアインチ＝車輪の直径×ギア比
ただし
車輪の直径＝リムの直径＋タイヤの厚みの2倍とする

この新たな振る舞いを加えるために、Gearクラスに変更を加えましょう。

```
 1  class Gear
 2    attr_reader :chainring, :cog, :rim, :tire
 3    def initialize(chainring, cog, rim, tire)
 4      @chainring = chainring
 5      @cog       = cog
 6      @rim       = rim
 7      @tire      = tire
 8    end
 9
10    def ratio
11      chainring / cog.to_f
12    end
13
14    def gear_inches
15        # タイヤはリムの周りを囲むので、直径を計算するためには2倍する
16      ratio * (rim + (tire * 2))
17    end
18  end
19
20  puts Gear.new(52, 11, 26, 1.5).gear_inches
21  # -> 137.090909090909
22
23  puts Gear.new(52, 11, 24, 1.25).gear_inches
24  # -> 125.272727272727
```

新たに追加したgear_inchesメソッドは、リムとタイヤのサイズはインチで与えられるものと仮定しています。この仮定が正しいかどうかはまだわかりません。この注意事項はあるものの、Gearクラスは仕様（というほどのものでもないですが）を満たし、またコードも動作します。ただし、次のバグを除きます。

```
1  puts Gear.new(52, 11).ratio  # 以前は動いていたような?
2  # ArgumentError: wrong number of arguments (2 for 4)
3  #         from (irb):20:in 'initialize'
4  #         from (irb):20:in 'new'
5  #         from (irb):20
6
```

上記のバグが導入されたのは、gear_inchesメソッドが追加されたときです。Gear.initializeは変更され、rimとtireという追加の引数を2つ必要としています。メソッドに必要な引数の数の変更は、そのメソッドを呼び出している箇所をすべて壊します。これは通常、すぐに対処しなければならないひどい問題となるでしょう。しかしいまはアプリケーションがとても小さく、Gear.initializeを呼び出している箇所はほかにありません。ですから、現時点ではこのバグは無視することができます。

これで最低限度のGearクラスができたので、疑問を投げかけましょう。これは、コードを組成するための一番良い方法なのでしょうか。

答えはいつもそうであるように、「時と場合による」です。このアプリケーションには永遠に変更が加わらないだろうと思うのであれば、Gearは現時点のままでもでおそらく十分によくできているでしょう。しかし、このサイクリスト用計算機アプリケーション全体の将来性は、早くも予見できます。Gearは「進化する」アプリケーションの数あるクラスのうちの、最初の1つです。効率的に進化できるよう、コードは変更がかんたんなものでなければなりません。

なぜ単一責任が重要なのか

変更がかんたんなアプリケーションは、再利用がかんたんなクラスから構成されます。再利用がかんたんなクラスとは、着脱可能なユニットです。明確に定義された振る舞いから成り、周りとの絡み合いはわずかしかありません。変更がかんたんなアプリケーションは、積み木が詰まった箱のようなものです。必要な部品だけを選んで、予想外のかたちに組み立てることができます。

2つ以上の責任を持つクラスは、かんたんには再利用できません。多岐にわたる責任は、クラス「内部」に完全に絡みついてしまいがちです。振る舞いをいくつか（でもすべてではなく）再利用したい場合、必要な部分だけを手に入れることは到底不可能です。ここで2つの選択肢がありますが、そのどちらも特に魅力的ではありません。

責任が互いに結合しすぎていて、必要な振る舞いだけを使えないようであれば、対象のコードを複製できます。しかしこれは酷い案です。複製されたコードは追加のメンテナンスをもたらし、バグが増加する原因になります。複製せずとも、必要な振る舞いだけにアクセス「できる」ようにクラスが構成されているようであれば、クラス全体を再利用できます。しかしこれはこれで、単に問題を別の問題に置き換えているにすぎません。

それはどうしてでしょうか。再利用しているクラスは何をするべきかの整理がついていなく、いくつかの責任が絡み合った状態になっているのですから、変更が起こる理由はいくらでもあるのです。目的の用途とは関係のない理由で変更されることもあるでしょう。そして変更が加わるたびに、そのクラスに依存するクラスをすべて破壊する可能性があります。アプリケーションが予期せず壊れる可能性を高めているのです。多くのことをやりすぎるクラスへ依存するとは、そういうことです。

クラスが単一責任かどうかを見極める

どのようにすれば、Gearクラスが別のどこかに属する振る舞いを含んでいるかどうかを見分けられるのでしょうか。1つ目の方法は、あたかもそれに知覚があるかのように仮定して問いただすことです。クラスの持つメソッドを質問に言い換えたときに、意味を成す質問になっているべきです。たとえば「Gearさん、あなたの比を教えてくれませんか？」は、とても理にかなっているように思えます。しかし「Gearさん、あなたのgear_inchesを教えてくれませんか？」というのはしっくりきません。さらに「Gearさん、あなたのタイヤ（のサイズ）を教えてくれませんか？」なんていう質問は、完全にばかげています。

「あなたのタイヤは何ですか」という質問自体はまったく問題ないことは受け入れてください。Gearクラスにとってtireは、ratioやgear_inchesとは別物のように感じるかもしれませんが、だからといってそれはどうということもないのです。ほかのすべてのオブジェクトからすれば、Gearが応答できるメッセージはほかのメッセージと何ら変わりありません。もしGearが応えるなら、だれかが送るだけです。メッセージの送り手は、Gearに変更があると不快な驚きを覚えるかもしれません。

クラスが実際に何をしているかを定めるためのもう1つの方法は、1文でクラスを説明してみることです。以前の話を思い出せば、クラスはできる限り最小で有用なことをすべきでした。それはかんたんに説明できるものであるべきです。考えつく限り短い説明に「それと」が含まれていれば、おそらくクラスは2つ以上の責任を負っています。「または」が含まれるようであれば、クラスの責任は2つ以上あるだけでなく、互いにあまり関連もしない責任を負っていることがわかるでしょう。

オブジェクト指向設計者は「凝縮度」という言葉を使い、この概念を表します。クラス内のすべてがそのクラスの中心的な目的に関連していれば、そのクラスは凝縮度が高い、もしくは単一責任であると言われます。単一責任の原則(SRP)はRebecca Wirfs-BrockとBrian Wilkersonの、責任駆動設計(RDD:Responsibility-Driven Design)という概念に由来します。彼らによれば「クラスはその目的を果たすための(複数の)責任を持つ」のです。SRPはクラスがたった1つの限られたことをするよう求めなければ、たった1つのささいな理由のために変更されることも求めていません。その代わりに、クラスが凝集していること、つまり、クラスがすることはすべて、そのクラスの目的に強く関連することを求めるのです。

Gearクラスの責任はどう説明すればよいでしょうか。「歯のある2つのスプロケット間の比を計算する」というのはどうでしょう。これが事実だとすると、このクラスは、(現時点においてもそうであるように)多くのことをやり過ぎています。おそらく必要なのは「自転車へのギアの影響を計算する」ことぐらいではないでしょうか。この言い方だとgear_inchesはしっくりくるようになりましたが、tireサイズはまだピンときません。

このクラスは、正しいようには思えません。Gearが2つ以上の責任を持つのは確かです。しかし、それが何をするべきかは明らかではないのです。

設計を決定するときを見極める

あるクラスについて、何かがおかしいと自ら気づくことはよくあります。「このクラスは本当にGearなのだろうか。おいおい、リムとタイヤまであるぞ! もしかしてGearはBicycleであるべきでは? それともたぶん、Wheelがどこかここらへんにあるんだろう?」

未来にどんな機能の要求が来るかを知ってさえいれば、今日にでも設計についての完璧な決断を下せます。しかし残念なことに、そんなことはありません。何でも起こり得るのです。かなりの時間を無駄にして、同様にもっともらしい2つの選択肢の間で悩んだあげく、サイコロを振って間違ったほうを選択するなんてこともあります。

早い段階で設計を決定しなければ、という気持ちには駆られないでください。自身のコードは設計のグルにがっかりされるのでは、と心配であったとしても、こらえなければなりません。欠陥があり混乱した、まるでGearのようなクラスに直面したときは、このように自分に聞いてみるとよいでしょう。「今日何もしないことの、将来的なコストはどれだけだろう?」

これは(とても)小さなアプリケーションです。開発者は1人です。自分はGearクラスをかなりよく知っています。そして、未来は不確かであり、初期段階での知識量は、プロジェクト全体でいえば最も少ないのです。最も費用対効果の高い行動は、おそらくより多くの情報を待つことでしょう。

Gearクラスのコードは「見通しが良い」、「合理的」という2つの性質を伴っています。しかしこれは設計が優れているからではありません。単に依存関係を持たないので、変更が加わっても周りへの影響がないだけです。もし依存関係を持てば、とたんにその2つの目標を阻害するようになり、「その時点で」再構成をしなければならなくなるでしょう。都合の良いことに、その新たな依存関係は、優れた設計の決定をするためにまさに必要な情報を与えてくれます。

何もしないことによる将来的なコストがいまと変わらないときは、決定は延期します。決定は必要なときにのみ、その時点で持っている情報を使ってしましょう。

当面の間Gearは現状のままにしておくことについて、もっともな議論を展開してきました。しかしGearは変更されるべきだという意見を擁護することもできます。どのクラスの構造も、アプリケーションを将来メンテナンスする人たちに向けたメッセージなのです。構造は設計意図を明らかにします。良くも悪くも、今日確立したパターンは永遠に複製されていきます。

Gearは設計者の意図について嘘をついています。また「利用性が高い」のでも、「模範的」なのでもありません。Gearクラスは複数の責任を持つため、再利用されるべきではないのです。繰り返し複製されるべきパターンでもありません。

だれかがGearを再利用する、あるいは設計者がより良い情報を待っている間にだれかがそのパターンを踏襲したコードをつくるといった可能性は、十分にあります。自分以外のほかの開発者は、設計の意図はコードに反映されていると信じるものです。コードが嘘をついているときには、その嘘を信じ、広めてしまうプログラマーの存在に注意しましょう。

この「いますぐ改善」と「あとで改善」間の緊張は常に存在します。アプリケーションが完璧に設計されることはありません。すべての選択には対価が伴います。良い設計者はこの緊張状態を理解したうえで、コストが最小になるように納得して折り合いをつけます。現時点での要件と未来の可能性の相互間のトレードオフをよく理解し、コストが最小になるように決断を下すのです。

2.3 変更を歓迎するコードを書く

たとえどんな変更が加わるかわからなくとも、Gearがかんたんに変更を受け入れられるようにコードを構成することはできます。変更は避けられないのですから、変更可能な様式でコードを書くことは将来的に大きな見返りとなります。おまけに、そのように書くことで、追加のコストをかけることなく現時点でのコードを改善することにもなります。

以下によく知られたテクニックを紹介します。これらのテクニックは、変更を歓迎するコードを書くために役立てられるものです。

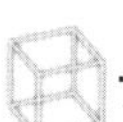データではなく、振る舞いに依存する

振る舞いはメソッド内に捉えられており、メッセージを送ることによって実行できます。単一責任のクラスをつくれば、どんなささいな振る舞いもそれぞれがただ1カ所のみに存在するようになります。「Don't Repeat Yourself」(DRY)はこの概念を一言で表したものです。DRYなコードは変更に寛容です。振る舞いにどんな変更があっても、ただ1カ所のコードを変更するだけで実現できるからです。

振る舞いに加え、オブジェクトはたびたびデータも持ちます。データは、単純な文字列から複雑なハッシュまで、任意のデータがインスタンス変数内に保持されます。データへのアクセスは、次の2つのうちどちらかの方法で行われます。インスタンス変数を直接参照する方法、もしくはインスタンス変数をアクセサメソッドで包み隠す方法です。

◉インスタンス変数の隠蔽

インスタンス変数は常にアクセサメソッドで包み、直接参照しないようにします。以下に示すratioメソッドのようにしましょう。

```
1  class Gear
2    def initialize(chainring, cog)
3      @chainring = chainring
4      @cog       = cog
5    end
6
7    def ratio
8      @chainring / @cog.to_f       # <-- 破滅への道
9    end
10 end
```

変数はそれらを定義しているクラスからでさえも隠蔽しましょう。隠蔽するにはメソッドで包みます。Rubyには、かんたんにカプセル化用のメソッドをつくる方法として、attr_readerが用意されています。

```
1  class Gear
2    attr_reader :chainring, :cog  # <-------
3    def initialize(chainring, cog)
4      @chainring = chainring
```

```
 5      @cog       = cog
 6    end
 7
 8    def ratio
 9      chainring / cog.to_f        # <-------
10    end
11  end
```

attr_readerを使うと、Rubyは自動でインスタンス変数用の単純なラッパーメソッド（包み隠すメソッド）をつくります。コグ（cog）を例にとると、実質以下のように定義したことになります。

```
1    # attr_readerによる、デフォルトの実装
2    def cog
3      @cog
4    end
```

このcogメソッドは、コード内で唯一コグ（cog）が何を意味するのかをわかっている箇所です。「コグ」はメッセージの戻り値となりました。このメソッドを実装することで、コグはデータ（どこからでも参照される）から振る舞い（1カ所で定義される）へと変わります。

@cogインスタンス変数が10カ所で参照されているとしましょう。そこで突然@cogを修正する必要が生じた場合は、何カ所ものコードを変更する必要が出てきます。しかし@cogがメソッドで包まれていれば、コグが意味するものを変えてしまえます。コグについて独自のメソッドを実装すればよいのです。新たなメソッドは、以下に示す実装例の1つ目のようにシンプルなものもあれば、2つ目のようにより複雑なものもあるでしょう。

```
1    # cogのシンプルな再実装
2    def cog
3      @cog * unanticipated_adjustment_factor
4    end
```

```
1    # より複雑な実装
2    def cog
3      @cog * (foo? ? bar_adjustment : baz_adjustment)
4    end
```

最初の例は間違いなく、インスタンス変数の値に変更を1つ加えるだけでも達成できたでしょう。

しかし、2つ目のような実装がいずれ必要になる可能性は否定できません。メソッド内で行われるとき、この2つ目の修正はかんたんな振る舞いの変更で済みます。しかし、いくつもあるインスタンス変数の参照すべてに同じ修正を適用するとなると、とたんにコードを散らかし破壊する変更となります。

データを、メッセージを受け付けるオブジェクトであるかのように扱うと、新たに2つの問題が生じます。1つ目は可視性に関することです。@cogインスタンス変数を「パブリック」なcogメソッドで包み隠すと、この変数はアプリケーション内のほかのオブジェクトにも公開されます。つまり、ほかのオブジェクトはcogをGearに送れるようになります。実のところ、「プライベート」なラッパーメソッドを定義するのも同じぐらいかんたんです。それによって、データを振る舞いに変えつつも、その振る舞いをアプリケーション全体に公開せずに済みます。パブリックとプライベート、2つの選択肢のうちどちらを選ぶかについては、「第4章　柔軟なインターフェースをつくる」で議論します。

2つ目の問題はより抽象的です。すべてのインスタンス変数をメソッドに包んでしまうことも可能ですから、そうなるとどんな変数も単なるオブジェクトであるかのように取り扱えます。すると「データ」も普通の「オブジェクト」も一見区別ができなくなってきます。アプリケーションの部品は振る舞いのないデータだとみなされたほうが都合が良いときも確かにありますが、たいていの場合、部品はごく普通のオブジェクトだと区別してもらえたほうがよいのです。

どれだけ問題ばかりに考えが及んでしまったとしても、みなさんは自身からデータを隠すべきです。隠蔽することによって、予期せぬ変更がコードに影響を与えることを防ぎます。データは未知の振る舞いをすることがたびたびあります。変数にアクセスするには、たとえそれらをデータだと思っていたとしても、メッセージを送るようにしましょう。

◉データ構造の隠蔽

インスタンス変数に結びついていることがよくないのであれば、複雑なデータ構造への依存はさらによくありません。以下のObscuringReferencesクラスを考えてみましょう。

```
1  class ObscuringReferences
2    attr_reader :data
3    def initialize(data)
4      @data = data
5    end
6
```

```
 7    def diameters
 8      # 0はリム、1はタイヤ
 9      data.collect {|cell|
10        cell[0] + (cell[1] * 2)}
11    end
12    # ... インデックスで配列の値を参照するメソッドがほかにもたくさん
13  end
```

このクラスを初期化（イニシャライズ）するには、リムとタイヤサイズから成る2次元配列が必要です。

```
1  # リムとタイヤのサイズ（ここではミリメートル!）の2次元配列
2  @data = [[622, 20], [622, 23], [559, 30], [559, 40]]
```

ObscuringReferencesは、初期化時の引数を@data変数に保管します。そして素直にRubyのattr_writerを使い、@dataインスタンス変数をメソッドで包んでいます。diametersメソッドは変数の内容にアクセスするためにdataメッセージを送ります。このクラスは、クラス自身からインスタンス変数を隠蔽するために必要なことを、確かにすべてやっています。

しかし@dataは複雑なデータ構造を含んでいるため、ただインスタンス変数を隠蔽するだけでは不十分です。dataメソッドは単に配列を返すだけです。何か有用なことをするためには、dataメッセージの送り手それぞれが、何のデータが配列のどのインデックスにあるかを完全に知っていなければなりません。

diametersメソッドが知っているのは直径（diameter）を計算する方法だけではありません。配列のどこを見ればリムとタイヤがあるかまで知っています。dataを繰り返し処理したときに、リムは[0]にあって、タイヤは[1]にあるということを明示的に知っているのです。

またdiametersメソッドは配列の構造に「依存」しています。配列の構造が変わると、コードまで変更しなければなりません。配列にデータを持つと、すぐにあちこちで配列の構造に参照するようになります。そういった参照は「漏れやすい」ものです。カプセル化を逃れ、コード全体にひっそりと身を隠します。決してDRYではありません。リムが[0]にあるという知識は複製されるべきではなく、ただ1カ所で把握されるべきでしょう。

このシンプルな例でさえすでに十分酷いものです。dataの返す値がハッシュの配列であったらどうなるでしょうか。しかも、さまざまなところで参照されているものであったら？ この構造への変更は、コード全体に広がっていきます。変更のたびに、まったく気づかずにバグを混入させてしまう可能性があります。混入したバグはとてもひっそりとしているので、探し出すのは泣き出したくなるような作業となるでしょう。

複雑な構造への直接の参照は混乱を招きます。データが本当はどんなものかをわかりにくくするからです。また、メンテナンスも悪夢のようです。配列の構造が変われば、参照しているところをすべて変更する必要があります。

Rubyでは、かんたんに意味と構造を分けられます。ちょうどメソッドを使い、インスタンス変数を包んだように、RubyのStructクラスを使って構造を包み隠すことができます。次の例のRevealingReferencesは、以前のクラスと同じインターフェースを持ちます。初期化時の引数として2次元配列をとり、diametersメソッドを実装しています。そのように外見は似ているにもかかわらず、内部の実装はかなり異なっています。

```
1  class RevealingReferences
2    attr_reader :wheels
3    def initialize(data)
4      @wheels = wheelify(data)
5    end
6
7    def diameters
8      wheels.collect {|wheel|
9        wheel.rim + (wheel.tire * 2)}
10   end
11   # ... これでだれでもwheelにrim/tireを送れる
12
13   Wheel = Struct.new(:rim, :tire)
14   def wheelify(data)
15     data.collect {|cell|
16       Wheel.new(cell[0], cell[1])}
17   end
18 end
```

上記のdiametersメソッドは、配列の内部構造について何も知りません。diametersが知っているのは、wheelsメッセージが何か列挙できるものを返し、その列挙されるもの1つ1つがrimとtireに応答するということだけです。cell[1]への参照だったものは、いまはwheel.tireに送るメッセージに姿を変えています。

渡されてくる配列の構造に関する知識は、すべてwheelifyメソッド内に隔離されました。wheelifyメソッドはArrayの配列をStructの配列に変換します。Rubyの公式ドキュメント（http://ruby-doc.org/core/classes/Struct.html）では、Structを「明示的にクラスを書くことなく、いくつもの属性を1カ所に束ねるための便利な方法。アクセサメソッドが用いられる」注1と定義しています。wheelifyはまったくこのとおりのことをしています。wheelifyはrimとtireに応答する、小さくて軽量なオブジェクトをつくっているのです。

wheelifyメソッドに含まれるコードは、渡されてくる配列の構造を解釈する短いものだけです。入力が変わっても、コードの変更はここ1カ所で済みます。Wheel Structをつくり、wheelifyメソッドを定義するために新たに4行のコードを追加しました。しかしこの数行のコードは、複雑な配列に繰り返しインデックスでアクセスすることへの永続的なコストと比べれば、ささいなことでしょう。

このような形式でコードを書くことによって、外部データの構造の変化に強くなります。また、コードの可読性も高まり、書き手の意図もよりわかりやすくできます。構造に対するインデックスでのアクセスは、オブジェクトに対するメッセージの送信に変わります。上記のwheelifyメソッドは、構造に関する複雑な情報を隔離し、コードをDRYなものにします。これにより、このクラスはより変更を受け入れやすいものになりました。

単に最初からWheelを集めた配列があれば、それがないときよりはおそらくもっとかんたんです。しかし、いつもそううまくいくわけではありません。入力されるものをコントロールできる場合は、利用性の高いオブジェクトを渡すようにしましょう。しかし、複雑な構造を受け取ることを強いられる場合は、その複雑さは自身からも見えないところに隠すようにしましょう。

あらゆる箇所を単一責任にする

クラスをつくる際に単一責任にすることは、設計に重要な影響を及ぼします。しかし単一責任の概念自体はクラス以外のコードの多くの箇所で役立てられるものです。

◉メソッドから余計な責任を抽出する

メソッドはクラスのように単一の責任を持つべきです。理由はクラスのときとまったく同じで、単一責任であることによって、メソッドの変更も再利用もかんたんになるからです。また、設計のテクニックもまったく同じものが有効です。メソッドに対しても役割が何であるか質問をし、また1文で責任を説明できるようにしてみましょう。

RevealingReferencesクラスのdiametersメソッドを見てください。

注1：訳注 原文は「A Struct is a convenient way to bundle a number of attributes together, using accessor methods, without having to write an explicit class.」。この記述は2.1.9版が最後のようです（http://ruby-doc.org/core-2.1.9/Struct.html）。また、原文にはThe official Ruby documentation として紹介されていますが、公式はhttp://docs.ruby-lang.org/en/です。

```
1   def diameters
2     wheels.collect {|wheel|
3       wheel.rim + (wheel.tire * 2)}
4   end
```

このメソッドが責任を2つ持っていることは明白です。wheelsを繰り返し処理し、それぞれのwheelの直径を計算しています。

これを2つのメソッドに分けることによってコードを単純化しましょう。それぞれのメソッドを単一責任にします。次のリファクタリングで、wheel 1つの直径の計算をそれ単独のメソッドに移します。このリファクタリングでは、メッセージの送信が1つ増えます。しかし現時点では、メッセージを送信することに代償はないものとしてください。パフォーマンスの改善は、必要であればあとでもできます。いま最も重要な設計の目標は、かんたんに変更できるコードを書くことです。

```
1   # 最初に - 配列を繰り返し処理する
2   def diameters
3     wheels.collect {|wheel| diameter(wheel)}
4   end
5
6   # 次に - 「1つ」の車輪の直径を計算する
7   def diameter(wheel)
8     wheel.rim + (wheel.tire * 2))
9   end
```

車輪の直径を1つ分だけ取得することが必要になることなどあるのでしょうか。もう一度コードを見てみましょう。実際すでに必要になっています。このリファクタリングは過剰な設計ではありません。単に、現在使われているコードを再構成しただけです。単数形のdiameterメソッドをほかの場所からでも呼べるようになったという事実は、代償のない嬉しい副作用です。

それぞれの要素に対し実行される処理から、繰り返しを分離することはよくあります。これは責任が複数ある場合のわかりやすい例です。たいていこれほど問題は明確ではありません。

Gearクラスのgear_inchesメソッドを思い出してみましょう。

```
1   def gear_inches
2         # 直径を出す場合、タイヤはリムの周りを囲んでいることを忘れずに
3     ratio * (rim + (tire * 2))
4   end
```

gear_inchesはGearクラスの責任でしょうか。そうだろう、と考えるのは理にかなっています。しかし、もしそうであるなら、なぜこのメソッドがそんなに間違っているように感じるのでしょうか。いろいろなものが混ざっていて、不確定で、のちにトラブルを起こしそうな感じがします。この問題の根本的な原因は、メソッド「自体」が2つ以上の責任を持っていることにあります。

gear_inches内に隠されているのは、車輪の直径の計算です。その計算を新しいdiameterメソッドに抽出すると、クラスの責任の調査がしやすくなります。

```
1    def gear_inches
2      ratio * diameter
3     end
4
5    def diameter
6      rim + (tire * 2)
7    end
```

gear_inchesメソッドは、メッセージを送ることで車輪の直径を取得するようになりました。注目すべきは、このリファクタリングでは直径が計算される方法は変えていないことです。単に振る舞いを別のメソッドに分離するにとどめています。

これらのリファクタリングは、たとえ最終的な設計がわかっていない段階でも施すべきです。この種のリファクタリングは、設計がすでに明確だから必要なのではありません。設計が明確でないからこそ、必要なのです。行き先を知らずとも、行き先に行くための優れた設計手法は使うことができます。優れた手法（good practices）がおのずと設計を明らかにするのです。

この単純なリファクタリングは問題を明らかにします。Gearがgear_inchesの計算をするのは当然ですが、車輪の直径まで計算するべきではないでしょう。

このようなリファクタリングを1つしたところで、影響は小さなものです。しかしこのようにコードを書いていくことによる累積の影響は、かなり大きなものです。単一責任のメソッドがもたらす恩恵を次に挙げます。

- 隠蔽されていた性質を明らかにする：
  クラスをリファクタリングし、すべてのメソッドが単一の責任を持つようにすることにはクラスを明確にする効果があります。クラス内のメソッドをほかのクラスに再編する意図はないときでも、それぞれのメソッドが単一の目的を果たすようにすることによって、クラスが行うこと全体がより明確になります。

- コメントをする必要がない：
  過去のものになったコメントを見たことは何度あるでしょうか。コメントは実行できないので、単に朽ち果てゆく文書の一形態でしかありません。もしメソッド内のコードにコメントが必要ならば、そのコードを別のメソッドに抽出しましょう。その新しいメソッドの名前が、当初のコメントの目的を果たします。

- 再利用を促進する：
  小さなメソッドは、アプリケーションにとって健康的なコードの書き方を促進します。ほかのプログラマーはコードの複製ではなく、再利用をするでしょう。すでに確立されたパターンに従い、同様に、小さく、再利用可能なメソッドをつくっていきます。このようなコードの書き方は、おのずと広まっていきます。

- ほかのクラスへの移動がかんたん：
  設計のための情報がもっと増え、変更をしようと決めたとき、小さなメソッドはかんたんに動かせます。いくつものリファクタリングやメソッドの抽出をしなくても、振る舞いの再構成が可能です。小さなメソッドは設計の改善に対する障壁を下げます。

◉クラス内の余計な責任を隔離する

いったんすべてのメソッドを単一責任にしてしまえば、クラスのスコープはより明白なものとなります。Gearクラスにはいくつか車輪（wheel）のような振る舞いがあることがわかりました。では、このアプリケーションにはWheelクラスが必要なのでしょうか。

もしWheelクラスを別につくれる状況にあるならば、おそらくつくるべきでしょう。しかしいまは、一時的でなくずっと使い続けるような、アプリケーション全体で利用可能な新しいクラスはつくらないと選択したとしましょう。何らかの制約が課されているのかもしれませんし、もしくは、どこに向かっているのかまったくわからなく、考えが変わる恐れがあるので、だれかが依存をつくってしまいかねない新しいクラスはつくりたくない、といった状況が考えられます。

Gearを単一責任にするには、車輪のような振る舞いを取り除くことが不可欠に思えます。余計な振る舞いは、Gearクラスにあるかないかのどちらかです。しかし設計上の選択を、ある／ないの二択にしてしまうのは短絡的です。ほかの選択肢もあります。目的は、設計に手を加える数を可能な限り最小にしつつ、Gearを単一責任に保つことです。変更可能なコードを書いているのですから、どうしてもしなければいけないときまで決断を先延ばすことによって、その恩恵を最大限に受けられます。どんな決定でも明確な必要性がないままにしてしまえば、それは単なる推測にすぎません。決定をしてはいけません。決定を「あとで」できる力はとっておきましょう。

Rubyでは、新しいクラスをつくらずともGearからタイヤの直径を計算する責任を取り除けます。次の例では、前のWheel Structをブロックで拡張し、直径を計算するメソッドを追加しています。

```
1  class Gear
2    attr_reader :chainring, :cog, :wheel
3    def initialize(chainring, cog, rim, tire)
4      @chainring = chainring
5      @cog       = cog
6      @wheel     = Wheel.new(rim, tire)
7    end
8
9    def ratio
10     chainring / cog.to_f
11   end
12
13   def gear_inches
14     ratio * wheel.diameter
15   end
16
17   Wheel = Struct.new(:rim, :tire) do
18     def diameter
19       rim + (tire * 2)
20     end
21   end
22 end
```

自身の直径を計算できるWheelを手に入れました。WheelをGearに埋め込むことは、長期的な設計目標でないことは明らかです。これは、コード組成のための実験のようなものです。Gearをきれいにしながらも、Wheelに関する決定は遅らせています。

WheelをGear内に埋め込むことで、WheelはGearのコンテキストにおいてのみ存在すると設計者が想定していることがわかります。本を読むのを一旦やめて、現実世界のことを考えてみると、一般的ではないことがわかるのではないでしょうか。今回の場合、独立したWheelクラスをつくる根拠となる情報は現時点で十分にあります。しかし、すべてのドメインがこのように明快なわけではありません。

もし、責任がありすぎて混沌としているクラスがあれば、それらの責任は別のクラスに分けましょう。最も重要なクラスに集中してください。責任を決定し、その決定は徹底して守ります。まだ取り除けない余計な責任を見つけたら、隔離しましょう。本質的でない責任がクラスにじわじわ入り込んでいくのを許してはいけません。

2.4 ついに、実際のWheelの完成

Gearクラスの設計について熟考している間に、来たるべき未来がやってきました。つくった計算機をサイクリストの友人に再度見せると、友人はとてもいいねと褒めてくれました。しかし、計算機のコードを書いている間に、友人は「自転車の車輪の円周」の計算も欲しいと思いはじめたようです。友人の自転車には、スピードを計算できるコンピュータ[注2]が取り付けてあり、これで自転車のスピードを計算するには、車輪の円周を設定しなければなりません。

この情報こそずっと待ち望んでいたものです。この新機能の要望によって得られる情報こそが、まさに設計について次の決定をするために必要なものです。

ご存じのとおり、車輪の円周は円周率PIと直径を掛け合わせたものです。埋め込まれたWheelは直径を計算できます。ですから円周を計算する新しいメソッドの追加はかんたんな問題にすぎません。この変更はささいなものです。ここでの実質的な変更は、WheelクラスをGearから独立させて使いたいという明確なニーズがアプリケーションに出てきたことです。Wheelを解放し、それ自身で独立したクラスにするときがきました。

先にWheelの振る舞いを注意深く分けてGearクラス内に隔離しておいたおかげで、この変更は難しくありません。単にWheel Structを独立したWheelクラスに変えて、円周を計算するcircumferenceメソッドを新たに追加するだけです。

```
1  class Gear
2    attr_reader :chainring, :cog, :wheel
3    def initialize(chainring, cog, wheel=nil)
4      @chainring = chainring
5      @cog       = cog
6      @wheel     = wheel
7    end
8
9    def ratio
```

注2：訳注 日本では通称サイコン（サイクルコンピュータ）と呼ばれます。

```
10      chainring / cog.to_f
11    end
12
13    def gear_inches
14      ratio * wheel.diameter
15    end
16  end
17
18  class Wheel
19    attr_reader :rim, :tire
20
21    def initialize(rim, tire)
22      @rim      = rim
23      @tire     = tire
24    end
25
26    def diameter
27      rim + (tire * 2)
28    end
29
30    def circumference
31      diameter * Math::PI
32    end
33  end
34
35  @wheel = Wheel.new(26, 1.5)
36  puts @wheel.circumference
37  # -> 91.106186954104
38
39  puts Gear.new(52, 11, @wheel).gear_inches
40  # -> 137.090909090909
41
42  puts Gear.new(52, 11).ratio
43  # -> 4.72727272727273
```

どちらのクラスも単一責任となっています。このコードも決して完璧なわけではありませんが、いくつかの点では、より高い水準を達成しています。「十分に良い」と言えるでしょう。

2.5 まとめ

変更可能でメンテナンス性の高いオブジェクト指向ソフトウェアへの道のりは、単一責任のクラスからはじまります。1つのことに専念するクラスは、その1つのことをアプリケーションのほかの部位から「隔離」します。この隔離によって、悪影響を及ぼすことのない変更と、重複のない再利用が可能となるのです。

第3章 依存関係を管理する

オブジェクト指向プログラミング言語が現実世界をモデル化する手法について考えると、オブジェクト指向言語がいかにプログラミング言語として効率が良く、効果的であるかを思い知らされるでしょう。オブジェクトが現実世界に存在する問題の特徴を反映し、オブジェクト間の相互作用が問題の解決策を用意します。この相互作用をなくすことはできません。1つのオブジェクトがすべてのことを知ることなどできないのですから、知らないことについてはほかのオブジェクトに聞くしかないのです。

もし、せわしなく動作するアプリケーションに入り込み、数々のメッセージが受け渡されるさまを覗き見ることができれば、その通信量に圧倒されるでしょう。半端な量ではありません。しかし数歩引き下がって全体像を眺めてみれば、その中にもパターンを見いだすことができます。それぞれのメッセージはオブジェクトから発せられ、振る舞いの一部を実行します。振る舞いの全体は、いくつものオブジェクトにわたって広く分散しています。したがって、オブジェクトに望まれる振る舞いは、オブジェクト自身が知っている、または継承している、もしくはそのメッセージを理解するほかのオブジェクトを知っている、のどれかです。

前の章では、このうち最初のものについて取り扱いました。クラス自身が独自に実装すべき振る舞いです。2つ目の、振る舞いの継承については「第6章　継承によって振る舞いを獲得する」で扱います。この章では、3つ目の、振る舞いがほかのオブジェクトに実装されているときに、それにアクセスすることについて論じましょう。

適切に設計されたオブジェクトは単一の責任を持ちます。そのため、適切に設計されたオブジェクトは、本質的に、複雑な問題を解決するためには共同作業をする必要があります。この共同作業は強力なものです。しかし同時に危険もはらんでいます。共同作業をするには、オブジェクトはほかのオブジェクトを知っていなければなりません。しかし「知っている」というのは同時に依存もつくり出してしまいます。慎重に管理しないと、これらの依存関係は次第にアプリケーションを縛り苦しめることになるでしょう。

3.1 依存関係を理解する

一方のオブジェクトに変更を加えたとき、他方のオブジェクトも変更せざるを得ないおそれがあるならば、片方に依存しているオブジェクトがあります。

次に挙げるのは、一部変更を加えたGearクラスです。Gearの初期化には、見慣れた4つの引数が使われるようになっています。gear_inchesメソッドはそのうちの2つ、rimとtireを使い、Wheelの新しいインスタンスをつくります。Wheelへの変更は特にありません。「第2章 単一責任のクラスを設計する」で最後に見たときのままです。

```
 1 class Gear
 2   attr_reader :chainring, :cog, :rim, :tire
 3   def initialize(chainring, cog, rim, tire)
 4     @chainring = chainring
 5     @cog       = cog
 6     @rim       = rim
 7     @tire      = tire
 8   end
 9
10   def gear_inches
11     ratio * Wheel.new(rim, tire).diameter
12   end
13
14   def ratio
15     chainring / cog.to_f
16   end
17 # ...
18 end
19
20 class Wheel
```

```
21    attr_reader :rim, :tire
22    def initialize(rim, tire)
23      @rim       = rim
24      @tire      = tire
25    end
26
27    def diameter
28      rim + (tire * 2)
29    end
30  # ...
31  end
32
33  Gear.new(52, 11, 26, 1.5).gear_inches
```

上のコードを調べて、Wheelへの変更によってGearへの変更が強制される状況を書き出してみましょう。このコードに害はないように見えますが、実際は複雑さが隠れています。GearのWheelに対する依存は、少なくとも4つあります。詳しくは次の箇条書きにまとめますが、これらの依存関係の大半は無用なものです。コードの書き方がわるいために生まれた副作用にすぎません。Gearが自身の責任を果たすためには、まったく必要のないものばかりです。むしろ、まさにそれらの存在がGearを弱くし、変更を難しくしています。

依存関係を認識する

オブジェクトが次のものを知っているとき、オブジェクトには依存関係があります。

- ほかのクラスの名前：Gearは、Wheelという名前のクラスが存在することを予想している
- self以外のどこかに送ろうとするメッセージの名前：Gearは、Wheelのインスタンスがdiameterに応答することを予想している
- メッセージが要求する引数：Gearは、Wheel.newにrimとtireが必要なことを知っている
- それら引数の順番：Gearは、Wheel.newの最初の引数がrimで、2番目がtireである必要があることを知っている

これらの依存関係は、それぞれ、Wheelへの変更によってGearの変更が強制される可能性を高めます。一定の依存関係がこの2つのクラス間に築かれるのは避けられません。結局のところ共同作業は「不可欠」だからです。しかし、それにしても先に挙げた依存関係の大半はまったく必要がないものばかりです。これらの不必要な依存は、コードの「合理性」を損ないます。Gearへの変更が強制される可能を無駄に高めるものであり、そのせいでささいなコードの変更が大がかりな

仕事になってしまいます。ささいな変更が次々とアプリケーション内を伝わり、多くの変更を強制していくのです。

ここでの設計課題は、依存関係を管理し、それぞれのクラスが持つ依存を最低限にすることです。クラスが知るべきことは、自身の責任を果たすために必要十分なことのみで、おまけは必要ありません。

オブジェクト間の結合（CBO：Coupling Between Objects）

これらの依存がGearとWheelに結合をつくり出します。もしくは、それぞれの結合が、依存をつくり出す、と言い換えてもよいでしょう。GearがWheelを知れば知るほど、両者間の結合はより強固なものになります。そして結合が強固なものになればなるほど、その2つはあたかも1つのエンティティのように振る舞うようになるのです。

Wheelに変更を加えたときに、Gearも変更する必要があると気づいたり、Gearを再利用したいだけなのに、Wheelも一緒についてきたりということが起こります。Gearのテストがそのまま Wheelのテストになってしまうこともあるでしょう。

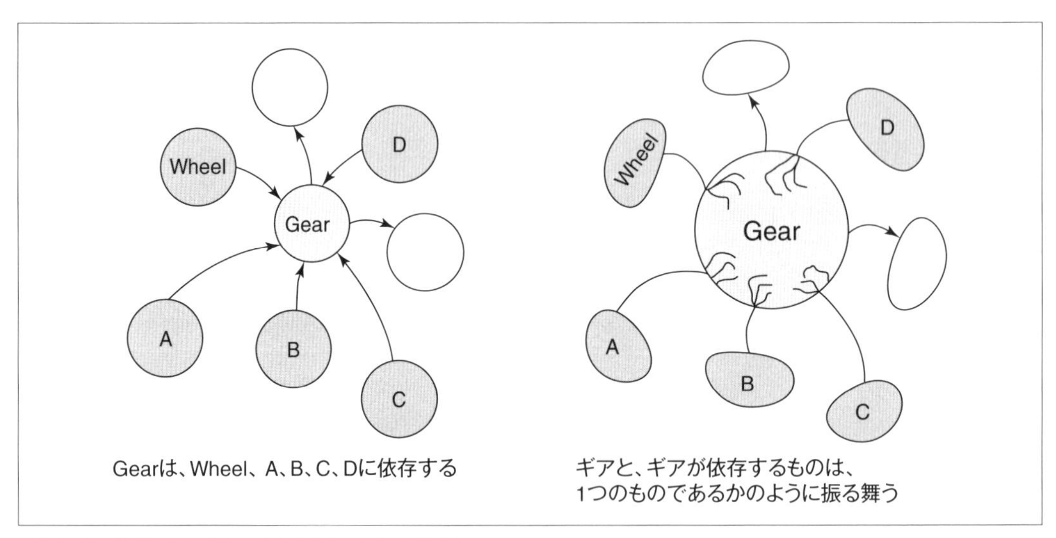

▲図3.1　依存がオブジェクトを互いにからませる

図3.1が問題を描き出しています。この場合、GearはWheelに加え、ほかの4つのオブジェクトに依存しています。つまり、Gearは計5つの異なるものに結合しているのです。対象のコードは、書かれた時点ではすべてうまく動作していました。しかし、問題はひっそりと息を潜めて、時が来

るのを待っているにすぎません。Gearを別の環境で使おうとしたり、Gearが依存するクラスに変更を加えようとしたりするとき、その冷酷な事実は姿を現します。見た目に反し、Gearは独立したエンティティではないのです。Gearが持つ依存関係のそれぞれに、ほかのオブジェクトがくっついてきます。依存関係があることで、これら複数のオブジェクトはあたかも1つのオブジェクトであるかのように振る舞うようになります。オブジェクトは足並みを揃え、行動を常に共にします。つまり、変更は同時にやってくるのです。

2つのオブジェクト（あるいは3つかそれ以上）の結合が強固なとき、それらはあたかも1つのユニットであるかのように振る舞います。そのうちから1つだけ再利用をするなどということは不可能です。1つのオブジェクトへ変更を加えると、すべてのオブジェクトへ変更を加えねばなりません。確認もされず、管理もされていない依存関係は、いずれアプリケーションを複雑に絡み合ったものへと変えてしまいます。そうなると、あとは時間の問題でしかありません。すべてを変更するよりも、いちから書き直したほうがかんたんな日がやってくるでしょう。

ほかの依存関係

この章の残りでは、先ほど挙げた4種類の依存関係について検討し、それらがつくり出す問題を避けるためのテクニックを提案します。しかし、その前にここで触れておくと、のちほど役立つことがあります。このほかにも、依存関係に関連した一般的な問題というものがいくつかあります。それらはあとの章で登場してくるので、ここで少し触れておくことにしましょう。

1つは、特に破壊的なたぐいの依存が生じる場合です。こういった依存が生じるのは、「『何かを知るオブジェクト』を知るオブジェクト」を知るオブジェクトがあるとき、つまり、いくつものメッセージをチェーンのように繋いで、遠くのオブジェクトに存在する振る舞いを実行しようという場合に生じます。これは、「『自分』以外のだれかに送るつもりのメッセージの名前を知っている」依存にほかなりません。ただ、深刻度は高まっています。メッセージチェーンは依存をつくり出します。もとのオブジェクトからはじまり、途中にあるすべてのオブジェクト、メッセージ、そして最終的な目的地の間に、依存関係を構築します。これらのさらなる結合も加わると、最初のオブジェクトに変更が加わる可能性は大いに高まります。途中のオブジェクトの「どれ」に変更があっても、その影響が及ぶかもしれないのです。

これは、デメテルの法則に違反しています。この件ついては、「第4章　柔軟なインターフェースをつくる」で個別の対処法を述べます。

もう1つ、大別できる依存関係があります。それは、コードに対するテストの依存関係です。この本の外に出れば、実際は、テストが最初に書かれるでしょう。テストが設計を駆動するのです。

しかし、テストはコードを参照するがゆえに、コードに依存します。「テストを書きはじめたばかり」のプログラマーは、コードと過度に結合したテストを書きがちです。この強固な結合は、やがて信じがたい苦痛となります。コードをリファクタリングするたびに、テストが毎回壊れます。コードの基本的な動作は変えていないにもかかわらず、壊れるのです。こうなるともう、テストがもたらす価値とそのコストが見合わないように思えてくるでしょう。テストからコードへの過度な結合は、コードからコードへの過度な結合と同じ結果をもたらします。そういった結合による依存関係は、コードの変更がテストへ伝播する原因となります。次々と変更を強制していくでしょう。

テストの設計については、「第9章　費用対効果の高いテストを設計する」で検討します。

さて、こうした注意点は確かにあるものの、だからといって、アプリケーションは必ず、不必要な依存関係によって身動きがとれなくなる、と決まっているわけではありません。それらの依存関係を認識している限り、かなりかんたんに回避できます。この、より輝かしい未来に向けての最初のステップは、依存関係をより詳細に理解することです。それでは、さっそくコードを見ていきましょう。

3.2 疎結合なコードを書く

依存はすべて、接着剤の小さな粒のようなものです。この粒があると、クラスは自身が触れるものにくっつくことになります。少量の粒は必要です。しかし、多量の接着剤を使えば、アプリケーションは1つのブロックに固められてしまいます。依存を減らすというのは、必要のない依存を認識し、取り除くことなのです。

以降の例で、依存を減らすための具体的なコーディングの技法をそれぞれ説明します。これらの技法は、結合を切り離すことによって依存を減らしていきます。

依存オブジェクトの注入

ほかのクラスに、クラス名そのもので参照しているところは、結合を生みだす主要な場所の1つです。これまで議論してきたGearクラス（以下に再掲）では、gear_inchesはWheelに対して明示的に参照しています。

```
1 class Gear
2   attr_reader :chainring, :cog, :rim, :tire
3   def initialize(chainring, cog, rim, tire)
4     @chainring = chainring
```

```
 5     @cog       = cog
 6     @rim       = rim
 7     @tire      = tire
 8   end
 9
10   def gear_inches
11     ratio * Wheel.new(rim, tire).diameter
12   end
13 # ...
14 end
15
16 Gear.new(52, 11, 26, 1.5).gear_inches
```

この参照によって、すぐに起こるとわかる影響は、Wheelの名前に変更があったとき、Gearのgear_inchesメソッドも変更する必要があるということです。

表面的に、この依存は無害のように見えるでしょう。というのも、GearがWheelに協力を求める必要があるとき、結局、何かが、どこかでWheelクラスのインスタンスをつくらねばならないことに変わりはないからです。Gear自身がWheelクラスの名前を知っているときであれば、Wheelの名前が変わったときにGear内のコードを変えなければなりません。

また、事実として、名前の変更への対応は比較的小さな問題です。たいていの場合プロジェクト内全体で検索／置換を行えるツールを使えるでしょう。Wheelの名前がWheelyになったところで、それらの参照をすべて検索して修正するのはたいした作業ではありません。さて、とはいったものの、上のコード例の11行目を変えなければならないという事実は、このコードが抱える問題のうち最も小さいものです。実はより根深い問題があります。その問題は、いま見てきたものに比べ、見た目にはかなり見つけにくいにもかかわらず、その破壊力たるやその比ではありません。

GearからWheelへの参照が、gear_inchesメソッド内という深いところでハードコーディングされているとき、それは明示的に「Wheelインスタンスのギアインチしか計算する意思はない」と宣言していることにほかなりません。Gearはそれがどんな種類のものであれ、Wheel以外のオブジェクトとの共同作業を拒絶します。たとえ直径を持ち合わせ、ギアを扱うオブジェクトであったとしてもです。

たとえば、アプリケーションが拡張され、ディスクやシリンダというオブジェクトを持つようになったとしましょう。そのとき、それらを使うギアのギアインチを知りたくなったとしても、知ることはできません。ディスクやシリンダが直径を持つのはごく自然なことであるにもかかわらず、GearがWheelに結合しているために、それらを計算することは不可能なのです。

上記のコードは、静的な型に不当に付着している箇所を露呈しています。オブジェクトのクラスが重要なのではありません。送ろうとしている「メッセージ」こそが重要なのです。Gearがアクセスする必要があるのは、diameterに応答できるオブジェクト、つまり、ダックタイプのオブジェクトです。ただし、もしそうするならばですが（詳しくは「第5章　ダックタイピングでコストを削減する」を参照）Gearはそのオブジェクトのクラスを気にもせず、知るべきでもありません。GearはWheelクラスの存在を知らなくてもgear_inchesを計算できます。Wheelがrimとtireで初期化されるべき、なんてことも知っている必要はありません。Gearに必要なのは、単にdiameterを知っているオブジェクトです。

これらの不必要な依存をGearにつり下げたままにしておくことは、Gearの再利用性を損ねると同時に、必要もないのに変更せざるを得なくなる可能性も高めます。Gearがほかのオブジェクトについて知りすぎていると、逆に利用性が下がります。知らなければ知らないほど、より力を発揮できるのです。

Wheelと結合する代わりに、次のバージョンのGearでは、初期化の際にdiameterに応答できるオブジェクトを要求するようにしています。

```
1  class Gear
2    attr_reader :chainring, :cog, :wheel
3    def initialize(chainring, cog, wheel)
4      @chainring = chainring
5      @cog       = cog
6      @wheel     = wheel
7    end
8
9    def gear_inches
10         ratio * wheel.diameter
11   end
12 # ...
13 end
14
15 # Gear は'diameter'を知る'Duck'を要求する。
16 Gear.new(52, 11, Wheel.new(26, 1.5)).gear_inches
```

Gearは、このオブジェクトを@wheel変数に保持し、wheelメソッドでアクセスするようにしています。しかし、だまされてはいけません。Gearはこのオブジェクトが Wheelクラスのインスタンスであるかどうかを知りませんし、気にもしません。Gearが知っているのは、単に@wheelは

diameterに応答するオブジェクトを保持しているということだけです。

この変更はとても小さく、見た目にはほとんどわからないほどです。しかし、このような形式でコードを書くことによって、とても大きな恩恵を得られます。Wheelインスタンスの作成をGearの外に移動することで、2つのクラス間の結合が切り離されます。したがって、いまやGearは、diameterを実装するオブジェクトであればどれとでも共同作業ができるのです。おまけに、この恩恵に代償はありません。ただの一行でさえ、コードは追加されていません。既存のコードを再構成するだけで、結合の切り離しを実現できたのです。

このテクニックが、いわゆる「依存オブジェクトの注入（dependency injection）」[注1]として知られるものです。依存オブジェクトの注入は大変だという評判はありますが、実際のところはこんなに単純なことです。以前、GearはWheelクラスに対し明示的に依存しており、初期化に使う引数の型や順番にも依存していました。しかし、注入するようにしたことによって、依存は削減され、diameterメソッドへの依存1つを残すのみとなりました。Gearは知識を減らすことで、より賢くなったのです。

依存オブジェクトの注入を使ってコードを整えることができるかどうかは、設計者が持つ次の能力に左右されます。クラス名を知っておく責任や、そのクラスに送るメソッドの名前を知っておく責任が、どこかほかのクラスに属するものなのではないかと疑える能力です。Gearがdiameterをどこかに送る必要があるからといって、ただそのためにWheelの名前まで知っている必要はありません。

さて、依然として疑問が残ります。実際にWheelクラスを知る責任はどこに置けばよいのでしょうか。それについては、上記の例では都合良く避けてしまいましたが、この章の後半で詳しく検討することにしましょう。いまのところは、この知識はGearに属するものでは「ない」ということを知っていれば十分です。

依存を隔離する

最も理想的なのは、不必要な依存はすべて取り去ってしまうことです。しかし、これは「技術的には」可能であるものの、現実にはおそらく不可能でしょう。すでに存在するアプリケーションに取り組んでいると、実際にどれだけ変更できるかには厳しい制約がある、とわかることがありま

注1：訳注 一般には「依存性の注入」との表記が多いようですが、dependencyとはこの場合オブジェクトを指すので、本書では「依存オブジェクトの注入」と表記します。
参考：『A dependency is an object that can be used (a service).』https://en.wikipedia.org/wiki/Dependency_injection

す。コードを完璧にできないのであれば、その次に目標とすべきは現状の改善です。完璧さは手に入れられないとしても、最初に見つけたときよりもコードをより良いものにしていくことによって、全体の状況を改善することはできます。

したがって、もし不必要な依存を除去できないのなら、クラス内で隔離すべきです。「第2章 単一責任のクラスを設計する」では、本質的でない責任を隔離することによって、しかるべきときにそれらを認識し、除去しやすいようにしました。同様に、ここでも、状況が許すようになったときに、不必要な依存を特定し、かんたんに削減できるように、それらを隔離しておくべきです。

依存というのはすべて、クラス（の設計）をむしばもうとする外来のバクテリアのようなものです。ですから、クラスには活発な免疫システムを導入して、それぞれの依存を検疫しましょう。依存は外からの侵略者であり、コードの脆さを表しています。それゆえ、依存は簡潔、明示的であり、隔離されているべきなのです。

◉インスタンス変数の作成を分離する

とても制約がきつく、WheelをGearに注入するような変更はできないときはどうすればよいでしょうか。そのときは、Wheelのインスタンス作成を、せめてGearクラス内で分離するべきです。

次の2つの例で、この概念を説明しましょう。

最初の例では、Wheelの新しいインスタンス作成を、Gearのgear_inchesメソッドからGearのinitializeメソッドに移しています。こうすることでgear_inchesメソッドはきれいになり、依存はinitializeメソッドにて公開されることになります。ここで注意すべきは、このテクニックではGearがつくられるときに無条件でWheelもつくられることです。

```
 1 class Gear
 2   attr_reader :chainring, :cog, :rim, :tire
 3   def initialize(chainring, cog, rim, tire)
 4     @chainring = chainring
 5     @cog       = cog
 6     @wheel     = Wheel.new(rim, tire)
 7   end
 8
 9   def gear_inches
10     ratio * wheel.diameter
11   end
12 # ...
```

次の例ではWheelの作成を隔離し、独自に明示的に定義したwheelメソッド内で行うようにし

ています。この新しいメソッドは、必要になるときまでWheelのインスタンスを作成しません。また、Rubyの||=演算子を使っています。この場合、Wheelのインスタンス作成は引き延ばされ、gear_inchesが新しくつくられたwheelメソッドを実行するまでは作成されません。

```
 1 class Gear
 2   attr_reader :chainring, :cog, :rim, :tire
 3   def initialize(chainring, cog, rim, tire)
 4     @chainring = chainring
 5     @cog       = cog
 6     @rim       = rim
 7     @tire      = tire
 8   end
 9
10   def gear_inches
11     ratio * wheel.diameter
12   end
13
14   def wheel
15     @wheel ||= Wheel.new(rim, tire)
16   end
17 # ...
```

上記のコードの両方において、Gearはまだ知りすぎています。依然としてrimとtireを初期化時の引数として使うことに変わりはありませんし、Wheelのインスタンスも、独自に内部で作成しています。Gearはいまだに Wheelに結合しているのです。Gearが計算できるギアインチは、Wheelクラスのオブジェクトのものに限られます。

しかし、改善「された」こともあります。上記のようなコードの書き方をすることで、gear_inches内の依存数は減り、同時にGearがWheelへ依存していることが公然となりました。このようなコードの書き方は、依存を隠蔽するのではなく、明らかにします。また、再利用の障壁を低くするので、いざそのときがきたら、コードのリファクタリングがかんたんにできます。この変更はコードをよりアジャイルにします。つまり、よりかんたんにまだ見ぬ未来に対応できるようになるのです。

外部のクラス名に対する依存をどのように管理するかは、アプリケーションに多大な影響を及ぼします。依存するものを常に気に留め、それらを注入することを習慣化させていけば、クラスは自然と疎結合になります。この問題を無視し、何の工夫もなくその場その場でクラスを参照していくようにすると、アプリケーションは大きな絨毯のようなものになり、もはや独立した個々のオブジェクトが集まって共同作業をしているとは言い難くなっていきます。複雑で不明瞭なクラス名の参照が散らばったアプリケーションは柔軟性がなく、扱いづらいものです。一方、クラス名の依存関係が簡潔明瞭で、隔離されているアプリケーションは、新しい要求に対しかんたんに対応できます。

◉脆い外部メッセージを隔離する

外部のクラスへの参照は隔離したので、次は外部の「メッセージ」に着目しましょう。外部メッセージとは、「self以外に送られるメッセージ」です。たとえば、次のgear_inchesメソッドは、ratioとwheelをselfに送りますが、diameterはwheelに送ります。

```
1 def gear_inches
2   ratio * wheel.diameter
3 end
```

これはシンプルなメソッドで、このメソッドのwheel.diameterは、Gearにおける唯一のwheel.diameterへの参照です。この場合、コードに問題はありません。しかし、実際にはより複雑な状況になることもあります。たとえば、gear_inchesがより多くの計算を必要とし、メソッドが次のようなものだったらどうでしょうか。

```
1 def gear_inches
2   #... 恐ろしい計算が何行かある
3   foo = some_intermediate_result * wheel.diameter
4   #... 恐ろしい計算がさらに何行かある
5 end
```

この場合、wheel.diameterは複雑なメソッドの奥深くに埋め込まれてしまっています。この複雑なメソッドは、Gearがwheelに応答し、wheelがdiameterに応答することに依存しています。この外部への依存をこのgear_inchesメソッドに埋め込むのは不要であり、コードを脆くしています。

何かを変更するたびに、このメソッドを壊す可能性があります。gear_inchesは、もはや複雑なメソッドなのです。そのため、変更が必要になる可能性は以前より高くなり、また、変更が発生する際にはよりダメージを受けやすくなりました。gear_inchesを変更せざるを得ない可能性を減らすためにできることは、次のコードに示すとおり、外部的な依存を取り除き、専用のメソッド内にカプセル化することです。

```
1  def gear_inches
2    #... 恐ろしい計算が何行かある
3    foo = some_intermediate_result * diameter
4    #... 恐ろしい計算がさらに何行かある
5  end
6
7  def diameter
8    wheel.diameter
9  end
```

新しいdiameterメソッドは、場合によればすでに書いていたかもしれないものです。Gear全体にwheel.diameterの参照が散りばめられていて、それらをDRYにしたかったなら、まさにこのdiameterメソッドを書いていたことでしょう。ここでの違いは、タイミングです。実際にコードをDRYにする必要があるときまで、diameterメソッドの作成をしないのは、通常は正当な方法です。しかしここでは、メソッドを前もってつくっており、それによりgear_inchesから依存を取り除くようにしています。

もともとのコードでは、gear_inchesはwheelがdiameterを持つことを知っていました。この知識は危険な依存であり、gear_inchesを外部のオブジェクトに結合し、また、「その外部のオブジェクトが持つ」メソッドの1つとの間にも結合を生んでいました。 この変更のあとではgear_inchesはもっと抽象化されています。Gearのwheel.diameterは、いまや独立したメソッドになり、gear_inchesはselfに送るメッセージに依存するようになったのです。

もしWheelが、diameterの名前やシグネチャを変えたりした場合でも、Gearへの副作用はこのシンプルなラッパーメソッド内に収まります。

このテクニックが必要になるのは、「メッセージ」への参照がクラスに埋め込まれていて、さらに、そのメッセージが変わる可能性が高いときです。参照を隔離することで、その変更によって影響を受けることに対してある程度の保険をかけられます。外部メソッドならどれでもこのように前もって隔離する対処をできるというわけではありませんが、それでも自分のコードを調査する価値はあるでしょう。最も脆い依存を探しだし、包み隠しましょう。

これらの副作用を駆逐するためには、別の方法もあります。それは、最初から問題を避けてしまうことです。依存の方向を逆向きにしてしまうことで問題を避け回避できます。この概念についてはすぐに「3.3 依存方向の管理」で説明しますが、その前にもう1つだけコーディングテクニックを紹介しておきましょう。

引数の順番への依存を取り除く

引数が必要なメッセージを送るとき、送り手側としては、それら引数についての知識を持たざるを得ません。この依存は避けられないものです。しかし、引数を渡すことには、たびたび、もう1つのより目立たない依存を含みます。多くのメソッドのシグネチャは、引数を必要とするだけでなく、引数を特定の固定された順番で渡してやる必要があるのです。

次の例では、Gearのinitializeメソッドは次の3つの引数をとります。chainring、cog、そしてwheelです。デフォルトの値はなく、それぞれが必須の引数です。11行目から14行目の新しくGearのインスタンスをつくるところでは、引数を3つ渡してやる必要があり、しかもただ渡すだけでなく「正しい順番」で渡さねばなりません。

```
 1 class Gear
 2   attr_reader :chainring, :cog, :wheel
 3   def initialize(chainring, cog, wheel)
 4     @chainring = chainring
 5     @cog       = cog
 6     @wheel     = wheel
 7   end
 8   ...
 9 end
10
11 Gear.new(
12   52,
13   11,
14   Wheel.new(26, 1.5)).gear_inches
```

newメッセージの送り手は、引数の順番に依存します。その順番は、Gearのinitializeメソッドによって指定されています。その順番が変わると、そのメッセージの送り手すべてに変更を加えなければならなくなるでしょう。

残念なことに、初期化の際の引数をいじくり回すことは特別なことではありません。特にはじめのうちの、設計があまり定まっていないときにはよくあることです。その段階では、引数を足したり引いたり、デフォルトの値を指定してみたりというサイクルを複数回繰り返すこともあります。固定された順番の引数を使っていると、そのサイクルを回すたびに依存のあるところをたくさん修正することになります。ただ、それはまだましなほうです。よりひどくなると、また依存のあるところをいちから変更していくのが面倒なあまり、たとえ設計上その変更は必要だとわかっているにもかかわらず、引数に変更を加えること自体を避けるようになります。

◉初期化の際の引数にハッシュを使う

「固定された順番の引数」への依存をかんたんに回避する方法があります。Gearのinitializeメソッドを自由にできる立場にあるなら、固定されたパラメーターの代わりにオプションのハッシュを受け取るようにコードを変えればよいのです[注2]。

次の例は、このテクニックを簡潔に示したものです。initializeメソッドは、引数をただ1つ、argsのみをとるようになっています。argsはハッシュであり、入力のすべてが含まれます。initializeメソッドは、このハッシュ（args）から必要な引数を抽出するように変更されています。ハッシュそのものの作成は、11 ～ 14行目で行われています。

```
 1 class Gear
 2   attr_reader :chainring, :cog, :wheel
 3   def initialize(args)
 4     @chainring = args[:chainring]
 5     @cog       = args[:cog]
 6     @wheel     = args[:wheel]
 7   end
 8   ...
 9 end
10
11 Gear.new(
12   :chainring => 52,
13   :cog       => 11,
14   :wheel     => Wheel.new(26, 1.5)).gear_inches
```

このテクニックにはいくつか利点があります。まず最も明白なのは、引数の順番に対する依存がすべて取り除かれることです。このテクニックを使うと、どんなに引数を変更してもほかのコードに対し副作用を持つことはないとわかるので、安心してGearの初期化の際に使われる引数やデフォルト値の、追加や除去を自由にできるようになっています。

このテクニックにより冗長さは増します。多くの場合、冗長さは損失です。しかし、ここでの冗

注2： 訳注 Ruby 2.0.0からはキーワード引数も使えます。

長さには価値があります。前提として、冗長さは、現時点での必要性と未来の不確実性が交差するところに存在します。たとえば、固定順の引数を使えば、いま必要なコードは確かに少なく済みますが、その代償として、のちのち変更が依存先に伝播していくリスクは増加します。

コードの11行目でハッシュを使うようにしたことで、引数の順番への依存こそなくなりました。しかし、その代償として得たのは、引数として渡されるハッシュの、キー名への依存です。この変更は健康的です。というのも、この新しい依存はもとの依存よりも、より安定しています。つまり、変更が強制されるリスクが低くなっているのです。さらに意外なことに、ハッシュを使うことで、副次的な利益も得ています。ハッシュ内の「キー」名が、引数に関する明示的なドキュメントとなっています。これは、ハッシュを使うことの副産物です。意図したものではありませんが、意図したものでないからといってその利点が損なわれるわけではありません。このコードを将来メンテナンスする人は、とてもありがたく思うはずです。

このテクニックによって得る恩恵は、例のごとく、個人の状況によって異なります。たとえば、外部から使用されることを目的としたフレームワークにおいて、かなり不安定で冗長な引数を持つメソッドについて考えている場合であれば、引数をハッシュにまとめて指定するようにすることで全体的なコストが削減される可能性は高いでしょう。しかし、自分でしか使わず、2つの数字を分けるだけのメソッドを書いている場合はどうでしょうか。その場合であれば、単純に引数を渡して順番への依存を許容するほうが格段にシンプルな解決法であり、おそらくコストも一番安上がりでしょう。この両極端な例とは別に、その間にもう1つ、一般によく見かける場合が存在します。メソッドが、安定性の高い引数を数個と、それよりは安定性のないオプショナルな引数をいくつも受け取るという場合です。この場合、最も費用対効果が高い戦略は、おそらく、これらの2つの技法を組み合わせることです。具体的には、受け取る引数のうち固定順のものはわずかにとどめ、その後、残りはオプションハッシュで受け取るようにします。

◉明示的にデフォルト値を設定する

デフォルトの値を追加する方法は、いくつもあります。真偽値以外の単純なデフォルト値であれば、Rubyの || メソッドを使って指定できます。次の例に示すとおりです。

```
1  # || を使って、デフォルト値を指定している
2  def initialize(args)
3    @chainring = args[:chainring] || 40
4    @cog       = args[:cog]       || 18
5    @wheel     = args[:wheel]
```

```
6    end
```

これは一般的なテクニックですが、注意して使うべきテクニックでもあります。一定の状況下では、期待どおりの動作をしないことがあります。||メソッドは、or演算子と同様に動作します。つまり、最初に左辺の式を評価し、その結果がfalse、またはnilであれば、評価を続行し、右辺の結果を返します。したがって、ここで||が頼りにしているのは、Hashの[]メソッドは存在しないキーに対してはnilを返すという事実です。

たとえばargsが:boolean_thingキーを持ち、そのデフォルト値がtrueの場合に、このように||を使っているとできないことがあります。それは、呼び出し側で、最終的な変数の値を明示的にfalseやnilにすることです。例として次の式を見てみましょう。:boolean_thingが存在しないときと、存在はするが値としてfalseまたはnilを持つときの「両方」で、@boolにtrueが設定されるようになっています。

```
@bool = args[:boolean_thing] || true
```

この||の性質から、真偽値を引数に取ったり、もしくは、引数のfalseとnilの区別が必要なのであれば、デフォルト値の設定にはfetchメソッドを使うほうがよいということが示されます。fetchメソッドが期待するのは、フェッチしようとしているキーがフェッチ先のハッシュにあることです。また、fetchメソッドには存在しないキーを明示的に処理するためのオプションがいくつか用意されています。fetchメソッドが||に勝る点は、対象のキーを見つけるのに失敗しても、自動的にnilを返さないことです。

下の例では、3行目にてfetchを使うことで、:chainringキーがargsハッシュにないときにのみ、デフォルト値の40が@chainringに設定されるようにしています。また、この方法でデフォルトを設定できるということは、呼び出し手は@chainringに対して実際にfalseやnilを設定できるということです。これは、||では不可能だったことです。

```
1    # fetchを使ってデフォルト値を指定している
2    def initialize(args)
3      @chainring = args.fetch(:chainring, 40)
4      @cog       = args.fetch(:cog, 18)
5      @wheel     = args[:wheel]
6    end
```

また、initializeからデフォルト値を完全に除去し、独立したラッパーメソッド内に隔離する方法もあります。次のdefaultsメソッドは、もう1つ別のハッシュを定義し、そのハッシュは、初期化の過程でオプションハッシュにマージされます。この場合、mergeの結果はfetchと同じになります。つまり、defaultsがマージされるのは、オプションハッシュ内に該当するキーがないときのみです。

```
1     # デフォルト値のハッシュをマージすることでデフォルト値を指定している
2     def initialize(args)
3       args = defaults.merge(args)
4       @chainring = args[:chainring]
5  #    ...
6     end
7
8     def defaults
9       {:chainring => 40, :cog => 18}
10    end
```

この隔離のテクニックは、上記の場合でもまったく理にかなった方法です。しかし、特に役立つのは、デフォルト値がより複雑なときです。デフォルト値が単純な数字や文字列以上のものであるときは、defaultsメソッドを実装しましょう。

◉複数のパラメーターを用いた初期化を隔離する

これまでに登場した例では、引数の順番への依存を取り除く際の状況は、変更が必要なメソッドのシグネチャを「自身で」修正できる場合に限られていました。しかし、いつもそういう好条件に恵まれるわけではありません。ときには、依存せざるを得ないメソッドが、固定順の引数を要求し、しかもそれが外部のものであることがあります。その場合、メソッド自体を変更することはできません。

たとえば、Gearが何かフレームワークの一部で、初期化のメソッドが固定順の引数を要求するとしましょう。それに加え、自身のコード内のいたるところでGearの新しいインスタンスを作成しなければならないとします。自身のアプリケーションからすればGearのinitializeメソッドは「外部」のものです。つまり、外部のインターフェースの一部なので、制御できません。

状況はかなり悲惨です。しかし、依存を必ず受け入れるしかないかと言えば、それはそこまで悲惨な状況ではありません。ちょうどクラス内の重複するコードをDRYにするように、Gearのインスタンス作成もDRYにしてやればよいのです。外部のインターフェースを包み隠すためのメソッドを1つつくることによって実現できます。自身のアプリケーション内のクラスは、自身のアプリケーションが所有するコードにのみ依存するべきです。つまり、包み隠すためのメソッドを使用し、外部への依存をそこに隔離するべきです。

次の例を見てみましょう。SomeFramework::Gearクラスは、自身のアプリケーションではなく、外部のフレームワークによって所有されているものです。SomeFramework::Gearクラスの初期化用のメソッドは、固定順番の引数を求めます。それを回避するためにGearWrapperモジュールがつくられています。これにより、固定順番の引数に対する複数の依存を回避することができます。GearWrapperは外部インターフェースへの依存を1カ所に隔離し、また、同様に重要なこととして、自身のアプリケーションに対し改善されたインターフェースを提供しています。

24行目にあるとおり、GearWrapperにより、オプションハッシュを使ってGearの新しいインスタンスを作成できるようになりました。

```
 1 # Gearが外部インターフェースの一部の場合
 2 module SomeFramework
 3   class Gear
 4     attr_reader :chainring, :cog, :wheel
 5     def initialize(chainring, cog, wheel)
 6       @chainring = chainring
 7       @cog       = cog
 8       @wheel     = wheel
 9     end
10   # ...
11   end
12 end
13
14 # 外部のインターフェースをラップし、自身を変更から守る
15 module GearWrapper
16   def self.gear(args)
17     SomeFramework::Gear.new(args[:chainring],
18                             args[:cog],
19                             args[:wheel])
20   end
21 end
22
23 # 引数を持つハッシュを渡すことでGearのインスタンスを作成できるようになった
24 GearWrapper.gear(
25   :chainring => 52,
26   :cog       => 11,
27   :wheel     => Wheel.new(26, 1.5)).gear_inches
```

GearWrapperについて特筆すべきことが2つあります。1つ目は、これはRubyのモジュールで

あり、クラスではないことです（15行目）。GearWrapperの責任は、SomeFramework::Gearのインスタンスを作成することです。ここでモジュールを使用することによって、gearメッセージ（24行目）を送信できる、独立した固有のオブジェクトを定義でき、また、同時に設計者の意図をも伝えることができます。GearWrapperのインスタンスがつくられることは意図していない、という意図です。モジュールをクラスにインクルードしたことがあるかもしれませんが、上記の例では、GearWrapperはほかのクラスにインクルードされることは想定されていません。直接gearに応答することが意図されています。

GearWrapperについて特筆すべきことの2つ目は、このクラスの唯一の目的が、ほかのクラスのインスタンスの作成であることです。オブジェクト指向設計では、このようなオブジェクトに「ファクトリー」という名前をつけています。一部では、ファクトリーという用語にネガティブな印象を持つ人もいるでしょう。しかし、ここでは、そういった古い考えは抜きに用語を使います。ほかのオブジェクトを作成することが目的のオブジェクトは、ファクトリーであると言えます。ここでのファクトリーという単語には、それ以上の意味はありません。それに、ファクトリーという用語の使用は、この概念を伝えるためには最も良い方法です。

上記の、固定順の引数をオプションハッシュに置き換えるテクニックは、自分で変更がきかない外部のインターフェースに依存せざるを得ない場合に特に適しています。そういった類いの外部への依存が、自身のコード中に行きわたってしまうことを許してはなりません。それぞれの依存を自身のアプリケーションが所有するメソッドで包み隠すことによって、自身を守りましょう。

3.3 依存方向の管理

依存関係には常に方向があります。依存関係を管理する方法の1つとして、方向を逆にすることを少し前にこの章で提案しました。この節では、依存関係の方向の決め方についてより掘り下げていきます。

依存関係の逆転

これまでの例は、いずれもGearがWheelまたはdiameterに依存していましたが、依存関係を逆転させたコードでも実際にはかんたんに書けました。逆にWheelをGearやratioに依存させることもできます。考えられる逆転のかたちの一例を次に示します。ここでは、Wheelに変更が加えられ、Gearとgear_inchesに依存するようになっています。Gearは、依然として実際の計算をする責任を負いますが、呼び出し側でdiameter引数を渡す必要があります（8行目）。

```
 1 class Gear
 2   attr_reader :chainring, :cog
 3   def initialize(chainring, cog)
 4     @chainring = chainring
 5     @cog       = cog
 6   end
 7
 8   def gear_inches(diameter)
 9     ratio * diameter
10   end
11
12   def ratio
13     chainring / cog.to_f
14   end
15 #  ...
16 end
17
18 class Wheel
19   attr_reader :rim, :tire, :gear
20   def initialize(rim, tire, chainring, cog)
21     @rim       = rim
22     @tire      = tire
23     @gear      = Gear.new(chainring, cog)
24   end
25
26   def diameter
27     rim + (tire * 2)
28   end
29
30   def gear_inches
31     gear.gear_inches(diameter)
32   end
33 #  ...
34 end
35
36 Wheel.new(26, 1.5, 52, 11).gear_inches
```

このように依存関係を逆転させても、明らかな害はないように見えます。gear_inchesの計算に、GearとWheel間の共同作業が必要なことに変わりはなく、計算の結果も逆転による影響を受けていません。これを見る限り、GearがWheelに依存しようと、それが逆であろうと、依存関係を逆転させてもその違いには何ら問題がないとの推測もできそうです。

実際、決して変化のないアプリケーションならば、どちらを選択しても変わりません。しかし、アプリケーションは変化「する」ものであり、それは現在の判断が影響を及ぼす、動的な未来に存在します。依存関係の方向に関する決断は、将来にわたる影響を及ぼし、その影響はアプリケーションの寿命として現れます。正しい決断ができれば、アプリケーションは作業も楽しく、メンテナンスもしやすいものとなるでしょう。しかし、間違った決断をしてしまえば、依存関係に徐々に浸食され、変更は難しくなっていくばかりです。

依存方向の選択

少しの間、クラスがあたかも人間であるかのように考えてみましょう。彼らの振る舞い方にアドバイスをするとすれば、きっと、「自身より変更されないものに依存しなさい」とアドバイスをするのではないでしょうか。

この短い1文には、この概念の詳細が隠されています。もとになっているのは、コードに関する次の3つの事実です。

- あるクラスは、ほかのクラスよりも要件が変わりやすい
- 具象クラスは、抽象クラスよりも変わる可能性が高い
- 多くのところから依存されたクラスを変更すると、広範囲に影響が及ぶ

見方によってはそれぞれの事実が交差することもありますが、基本的にそれぞれは独立した別個の概念です。

◉変更の起きやすさを理解する

1つ目の概念「あるクラスは、ほかのクラスよりも変わりやすい」が当てはまるのは、自身が書いたコードのみではありません。自身で利用はするが、自身では書いて「いない」コードにも当てはまります。Rubyの基本的なクラスやほかのフレームワークのコードなど、自身のアプリケーションが依存するコードにはそれ固有の変わりやすさがあります。

幸い、Rubyの基本的なクラスが大きく変わることは、自身のコードが変わるよりは少ないでしょう。ですから、*メソッドへ依存したり（gear_inchesで何の注意もせずに使ったように）、RubyのクラスであるStringやArrayが、今後もこれまでどおり動作し続けると期待したりすることは、まったく妥当です。

フレームワークとなると、また話は変わります。自前のフレームワークであれば、その成熟度を評価できるのは自分だけです。一般に、どんなフレームワークを使用するとしても、自身の書くコードよりは安定したものになります。しかし、フレームワークがまだ発展途上であり、開発が活発であれば、自身のコードよりもフレームワークのコードのほうが頻繁に変わるということも当然ありえます。

つまるところ、由来がどこであろうと、アプリケーション内のクラスは、変更の起きやすさによって順位付けができるのです。この順位付けは、依存の方向を決める際の1つの鍵となります。

◉具象と抽象を認識する

2つ目の概念は、コードの具象性と抽象性に関わります。ここでの「抽象（abstract）」という用語はMerriam-Websterに定義されているものと相違ありません。「disassociated from any specific instance」つまり「いかなる特定の実例（インスタンス）からも離れている」です。これは、Rubyにおけるほかの多くのことでもそうであるように、コードに関する概念を表しているのであり、特定の技術的な制約を表すわけではありません。

この概念については、「依存オブジェクトの注入」（P64）で一度取り上げました。そこで`Gear`が依存していたのは、`Wheel`と`Wheel.new`、そして`Wheel.new(rim, tire)`でした。極端に具象的なコードに依存していたと言えるでしょう。しかし、コードを変更したあと、つまり、`Wheel`が`Gear`に注入されるようになったあとではどうでしょうか。`Gear`はとたんに、何かもっと抽象的なものに依存するようになりました。`diameter`メッセージに応答できるオブジェクトにアクセスするようになったという事実がそれです。

Rubyに親しんでいると、このような遷移は、当然のように思えるかもしれません。しかし、少し立ち止まって考えてみましょう。同じ対策を、静的型付言語で実現するとすれば、何が必要になったでしょうか。静的型付言語はコンパイラを持ち、そのコンパイラは型に対するユニットテストのような役割を果たします。そのため、単に適当なオブジェクトを`Gear`に注入するわけにはいきません。代わりに「インターフェース」を宣言する必要があるでしょう。`diameter`をインターフェースの一部として定義し、インターフェースを`Wheel`クラスにインクルードします。その後、注入しようとしているクラスが、そのインターフェースの「一種」だと`Gear`に教えるのです。

Rubyistたちは、このような遠回しのやり方をする必要がありません。しかし、このように明示的な遷移を強制する言語にも、メリットはあります。痛切に、いやが応でも、抽象インターフェースを定義していることを自覚させてくれることです。無自覚、あるいは偶然に抽象インターフェースを作成することは不可能です。つまり、静的型付け言語ではインターフェースの定義は「常に」意図的だと言えます。

Rubyでの場合を考えてみましょう。WheelをGearへ注入することで、Gearがdiameterに応答するダックタイプに依存するように変えるとき、実は、さりげなくインターフェースを定義しているのです。このインターフェースは、あるカテゴリーのものはdiameterを持つ、という概念が抽象化されたものです。抽象が、具象クラスから収穫されました。その概念はもはや「いかなる特定の実例（インスタンス）からも離れている」ものです。

抽象化されたものが素晴らしいのは、それらが共通し、安定した性質を表し、抽出元となった具象クラスよりも変わりにくいからです。抽象化されたものへの依存は、具象的なものへの依存よりも常に安全です。本質的に、抽象はより安定しています。Rubyでは、インターフェースを定義するために明示的に抽象を宣言する必要はありません。しかし、設計の目的のためなら、仮想的なインターフェースがクラス同様に現実に存在するものであると考えて構いません。実際、ここでの議論に関して、今後「クラス」という用語は、「クラス」と、この種の「インターフェース」の両方の意味を表します。これらのインターフェースも依存関係は持ち得るので、設計では当然考慮する必要があるでしょう。

◉大量に依存されたクラスを避ける

最後の概念である「多くの依存関係を持つクラスは影響が大きい」という考えについても、さらに検討をする価値があります。多くのところから依存されたクラスを変更することによる影響はかなり明白です。それに対し、そこまで明白でないのは、多くのところから依存されたクラスを「持つこと」自体の影響です。変更されると、それがさざ波のようにアプリケーションに広がっていくクラスに対しては、「絶対に」変更されないことが、たとえどんな状況下であったとしてもかなり強く要請されるでしょう。このクラスに変更を加えるために要求されるコストを払いたくないために、アプリケーションは一生ハンディキャップを抱えたままになるかもしれません。

◉問題となる依存関係を見つける

仮に、これらの事実のそれぞれは連続体であり、アプリケーションのコードはすべてそのどこかに当てはまると考えてみましょう。クラスの変わりやすさ、抽象度、クラスに依存しているものの数はそれぞれ異なります。これらの性質のそれぞれを考慮すべきではありますが、設計に関して特別興味深い決断が現れるのは、「変わりやすさ」と「クラスに依存しているものの数」が交差するところです。考えられる組み合わせには、アプリケーションにとって健康的なものもあれば、当然致命的なものもあります。

図3.2で可能な組み合わせをまとめています。

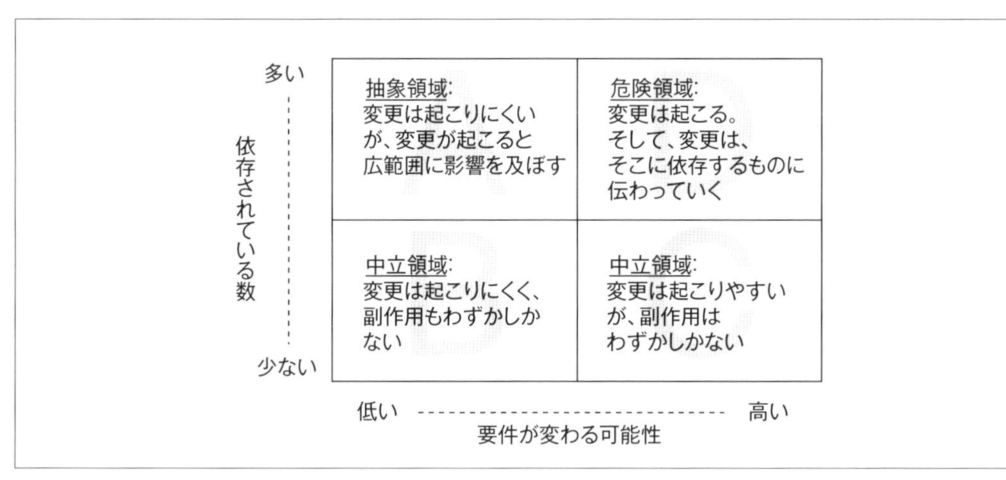

▲図3.2　変わりやすさ と 依存物の数

要件の変わりやすさを横軸に、クラスに依存しているものの数を縦軸に表しています。また、グリッドを4つに分け、AからDまでラベルをつけています。すべてのクラスを評価し、それぞれをこのグリッド上に配置していく場合、適切に設計されたアプリケーションであれば、A、B、Cの領域に集まりができるはずです。

クラスのうち、変わる可能性はわずかなものの、大量に依存されているものは、領域Aに落ち着きます。この領域に含まれるのは、たいていは抽象クラスやインターフェースです。よく考えて設計されたアプリケーションにおいては、必ずここに分けられるクラスがあります。抽象化されたものは変更が起きにくいので、依存はそこに集まるのです。

ここで、注意してほしいことがあります。領域Aにあるからといって、クラスが抽象になるわけではありません。クラスが「すでに」抽象であるからこそ、領域Aに収まるのです。それらが備える抽象の性質によって、クラスはより安定したものになり、多数の依存を安全に引き受けることができます。また、領域Aにあるからといって、そのクラスが抽象クラスであることの保証にはならないものの、そのクラスが抽象クラスであるべきだということを示しているのは確かです。

領域Bについては、一旦とばすことにします。領域Cは、領域Aとは真逆です。領域Cに含まれるコードはかなり変わりやすく、それでいてそこに依存しているものはわずかしかありません。ここに含まれるクラスは傾向としてより具象的であるため、より変更されやすいものです。しかし、この場合変わりやすさは問題ではありません。そもそも、そこに依存するクラスはわずかだからです。

領域Bのクラスは、設計時に最も考慮する必要のないものです。潜在的な将来の影響に対しては、ほとんど中立だからです。滅多に変わることもなく、そこに依存しているものもわずかなものです。

領域A、B、Cは、コードがある場所として適正です。しかし、領域Dについては、危険領域と呼ぶのにふさわしいでしょう。変更が約束され、「かつ」、そこに依存するものも大量にあるとき、クラスは領域Dに陥ってしまいます。領域Dにあるクラスへの変更は、高くつきます。かんたんな要求が、悪夢のようなコーディングに化けます。変更のそれぞれが、すべてそのクラスに依存するものに伝わっていくのです。もし、多量の依存関係を持つ、きわめて明確な具象クラスを持っていて、それが領域Aに存在する、つまり、変更されにくいと信じているのなら、考え直したほうがよいでしょう。具象クラスが多量の依存関係を持っていたら、心の警報を鳴らすべきです。そのクラスは、実際には領域Dに属するものかもしれません。

領域Dのクラスが表しているのは、アプリケーションの将来的な健康状態への危険です。ここにあるクラスが、アプリケーションへの変更を苦痛に満ちたものにするのです。単純な変更が、次々とその影響を伝えて、ほかの多くの変更を強制していくとき、問題の根源にあるのは領域Dのクラスです。変更によって、遠くにあり、かつ一見関係なさそうに見えるコード片が壊れるとき、設計の欠陥はこの領域から生じています。

それだけでも落胆ものですが、実際のところ、さらに事態を悪化させる方法があります。確実に、アプリケーションを徐々にメンテナンス不可なものにする方法があるのです。領域Dのクラスを、そこに依存しているクラスよりさらに変更されやすくすることです。これによって、すべての変更の影響を最大化できます。

幸いにも、この根本的な問題を理解することで、前もって準備し、この問題を避けることができます。

「自分より変更されないものに依存しなさい」というのは、試行錯誤により問題を解決するための方法であり、この節の概念全体を表すものです。領域分けは、自身の考えを整理するためには役立つ方法です。しかし五里霧中にある実際の開発では、どのクラスがどこに行くのか、おそらく明確ではありません。頻繁に進むべき道を検討しながら設計するものですし、また、未来は常に不透明です。この単純で大まかなルールを、使えるときにはいつでも使うことで、健康的な設計を進化させていけるアプリケーションにできるでしょう。

3.4 まとめ

依存関係の管理は、将来の約束されたアプリケーションを作成する際に核となることです。依存オブジェクトの注入によって、新たな使い道でも再利用できる、疎結合のオブジェクトを作成できます。依存を隔離することによって、オブジェクトは予想していない変更に素早く適応できるようになります。抽象化されたものへ依存することで、それらの変更に直面する可能性を低減できるでしょう。

依存関係の管理において鍵となるのは、その方向を制御することです。メンテナンスで悩むことのない世界への道は、自身より変更の少ないクラスに依存するクラスでできています。

第4章 柔軟なインターフェースをつくる

オブジェクト指向アプリケーションをクラスの集まりだと考えたくなるのも無理はありません。クラスはとても明確です。したがって、設計の議論は、クラスの責任と依存関係を中心に回ることもしばしばあります。クラスはテキストエディタ上で目にするものであり、また、ソースコードのリポジトリで確認するものなのです。

このレベルで捉えられるべき設計の詳細が「ある」のは確かです。しかし、オブジェクト指向アプリケーションは単なるクラスの集まりではありません。オブジェクト指向アプリケーションは「クラスから成り立つ」のですが、メッセージによって「定義される」のです。クラスは、ソースコードリポジトリに何が入るかを制御し、メッセージは、実際の動きや、いきいきとしたアプリケーションを反映します。

したがって、設計では、オブジェクト間で受け渡されるメッセージについても考慮せねばなりません。オブジェクトが何を知っているか（オブジェクトの責任）や、だれを知っているか（オブジェクトの依存関係）だけでなく、オブジェクトが互いに、どのように会話するかも、設計で考慮することに含まれます。オブジェクト間の会話はオブジェクトの「インターフェース」を介して行われます。この章では、アプリケーションが育ち、かつ変化していけるような柔軟なインターフェースの作成を目指します。

4.1 インターフェースを理解する

図4.1に示すような、運用中のアプリケーションを2つ考えてみましょう。それぞれ、オブジェクトとオブジェクト間で受け渡されるメッセージから構成されます。

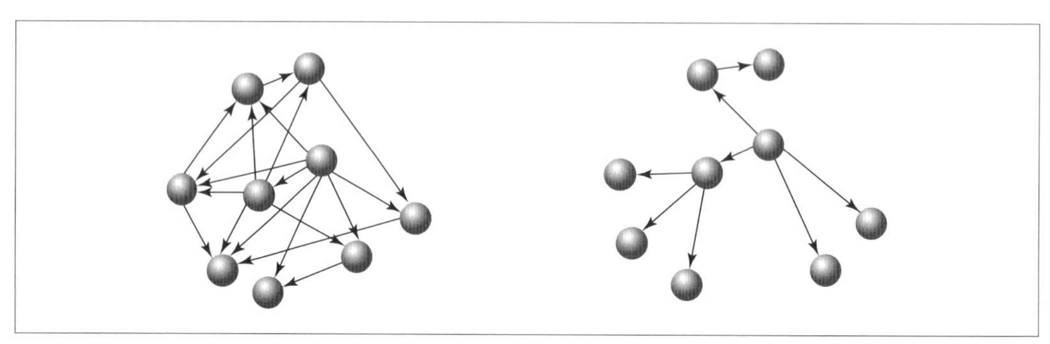

▲図4.1 コミュニケーションパターン

1つ目（左）のアプリケーションでは、メッセージに明らかなパターンはありません。すべてのオブジェクトは、任意のメッセージを任意のオブジェクトに送れるようになっています。メッセージが軌跡を残すとすれば、その軌跡は最後には織り込まれた絨毯を描くことでしょう。すべてのオブジェクトが繋がり合っているのです。

2つ目（右）のアプリケーションでは、メッセージには明確に定義されたパターンがあります。ここでは、オブジェクトは明確で適切に定義された方法でコミュニケーションをとっています。これらのメッセージが軌跡を残すとすれば、次第に軌跡はいくつかの島をつくり、その間に適度な数の橋を架けることでしょう。

どちらのアプリケーションにしても、良くも悪くも、そのメッセージのパターンによって特徴づけられています。

1つ目のアプリケーションのオブジェクトは、再利用が困難です。それぞれが自身について外部に晒しすぎていますし、近隣のオブジェクトについても知りすぎています。この余計な知識によって、結果としてオブジェクトは、いまこの瞬間にやっていることしかできないよう、細かく、明示的に、そして破滅的に調整されていきます。1つとして、単独で動作するオブジェクトはありません。ある1つを再利用するにもすべてが必要ですし、1つの変更にはすべての変更が必ず伴います。

2つ目のアプリケーションではどうでしょうか。こちらは着脱可能で、コンポーネントのようなオブジェクトから構成されています。それぞれが互いに最小のことのみを明らかにしていま

す。また、互いについて知っていることもできる限り最小限のことです。

1つ目のアプリケーションが抱える設計上の問題は、必ずしも依存オブジェクトの注入や単一責任の失敗に起因しません。これらのテクニックは必要なものではあるのですが、これだけでは足りません。設計によって頭を悩まされるようなアプリケーションにしないようにするには、それだけでは不十分なのです。この新たな問題の根源はどこにあるのでしょうか。答えは、クラスが何を「する」かではなく、何を「明らかにする」かにあります。1つ目のアプリケーションでは、クラスはすべてを明らかにしています。どのクラスにあるどのメソッドであっても、ほかのオブジェクトから正当に実行できます。

経験を積めば、クラス内のメソッドがすべて同じではないことがわかります。より一般的なものもあれば、ほかのものより変わりやすいものもあります。1つ目のアプリケーションは、この点をまったく考慮していません。どのオブジェクトの、どのメソッドであっても、その粒度にかかわらずほかのオブジェクトから実行できるようになってしまっています。

2つ目のアプリケーションではどうでしょうか。メッセージのパターンに、何らかの制約があることは明らかです。このアプリケーションには、どのメッセージがどのオブジェクトに渡せるのかについて、何らかの合意と約束があります。それぞれのオブジェクトは、ほかのオブジェクトが使えるようなメソッドを明確に定義しています。

これらの晒されたメソッドによって構成されるのが、クラスの「パブリックインターフェース」です。

「インターフェース」と一口に言っても、さまざまな概念が山ほどあります。ここでのインターフェースとは、クラス「内」にあるようなインターフェースです。クラスはメソッドを実装し、そのうちいくつかはほかのオブジェクトから使われることが意図されています。それらのメソッドがそのクラスのパブリックインターフェースを構成します。

そのほかのインターフェースとして、複数のクラスにまたがり、どの単一のクラスからも独立しているものが挙げられます。この場合の「インターフェース」という語は、それら自身がインターフェースを定義するようなメッセージの集合を表します。多岐にわたる数多くのクラスが、自身の一部として、そのインターフェースに要求されるメソッドを実装し得ます。この場合、ほとんどこのインターフェースにより仮想のクラスが定義されているようなものです。つまり、要求されるメソッドを実装するクラスはどんなクラスであれ、その「インターフェース」のように振る舞えます。

この章で案内していくのは、前者のインターフェースです。つまりクラス内のメソッドと、どのように何を外部に晒すかを説明していきます。 後者のインターフェースについては、「第5章 ダックタイピングでコストを削減する」で検討していきます。こちらは、クラスよりも幅広い概念を表し、メッセージの集合によって定義されるインターフェースです。

4.2 インターフェースを定義する

レストランの厨房を考えてみましょう。お客さんがメニューから料理を注文します。注文は小さな窓をとおして厨房に伝えられます（横のベルが鳴らされ、「注文です！」という具合です）。そしてそのうち、料理が出てきます。純粋な気持ちで想像してみれば、厨房には魔法のお皿が列を成していて、注文されるのを待ち焦がれているかのようです。しかし現実には、厨房は人と食べ物であふれかえり、みんなが大忙しで活動しています。そして注文が入るたびに、新たに組み立てと収集のプロセスがはじまるのです。

厨房では多くのことが行われますが、ありがたいことに、お客さんにそのすべてを公開することはしていません。厨房にはお客さんが使うことが期待される「パブリック（公開された）」インターフェースがあります。すなわち、メニューです。厨房内では、多くのことが起こり、メニュー以外のほかのメッセージも数多く受け渡されます。しかし、これらのメッセージは「プライベート（非公開）」であり、お客さんからは見えません。注文をしたお客さんが厨房に入ってきてスープをまぜることなど、期待されていないのです。

このパブリックとプライベートの違いが存在するのは、それが最も効率的に仕事をする方法だからです。お客さんが直接料理の指示をするようになっているとすればどうなるでしょうか。たとえば材料がなくなって代替案が必要になった場合、お客さんはその都度また調理法を学ばなければなりません。メニューを使うことによって、この問題は回避されます。メニューを使えば、厨房が「どのように」料理をつくるかは一切関知させずに、「何を」望むかをお客さんに頼ませることができます。ですから、そういった問題は起きません。

自身の書くクラスはそれぞれが厨房のようなものです。クラスは単一の責任を果たすために存在しますが、メソッド自体はいくつも実装します。これらのメソッドはそのスケールや粒度、範囲において異なります。クラスの責任を外部へ公開する、広く一般的なメソッドから、内部でのみ使うことが意図された、小さな便利メソッドまで、さまざまです。このうちいくらかは、そのクラスにとってメニューのような存在です。それゆえそれはパブリックであるべきです。ほかの、内部実装の詳細に関わるものはプライベートなメソッドです。

パブリックインターフェース

クラスのパブリックインターフェースをつくり上げるメソッドによって、クラスが外の世界へ表す顔（フェース）が構成されます。それらは次の特性を備えます。

- クラスの主要な責任を明らかにする
- 外部から実行されることが想定される
- 気まぐれに変更されない
- 他者がそこに依存しても安全
- テストで完全に文書化されている

プライベートインターフェース

クラス内のほかのメソッドはすべて、プライベートインターフェースに含まれます。それらは次の特性を備えます。

- 実装の詳細に関わる
- ほかのオブジェクトから送られてくることは想定されていない
- どんな理由でも変更され得る
- 他者がそこに依存するのは危険
- テストでは、言及さえされないこともある

責任、依存関係、そしてインターフェース

「第2章　単一責任のクラスを設計する」では、単一の責任を持ったクラスをつくることについて取り扱いました。単一の責任とは、つまり、単一の目的です。クラスは単一の目的を持つものだと考えてみると、クラスがすること（クラスのより具体的な責任）は、おのずとその目的を果たすものとなります。これらの具体的な責任についての記述と、クラスのパブリックメソッドの間には、対応がみられます。実際、パブリックメソッドは、責任の説明として解釈できるものであるべきです。パブリックインターフェースは、クラスの責任を明確に述べる契約書なのです。

「第3章　依存関係を管理する」では、依存関係について取り扱いました。そこから持ち帰るべき言葉は「クラスは自身より変更の可能性が低いクラスにのみ依存するべき」でした。いまやっていることは、どのクラスもすべてパブリックな部分とプライベートな部分に分けることです。この「変更の可能性が低いところに依存する」という考えは、クラス「内」のメソッドにも当てはまります。

クラスのうちパブリックな部分は、安定した部分でもあります。対して、プライベートな部分は、変化し得る部分です。メソッドにパブリックやプライベートと印を付けることは、クラスの使用者に対し、どのメソッドには安全に依存できそうか、ということを伝えていることになります。自身がほかのクラスのパブリックメソッドを使うときは、それらのメソッドが安定していると信頼していることになります。ほかのクラスのプライベートメソッドに依存することを決めるとき

には、本質的に不安定な何かに依存していることを理解し、それゆえ離れたところの、関係のない変更にも影響を受けるリスクが増えることも知ったうえで行わなければなりません。

4.3 パブリックインターフェースを見つける

パブリックインターフェースを見つけ、定義することは1つの技巧です。これが設計上難しいのは、疑いようもなくはっきりと決められたルールはないからです。また、「十分に良い」インターフェースをつくる方法はいくらでもあり、「十分に良くない」インターフェースのコストはすぐに明らかになるわけでもないので、失敗から学ぶのもかんたんではありません。

設計の目標は、例に漏れず、今日の要求に応えるために十分なコードだけを書きつつ、将来的な柔軟性を最大限に保つことです。良いパブリックインターフェースは、想定外の変更に対するコストを下げます。一方、良くないパブリックインターフェースはコストを上げます。

インターフェースについては、経験則がいくつもあります。この節では、別のアプリケーションを新たに導入し、それについて説明していきます。また、インターフェースの発見に役立つツールも説明していきます。

アプリケーション例：自転車旅行会社

株式会社FastFeet社は、自転車旅行会社です。FastFeet社が提供するのは、ロードバイクとマウンテンバイクの自転車旅行です。FastFeet社は紙で仕事をしています。いまのところまったく自動化されていません。

FastFeet社により提供される旅行は、それぞれが定められた行程に従います。開催頻度は年に数回ほどです。旅行には、それぞれ参加者（お客さん）の上限が決まっています。また、同行するガイドも一定数必要です。ガイドは整備士も兼ねます。

旅行のそれぞれに、必要な体力に応じた難易度がつけられています。マウンテンバイクの旅行においては、技術面の難易度も追加されます。参加者は、旅行が自身に適しているかどうかを見極めるための、自分の体力レベルやマウンテンバイクの技術的なスキルレベルを持っています。

旅行者は、自転車を借りることも持ち込むこともできます。FastFeet社は、貸し出し用の自転車を自社でも数台保有するほか、貸し出し自転車の在庫を地域の自転車店と共有しています。貸し出し用自転車のサイズは多岐にわたり、ロードバイクの旅行でも、マウンテンバイクの旅行でも、どちらでも対応できるようになっています。

「参加者は、旅行を選ぶために、適切な難易度の、特定の日付の、自転車を借りられる旅行の一覧を見たい」という単純な要件について考えてみましょう。これはのちほど「ユースケース」として言及されます。

見当をつける

まったく新しいアプリケーションのコードをいちから書いていくのは、いつでも怖いものです。既存のコードをベースに、新たにコードを追加する場合、普通は既存の設計を拡張します。しかし、ここでは、筆を執って（もちろん比喩です）、アプリケーションのパターンを未来永劫決定する決断をしなければなりません。いままさに、このあと拡張される設計を確立しようとしているのです。

いきなり飛びついてコードを書きはじめるべきでないことは、ご存じのことだと思います。おそらく、最初はテストからはじめるべきだと強く思っていることでしょう。しかし、強く思ったからといってかんたんになるわけではありません。多くの設計初心者にとって、最初のテストを考えることは本当に難しいものです。最初のテストを書くためには、何をテストしたいかについての考えが必要です。そしてその考えは、みなさんがいまのところまだ持っていないものでしょう。

テストファーストを推奨するグルがテストをかんたんに書きはじめられるのは、これまでに山ほど設計の経験を積んできたからです。グルともなると、アプリケーション内部のインタラクションとオブジェクトの可能性について、すでにメンタルマップが構築されていることでしょう。それは、特定の考えや計画に縛り付けられており、代替案を探るためにテストを書くという意味ではありません。グルは設計について熟知しているため、アプリケーションについての見当をすでに形成しているのです。この見当があるからこそ、グルは最初のテストを書くことができます。

気づいているかどうかは別として、みなさんはすでに何らかのかたちで見当をつけているはずです。FastFeet社の仕事内容の説明は、このアプリケーションに必要そうなクラスのアイデアが浮かびやすいように書かれていました。おそらく、参加者（Customer）、旅行（Trip）、行程（Route）、自転車（Bike）、整備士（Mechanic）クラスがあると予想したことでしょう。

これらのクラスには、頭に浮かぶだけの理由があります。アプリケーションにおいて、「データ」と「振る舞い」の両方を兼ね備えた「名詞」を表すからです。これらを「ドメインオブジェクト」と呼ぶことにしましょう。ドメインオブジェクトが明確なのは、それらが永続するものだからです。つまりドメインオブジェクトとは、大きくて目に見える現実世界のものを表し、かつ最終的にデータベースに表されるものだと言えるでしょう。

ドメインオブジェクトはかんたんに見つけられますが、アプリケーションを設計するうえで、中心となるものではありません。それどころか、不注意な人にとっては罠となります。ドメインオブジェクトにこだわりすぎると、無理な振る舞いをさせがちです。熟練した設計者は、ドメインオブジェクトに集中することなく、ドメインオブジェクトに「気づき」ます。オブジェクトではなく、オブジェクト間で交わされるメッセージに注意を向けるのです。これらのメッセージが、ドメインオブジェクト同様に必要なものの、はるかに見えにくいほかのオブジェクトを見つけるための手がかりとなってくれます。

キーボードの前に座ってタイピングをはじめる前に、このユースケースを満足するために必要なオブジェクトとメッセージの両方について、まず見当をつけるべきです。ここで最も適しているのは、コードを書かずとも設計を検討でき、相互理解を深める、簡潔で、低コストな方法です。

幸いにも、とても頭の良い人たちがこの問題について長い間考えてきてくれました。それを実現するための効果的な仕組みは、すでに考案されています。

シーケンス図を使う

オブジェクトとメッセージを実験するための、まさにうってつけの低コストな方法が、「シーケンス図」です。

シーケンス図は、Unified Modeling Language（UML）で定義されています。UMLがサポートする図はたくさんあり、シーケンス図はそのうちの1つです。図4.2にいくつか図のサンプルを載せています。

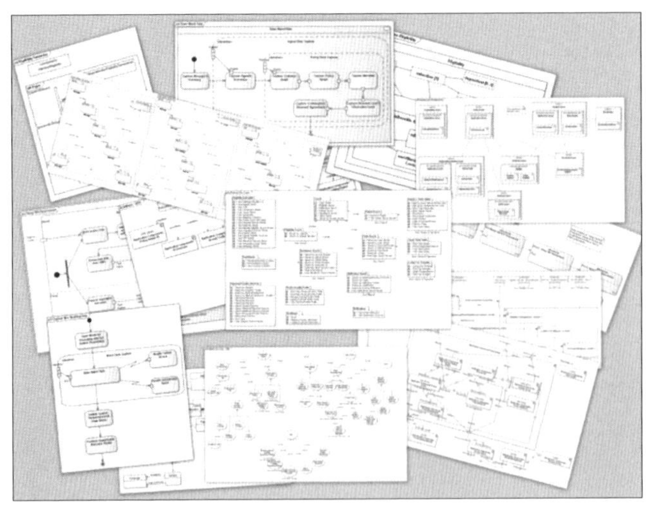

▲図4.2　UML図のサンプル

これまでに喜んでUMLを受け入れているのであれば、シーケンス図の価値はすでにわかっていることでしょう。UMLになじみがなく、図に胸騒ぎがしても、恐れる必要はありません。この本がここからUMLの本に変わることはないのですから。軽量でアジャイルな設計は、遺物を大量につくったりメンテナンスすることを求めません。とはいえ、UMLの考案者たちが、オブジェクト指向設計でどのように意思疎通を図るかについて腐心したのですから、その努力は活用してもよいでしょう。UML図には、設計の可能性を探求し互いに伝え合うための、とても優れた、かつ一過性の方法を提供してくれるものがあります。この車輪の再発明をする必要はないのですから、使わない手はありません。

シーケンス図はとても役に立ちます。シーケンス図を使うことで、さまざまなオブジェクトの構成やメッセージ受け渡しの体系を簡潔に実験できます。シーケンス図は思考を明確にし、ほかの人と共同作業したり意思疎通したりするための手段となってくれるのです。相互作用の見当をつけるための軽量な方法だと考えましょう。ホワイトボードに描き、必要に応じて変更し、その目的を果たしたら消してください。

図4.3に単純なシーケンス図を示します。この図は、先ほどのユースケースの実装の試みを表すものです。図には、参加者（`Customer`）であるMoe[注1]と、`Trip`クラスが示されています。ここで、Moeは`suitable_trips`メッセージを`Trip`に送り、そのレスポンスを得ています。

図4.3には、シーケンス図の主要部2つが描かれています。見てのとおり、2つが示しているのは「オブジェクト」とその間で交わされる「メッセージ」です。続く段落で、この図を構成するものを説明していきます。しかし、次のことは気に留めておいてください。公式の様式から外れたからといって、UML警察に逮捕されることはありません。自身にとって役立つことをしましょう。

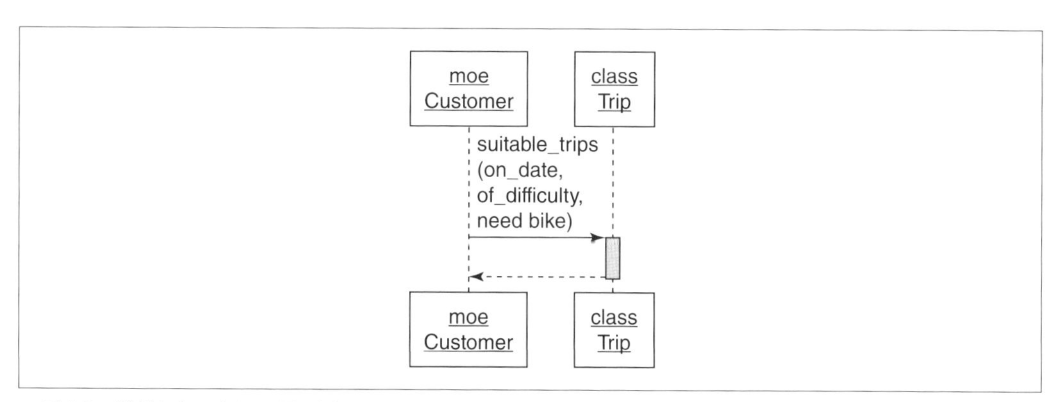

▲図4.3　単純なシーケンス図の例

注1：訳注 Moe＝人名。モウ（もしくは、モー）。一般的には、男性名。

図4.3では、オブジェクトはそれぞれ同一の名前が付けられた2つの箱で表されています。1つは上にあり、もう1つと1本の垂線で結ばれています。図には2つのオブジェクトが含まれます。CustomerであるMoeと、Tripクラスです。メッセージは、水平の線で示されています。メッセージが送られるときは、線にメッセージのラベルが付けられます。メッセージの線は、矢印ではじまるか終わるかします。この矢印は、受け手を指しています。オブジェクトが受け取ったメッセージの処理で忙しいときは、オブジェクトは「アクティブ」であるとされ、垂線が拡大されて、縦に長い長方形となります。

また、図にはメッセージが1つ含まれます。MoeによってTripクラスへと送られたsuitable_tripsです。したがって、このシーケンス図は「CustomerであるMoeがsuitable_tripsメッセージをTripクラスに送り、Tripクラスはそのメッセージを処理するためにアクティブにされ、処理が終わったら、レスポンスを返す」と読めます。

このシーケンス図は、ほぼそのまま文字どおりにユースケースを解釈したものです。ユースケースでの名詞はシーケンス図でオブジェクトになり、ユースケースでのアクションはメッセージに姿を変えています。このメッセージは、3つのパラメーターを要求します。on_dateと、of_difficulty、そして、need_bikeです。

この例は、シーケンス図を構成するものについてはかなり十分な説明にはなりますが、それが示す設計には一旦立ち止まるべきです。このシーケンス図では、MoeはTripクラスが彼に適切な旅行を見つけてくれると期待しています。一見、日程と難易度によって旅行を見つける責任をTripが負うのは妥当ですが、Moeは自転車も必要としており、Tripがその準備もしてくれることを明らかに期待しています。

このシーケンス図を描くことによって、CustomerであるMoeとTripクラス間のメッセージ交換があらわになりました。これを見ていると、疑問が湧きます。「Tripは、適切な旅行のそれぞれに対し、適切な自転車が利用可能かどうかを調べる責任を負うべきなのだろうか？」もっと一般的な言い方をすれば、こうなるでしょう。「この受け手は、このメッセージに応える責任を負うべきなのだろうか？」

そこに、シーケンス図の価値があります。シーケンス図はオブジェクト間で交わされるメッセージを明記します。そして、オブジェクトはパブリックインターフェースを介してのみ互いに交信すべきです。ですから、シーケンス図はパブリックインターフェースをあらわにし、実験し、そして最終的には定義するための手段となります。

また、シーケンス図を描いたことによって、設計に関する議論が逆転したことに気づいてください。以前、設計の重点は、クラスと、クラスがだれと何を知るかに置かれていました。それが突然、逆転したのです。いまでは、議論はメッセージを中心に回っています。クラスを決め、その責任を見つけ出す代わりに、いまはメッセージを決め、そしてそれをどこに送るかを決めています。

このクラスに基づく設計から、メッセージに基づく設計への移行が、設計者としてのキャリアの転機となります。メッセージに基づく視点は、クラスに基づく視点よりも柔軟なアプリケーションを生み出します。基本的な設計の質問を、「このクラスが必要なのは知っているけれど、これは何をすべきなんだろう」から、「このメッセージを送る必要があるけれど、だれが応答すべきなんだろう」へ変えることが、キャリア転向への第一歩です。

オブジェクトが存在するからメッセージを送るのではありません。メッセージを送るためにオブジェクトは存在するのです。

メッセージ交換の観点から言えば、Customerがsuitable_tripsメッセージを送るのはまったく理にかなっています。問題はCustomerがsuitable_tripsメッセージを送るべきでないということではなく、Tripが受け取るべきでない、ということです。

いまは、suitable_tripsメッセージが頭の中にあり、けれど送る場所がどこにもないという状態です。ですから、代案をいくつかつくらねばなりません。シーケンス図は可能性を探索するのをかんたんにしてくれます。

ある旅行に対して自転車が利用可能かどうかをTripクラスが見つけ出すべきでないとすれば、おそらくそれをすべきBicycleクラスがありそうなものです。Tripはsuitable_tripsに責任を持ち、Bicycleがsuitable_bicycleに責任を持つ、とできそうです。Moeはその両者に話しかけることで、必要な答えを得ることができます。シーケンス図は図4.4のような見た目になるでしょう。

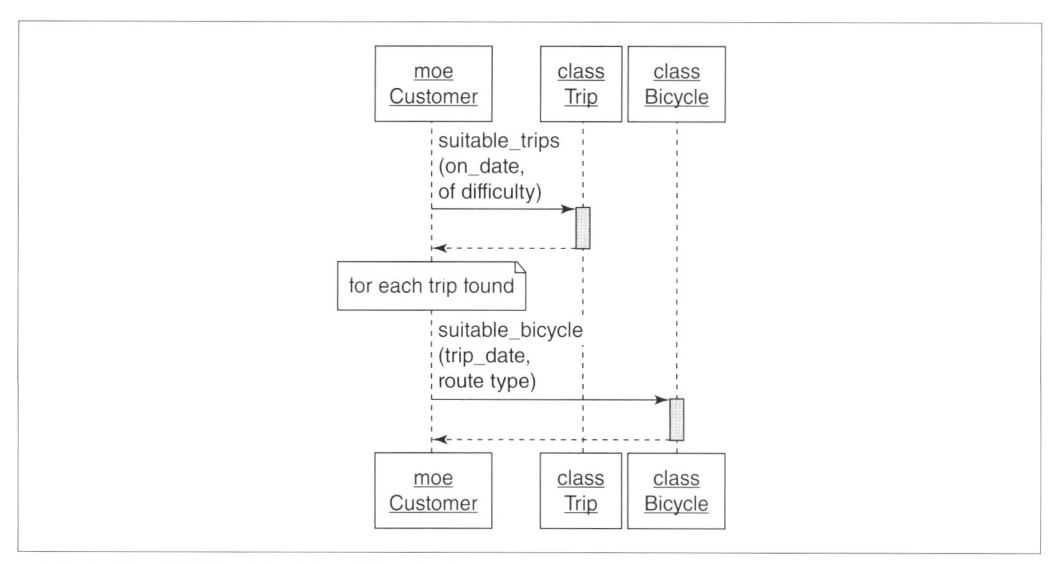

▲図4.4　Moeは旅行（trip）、自転車（bicycle）と話す

それぞれの図について、Moeが何を知らなければならないかについて考えてみます。

図4.3では、次のことを知っていました。

- 旅行の一覧が欲しい
- suitable_tripsメッセージを実装するオブジェクトがある

図4.4では、次のことを知っています。

- 旅行の一覧が欲しい
- suitable_tripsメッセージを実装するオブジェクトがある
- 適切な旅行を見つけることには、適切な自転車を見つけることも含まれる
- suitable_bicycleメッセージを実装するほかのオブジェクトがある

悲しいことに、図4.4は改善していることもあれば、失敗していることもあります。この設計では、Tripから余計な責任は取り除いたものの、残念なことに、単にそれをCustomerに移したにすぎません。

図4.4が抱える問題は、Moe自身が「何を」望むかだけでなく、ほかのオブジェクトが共同作業をして「どのように」望むものを準備するかまで知っているということです。Customerクラスは、旅行の適切さを評価するためのアプリケーションルールの所有者となっています。

Moeは、旅行が適切かどうかの決め方を知っているとき、メニューから振る舞いを注文するのではなく、厨房に入り込んで料理をしているのです。Customerクラスは、ほかの場所にあるべき責任を取り込んでいるせいで、変わる可能性のある実装に自分自身を縛り付けてしまっています。

「どのように」を伝えるのではなく「何を」を頼む

送り手の望みを頼むメッセージと、受け手にどのように振る舞うかを伝えるメッセージの違いはささいなものに見えるかもしれません。しかし、その影響は絶大です。この違いを理解することが、適切に定義されたパブリックインターフェースを持つ、再利用可能なクラスをつくるための鍵となる部分です。

「何を」対「どのように」の重要性を説明するために、より詳細な例を使いましょう。customerとtripに関する設計の問題は、ひとまず横に置いておきます。それについてはすぐにまた戻ってきます。いったん次の新しい例に注意を向けてください。この例は、旅行（trip）、自転車（bicycle）、整備士（mechanic）を含みます。

図4.5は、ある旅行がまさに出発しようというところです。なので、確保された自転車がすべて

整備された状態になっているかを確認する必要があります。ここでの要件に対するユースケースは、「旅行が開始されるためには、使われる自転車がすべて整備されていることを確実にする必要がある」となります。Tripは、どのようにすれば自転車を旅行に持って行けるようにできるかを、正確に知る「こともできる」うえ、Mechanicにそれぞれのことをするよう頼むこともできます。

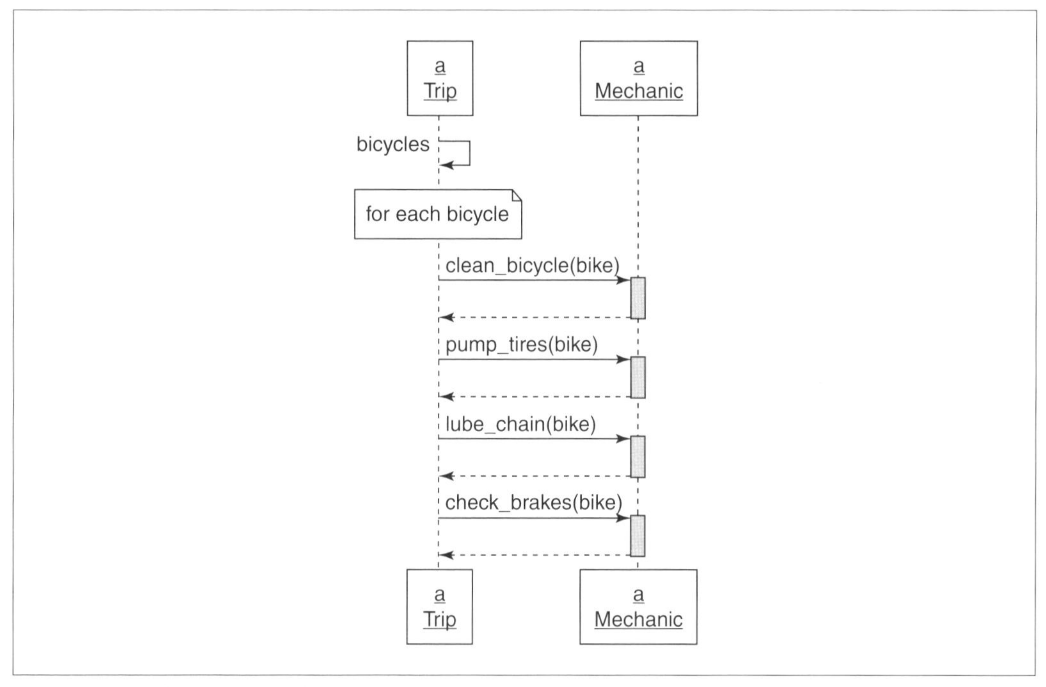

▲図4.5　TripがMechanicにどのようにBicycleを整備するかを伝える

図4.5では、次のようになっています。

- Tripのパブリックインターフェースはbicyclesメソッドを含む
- Mechanicのパブリックインターフェースは、clean_bicycle（自転車を洗浄する）、pump_tires（空気を入れる）、lube_chain（チェーンに油を差す）、check_brakes（ブレーキをチェックする）メソッドを含む
- Tripはclean_bicycle、pump_tires、lube_chain、check_brakesに応答できるオブジェクトを持ち続けることを想定する

この設計では、TripはMechanicが行うことについて、詳細をいくつも知っています。Tripはこの知識を自身で持ち、Mechanicに指示するために使っているので、Mechanicが新たな手順を自転

車の準備工程に加えたときは、Tripも変わらなければなりません。たとえば、MechanicがTripの準備の一環として、自転車修正キットを確認するメソッドを実装したらどうなるでしょうか。Tripはこの新しいメソッドを実行するように変わらなければなりません。

図4.6は代案を描いています。ここではTripは、MechanicにそれぞれのBicycleを準備するように頼み、実装の詳細はMechanicに任せています。

図4.6では、次のようになっています。

- Tripのパブリックインターフェースはbicyclesメソッドを含む
- Mechanicのパブリックインターフェースは、prepare_bicycleメソッドを含む
- Tripはprepare_bicycleに応答できるオブジェクトを持ち続けることを想定する

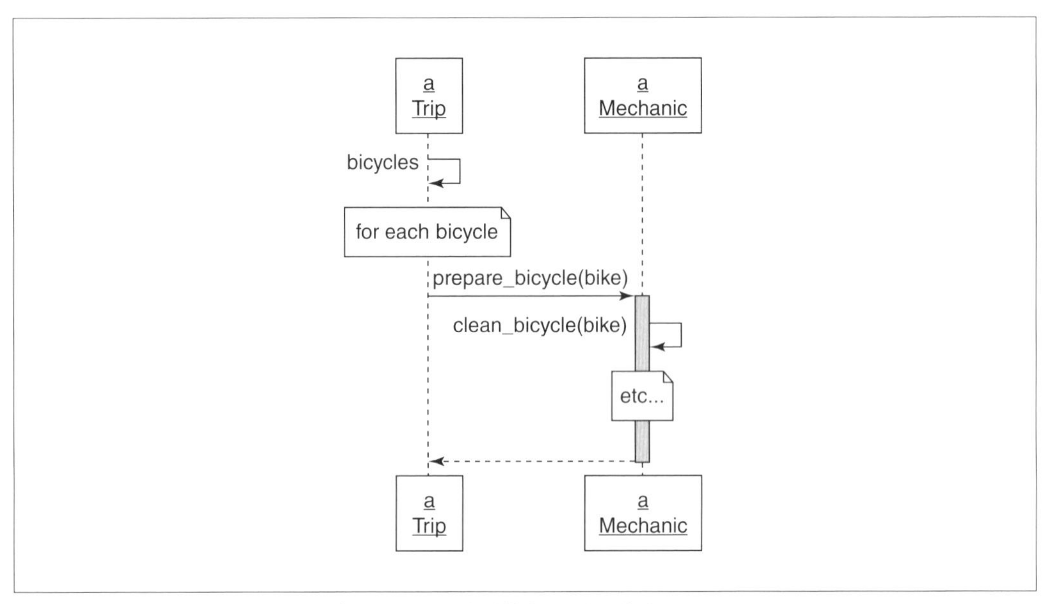

▲図4.6　TripはMechanicにそれぞれのBicycleを準備するように頼む

いまや、Tripはその責任の大半をMechanicに渡してしまいました。Tripは自身の自転車それぞれが準備されていて欲しいことは知っています。そしてMechanicがそのタスクを達成してくれると信頼しています。「どのように」を知る責任はMechanicに渡されたので、Tripは将来的にMechanicにどんな改善があろうとも、この先いつも正しい振る舞いを得ることができます。

TripとMechanic間の会話が「どのように」から「何を」に変わったときの副作用の1つとして、Mechanicのパブリックインターフェースのサイズが一段と小さくなったことが挙げられます。

図4.5では、Mechanicは数多くのメソッドを外にさらしていましたが、図4.6では、Mechanicのパブリックインターフェースはprepare_bicycleメソッド1つだけです。Mechanicは、自身のパブリックインターフェースが安定し、変化しないことを約束します。したがって、パブリックインターフェースが小さいということは、ほかのところから依存されるメソッドがわずかしかないことを意味します。これによって、いつの日かMechanicが自身のパブリックインターフェースを変更し、約束を破り、ほかのあまたのクラスに変更を強制していく可能性を下げることができます。

メッセージのパターンをこのように変更したことで、コードのメンテナンス性は大幅に改善しました。しかし、TripはMechanicについてまだ知りすぎています。Tripがより少ない知識で自身の目的を達成することができれば、コードの柔軟性とメンテナンス性は、さらに向上します。

コンテキストの独立を模索する

Tripがほかのオブジェクトについて知っていることによって、Tripの「コンテキスト」はつくられます。Tripは単一の責任を「持つ」けれど、コンテキストを「求める」と考えましょう。図4.6では、Tripは、prepare_bicycleメッセージに応答できるMechanicオブジェクトを持ち続けることを想定していました。

コンテキストは、Tripがどこへでも着てまわるコートです。Tripを使うときにはいつでも、たとえそれがテストだろうとほかの用途だろうと、コンテキストが確立されていることが求められます。旅行の準備には「いつでも」自転車の準備が求められるため、Tripは「常に」prepare_bicycleメッセージを自身のMechanicへ送らなければなりません。prepare_bicycleに応答できるMechanicのようなオブジェクトを用意しない限り、Tripを再利用するのは不可能です。

オブジェクトが要求するコンテキストは、オブジェクトの再利用がどれだけ難しいかに直接関わってきます。単純なコンテキストを持つオブジェクトは、かんたんに使え、かんたんにテストできます。まわりの環境に求めるものはわずかしかありません。複雑なコンテキストを持つオブジェクトは、使うのもテストするのも難しいものです。複雑なセットアップを終わらせなければ、できることは何ひとつとしてありません。

考えられる限り最も良い状況は、オブジェクトがそのコンテキストから完全に独立していることです。相手がだれかも、何をするかも知らずにほかのオブジェクトと共同作業できるオブジェクトは、新しく、また予期していなかった方法で再利用することができます。

相手がだれかを知らずとも、ほかのだれかと共同作業するためのテクニックはすでにご存じのことでしょう。そう、依存オブジェクトの注入です。ここでの新しい問題は、Mechanicが何をするかを知ることなく、TripがMechanicの正しい振る舞いを実行することです。Tripは、コンテキストの独立を保ちながら、Mechanicと共同作業したいのです。

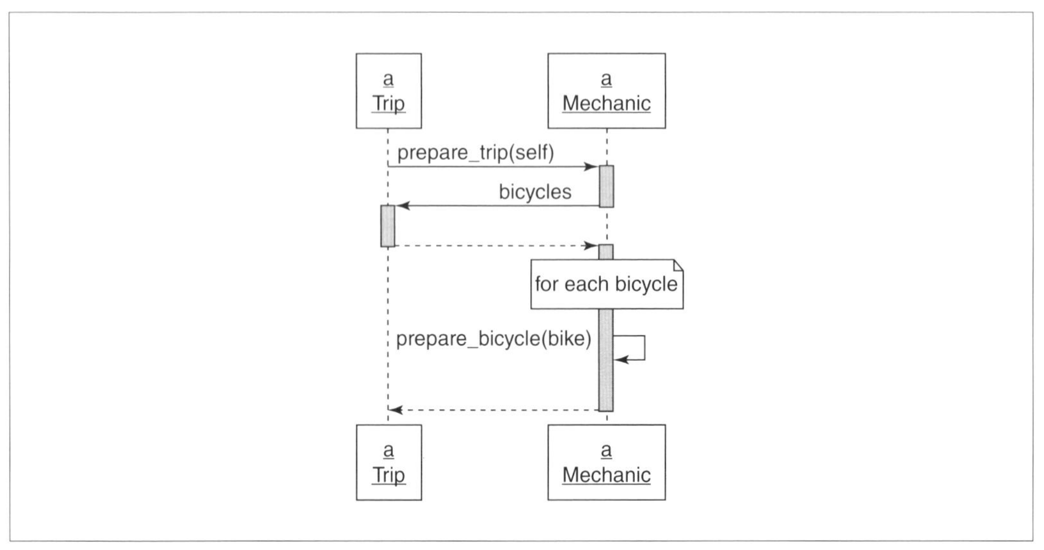

▲図4.7　TripがMechanicにTripを準備するように頼む

一見すると、こんなことは不可能のように思えます。旅行は自転車を持ち、自転車は必ず準備されなければいけません。そして整備士が自転車を準備します。TripがMechanicに、Bicycleを準備するように頼むことは不可避なように思えます。

しかし、そんなことはありません。この問題に対する解決法は、「何を」と「どのように」の違いにあります。解決法にたどり着くためには、Tripが望むことに集中する必要があります。

Tripが「何を」望んでいるかといえば、準備されることです。旅行が準備されなければならないという知識は、間違いなく、そして正当に、Tripの責任の領域です。しかし、「自転車」が必要だという事実は、おそらくMechanicの領域に属します。自転車を準備する必要があるというのは、Tripがどのように準備されるか、であり、Tripが何を望むか、に対する答えではありません。

図4.7は、Tripの準備に関しての第3案を描いたシーケンス図です。この例では、Tripは単にMechanicに対する望み、つまり、準備されることを伝えているだけです。そして、自身を引数として渡しています。

このシーケンス図では、TripはMechanicについて何も知りません。しかし、依然としてMechanicと共同作業をして自転車の準備を完了するようにしています。TripはMechanicに何を望むかを伝え、selfを引数として渡します。するとMechanicは、準備が必要なBicycleの集まり（bicycles）を得るため、ただちにTripにコールバックします。

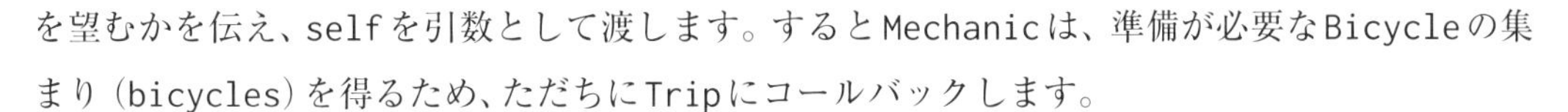

図4.7では、次のようになります。

- Tripのパブリックインターフェースはbicyclesを含む
- Mechanicのパブリックインターフェースはprepare_tripを含む。 ひょっとするとprepare_bicycleも含み得る
- Tripはprepare_tripに応答できるオブジェクトを持ち続けることを想定する
- Mechanicはprepare_tripと共に渡されてきた引数がbicyclesに応答することを想定する

整備士がどのように旅行を準備するかについての知識は、これですべてMechanic内に隔離されました。Tripのコンテキストも削減されています。どちらのオブジェクトも、よりかんたんに変更、テスト、そして再利用ができるようになりました。

ほかのオブジェクトを信頼する

図4.5から4.7にかけて説明された設計は、だんだんと「オブジェクト」指向なコードになる動きを表しています。また、それゆえ設計初心者がたどる成長の段階を映し出しています。

図4.5はかなり手続的です。TripはMechanicに、どのようにBicycleを準備するかを伝えています。なんだかTripがメインのプログラムで、Mechanicはほかの数ある呼び出し可能な関数の1つであるように思えてなりません。この設計では、Tripは自転車をどのように準備すればよいかを正確に知る、唯一のオブジェクトでした。自転車の準備を完了するためには、Tripを使うか、コードを複製する必要があります。Tripのコンテキストは大きく、Mechanicのパブリックインターフェースもまたしかりです。これらの2つのクラスは、間に橋が架けられている島ではありません。編み込まれた1枚の絨毯なのです。

オブジェクト指向プログラマーの多くが、最初はまさにこのようにはじめます。手続的なコードを書くのです。これは回避できません。この様式は、以前の手続き型言語でのベストプラクティスをほぼ反映したものです。残念なことに、手続的なコーディングスタイルは、オブジェクト指向の目的を打ち砕きます。オブジェクト指向プログラミングはその問題を避けるために設計されたにもかかわらず、まさに同じ問題を再導入していることになります。

図4.6はよりオブジェクト指向です。ここでは、TripはMechanicにBicycleを準備するように頼んでいます。Tripのコンテキストは削減され、Mechanicのパブリックインターフェースもより小さくなっています。さらに、Mechanicのパブリックインターフェースは、どのオブジェク

トからでも使えそうです。自転車を準備するために、もうTripは必要ありません。これらのオブジェクトは、少しばかり適切に定義された方法で、互いに疎通するようになっています。また、より疎結合になり、よりかんたんに再利用できるようになりました。

このコーディングスタイルは、責任を正しいオブジェクトに収めています。かなり優れた改善です。しかし、必要以上のコンテキストをTripに持つよう要求していることに変わりはありません。Tripは依然として、prepare_bicycleに応答できるオブジェクトを自身が保持していることを知っており、またTripは「常に」そのオブジェクトを持ち続ける必要があるのです。

図4.7は、飛躍的にオブジェクト指向になりました。この例では、Tripは自身がMechanicを持っていることを、知りもしなければ気にもしません。また、Mechanicが何をするかもまったく知りません。Tripは単にprepare_tripを送るためのオブジェクトを保持しているだけです。このメッセージの受け手を信頼し、適切に振る舞ってくれることを期待しています。

この考えをさらに広げてみましょう。Tripはそのようなオブジェクトを配列内にいくつもおいて、それぞれにprepare_tripメッセージを送ることもできそうです。このとき、Tripは準備をしてくれるオブジェクトが何をしようとも、そのオブジェクトを信頼しています。準備をしてくれるオブジェクトがやることだからです。Tripがどのように使われるかによって、準備をするオブジェクトがたくさんあったり、わずかしかなかったりするでしょう。このパターンによって、新しく導入された準備をするオブジェクトを、Tripのコードを1つも変えることなくTripに追加できます。すなわち、Tripを「修正」することなく「拡張」できるのです。

仮にオブジェクトが人間だとして、自身の関係を説明できるとしましょう。すると、図4.5では、TripはMechanicに「私は自分が何を望んでいるかを知っているし、あなたがそれをどのようにやるかも知っているよ」と伝えているはずです。図4.6では、「私は自分が何を望んでいるかを知っていて、あなたが何をするかも知っているよ」、図4.7では、「私は自分が何を望んでいるかを知っているし、あなたがあなたの担当部分をやってくれると信じているよ」でしょう。

この手放しの信頼が、オブジェクト指向設計の要です。これによって、オブジェクトは自身をコンテキストに縛り付けることなく、共同作業できるようになります。また、これは成長し、変化することが期待されるアプリケーションには必要不可欠です。

オブジェクトを見つけるためにメッセージを使う

「何を」と「どのように」の違い、そして、コンテキストと信頼の重要性を知りました。この知識を持って、図4.3と図4.4にあった、もともとの設計の問題に再度立ち向かいましょう。

その問題でのユースケースを思い出してください。「参加者は、旅行を選ぶために、適切な難易度の、特定の日付の、自転車を借りられる旅行の一覧を見たい」と記述されていました。

図4.3は文字どおりにこのユースケースを解釈したもので、ここでは、Tripは責任を持ちすぎていました。図4.4は、利用可能な自転車を見つける責任を、TripからBicycleへ移す試みでした。しかし、そのことによって何が「適切な」旅行かということについて過剰に知る義務をCustomerに課すことになりました。

このどちらの設計も、特別再利用性が高かったり、変更を許容したりするものではありません。これらの問題は、シーケンス図上でいや応なしに明らかにされました。どちらの設計も、単一責任の原則を破っています。図4.3では、Tripが知りすぎていますし、図4.4では、Customerが知りすぎています。ここでCustomerはほかのオブジェクトにどのように振る舞うかを伝えているうえ、膨大なコンテキストを求めています。

Customerがsuitable_tripsメッセージを送るのは、まったく妥当です。このメッセージがシーケンス図で繰り返し用いられているのは、本質的に正しい感じがするからです。これはまさにCustomerが望むことです。問題は、送り手にあるのではありません。受け手にあります。このメソッドを実装する責任を持つオブジェクトを、まだ特定できていないのです。

このアプリケーションは、あるオブジェクトを必要としています。Customer、Trip、Bicycleが交差するところにあるルールを具体化するためには、そのオブジェクトがなければいけません。suitable_tripsメソッドは、「そのオブジェクトの」パブリックインターフェースの一部となるでしょう。

まだ定義されていないオブジェクトが必要であるとの認識を得るための方法は、1つではありません。多くの方法があります。この、シーケンス図によって欠けているオブジェクトを発見することの利点は、間違えることのコストがかなり低く、考えを変えるためにほとんどちゅうちょしないことにあります。シーケンス図は実験的なものですし、破棄されるものですから、そこへの愛着のなさは、シーケンス図の機能の一部です。最終的な設計の反映こそしませんが、設計の開始点となる見当を付けてくれます。

たとえどんな手段によっていまの段階にたどり着いたとしても、新しいオブジェクトが必要だということはもはや明白です。新しいオブジェクトは、そこにメッセージを送る必要性があったために発見されたのです。

おそらくアプリケーションにはTripFinderクラスが含まれるべきでしょう。図4.8が示すシーケンス図では、適切な旅行（suitable trips）を見つける責任を、TripFinderが負っています。

TripFinderは、何がどうなれば適切な旅行になるかの知識をすべて持っています。ルールを知っています。TripFinderの仕事は、このメッセージに応答するために必要なことなら何でも行うことです。TripFinderは、安定したパブリックインターフェースを提供し、また、変化しやすく乱雑な内部実装の詳細は隠しています。

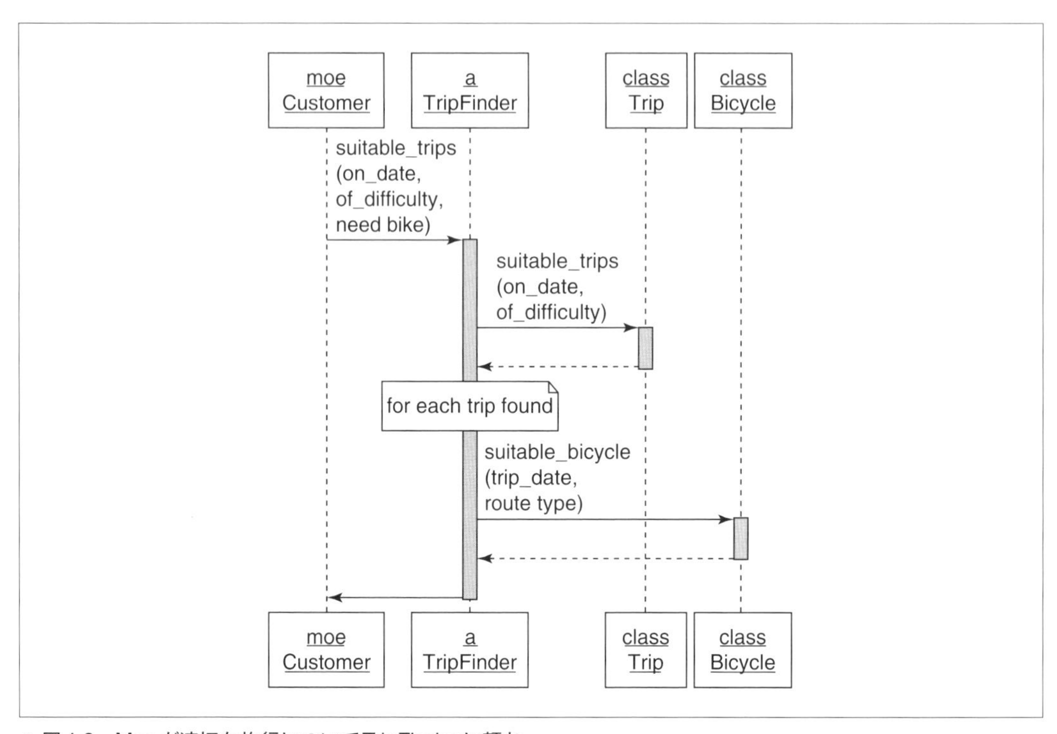

▲図4.8　Moeが適切な旅行についてTripFinderに頼む

このメソッドをTripFinderに移動することによって、その振る舞いがほかのどんなオブジェクトからでも利用できるようになります。未知の未来では、ほかの旅行会社が、適切な旅行を見つけるためにWebサービスを経由してTripFinderを使うこともあるかもしれません。いまやこの振る舞いはCustomerから抽出されているため、ほかのどんなオブジェクトからも隔離されたまま、利用できるのです。

メッセージを基本とするアプリケーションをつくる

この節では、設計を検討し、パブリックインターフェースを定義し、オブジェクトを発見するためにシーケンス図を使ってきました。

一時的なものとして活用したとき、シーケンス図は、とても強力です。ほかの方法ではあり得ないくらい複雑に入り組んだであろう議論を、理解可能なものにしてくれます。これまでの数ページを振り返ってみて、シーケンス図なしでこの議論をしようと思ったらどのようになるかを考えてみてください。

役立つという言葉がふさわしいように、シーケンス図はあくまでもツールです。それ以上のものではありません。メッセージに集中することを助けてくれますし、それらの図によって、テストで最初に明らかにしたいことについて合理的な見当をつけることが可能になります。オブジェクトからメッセージへと自身の注意を切り替えることで、パブリックインターフェースの上につくられたアプリケーションを設計できるようになります。

4.4 一番良い面（インターフェース）を表に出すコードを書く

インターフェースの明快さは、設計スキルをあらわにします。また、日々の成長をも反映します。設計スキルは向上し続けますが、完璧になることはありません。今日の美しい設計は、翌日の要件のもとで照らしてみると、醜いものに映るかもしれません。ですから、完璧なインターフェースをつくることは難しいのです。

しかし、だからといって、これが完璧を目指さないための理由にはなりません。インターフェースは進化します。そして進化するためには、まず生まれなければなりません。適切に定義されたインターフェースが存在することは、それが完璧であることよりも重要です。

インターフェースについて「考え」ましょう。意図を持ってつくりましょう。インターフェースこそが、すべてのテストよりも、ほかのどんなコードよりも、アプリケーションを定義し、その将来を決定づけるものなのです。

ここでは、インターフェースをつくるための経験則を紹介します。

明示的なインターフェースをつくる

設計者の目的は、いまの役割を果たし、かんたんに再利用でき、将来的な予期せぬ用途にも対応できるコードを書くことです。ほかの人が、自身の書いたメソッドを実行することもあるでしょう。依存できるものを伝えることは、設計者の責任です。

クラスをつくるときは、毎回インターフェースを宣言しましょう。「パブリック」インターフェースに含まれるメソッドは、次のようであるべきです。

- 明示的にパブリックインターフェースだと特定できる
- 「どのように」よりも、「何を」になっている

- 名前は、考えられる限り、変わり得ないものである
- オプション引数として、ハッシュをとる

プライベートなインターフェースについても、同じような意図を持って設計します。誤解する余地がないほど明確にしましょう。テストは、文書の役割も果たすので、この努力の助けとなります。プライベートメソッドは、まったくテストしないか、テストしなければならないとしても、パブリックなメソッドからは隔離するようにします。ほかの人が勘違いし、間違って不安定なプライベートインターフェースに依存してしまうようなテストにしてはいけません。

Rubyには、関連するキーワードが3つあります。publicにprotected、そしてprivateです。これらのキーワードは、まったく異なる2つの用途で用いられます。1つは、どのメソッドが安定でどのメソッドが不安定かを示すためです。もう1つは、アプリケーションのほかのところに、どれだけメソッドが見えるかを制御するためです。これら2つの用途は、互いにとても異なります。メソッドが安定か不安定かの情報を伝えることと、他者がどのようにそれを使うかを制御することは、まったく別のことです。

Column

publicとprotected、そしてprivateキーワード

privateキーワードは、最も不安定な部類のメソッドを示し、設定される可視性は最も限定的です。プライベートメソッドは、受け手が省略された形式で呼び出されなければなりません。逆に言えば、受け手が明示された状態では呼び出されるべきではありません。

仮に、Tripクラスがfun_factorというプライベートメソッドを持つとしましょう。このとき、Trip内からself.fun_factorを送ることも、ほかのオブジェクトからa_trip.fun_factorを送ることもしてはいけません。しかし、Tripのインスタンスとそのサブクラスの内部から、自分（デフォルトで送られる省略された受け手）が受けるfun_factorを送ることはできます。

protectedキーワードもまた、不安定なメソッドを示します。しかし、可視性の制限が若干異なります。プロテクトされたメソッドは、受け手がself、もしくはselfと同じクラスかサブクラスのインスタンスである場合にのみ、受け手を明示できます。

したがって、Tripのfun_factorメソッドがprotectedならば、常にself.fun_factorを送るようにもできます。それに加えて、a_trip.fun_factorを送ることもできるでしょう。しかし、これはあくまでもselfがa_tripと同じ種類のもの（クラスかサブクラス）であるクラスの場合に限られます。

publicキーワードは、メソッドが安定していることを示します。パブリックメソッドは、どこからでも見ることができます。

より一層複雑な問題のために、Rubyはこれらのキーワードを提供するだけでなく、privateやprotectedによって強制される可視性の制限を回避する仕組みも用意しています。クラスの使い手は、どんなメソッドでも、その最初の宣言が何であろうと、publicに再定義できます。privateやprotectedといったキーワードは、柔らかい障壁のようなものであり、絶対的な制限ではありません。だれでもその障壁を越えることができます。単純に、労力の問題です。

したがって、それらのキーワードを使ってメソッドのアクセスを制限できるなどという考えは、どのようなものであれ幻想にすぎません。キーワードはアクセスを拒否しません。ただ大変にするだけです。それらのキーワードを使うことによって、次の2つのことを伝えられます。

- 「将来の」プログラマーが持つ情報よりも、いまの自分のほうがより良い情報を持っていると信じている
- いまの自分が不安定だと考えているメソッドを、将来のプログラマーに不用意に使われることは防がなければならないと信じている

これらの考えは、正しいかもしれません。しかし、未来はずっと先にあるものですから、確実に正しいとは言い切れません。これは明らかに安定だろうというメソッドでも、定期的に変わることもあります。逆に、最初の段階では一番不安定だったメソッドでも、時間という試練を超えて存在し続けることもあります。制御できるという幻想が快適であるなら、気にせずキーワードを使ってください。しかし、何人ものかなり実力のあるRubyプログラマーが、あえてキーワードを省略し、代わりにコメントやそれ用の命名規則を使い、インターフェースの「パブリック」と「プライベート」な部分を示しています（たとえばRuby on Railsでは、プライベートメソッドの先頭に_を付けます[注2]）。

これらの戦略は、十分容認されています。また、ときには好ましいことさえあります。この方法は、可視性の制約を課すことなく、メソッドの安定性について情報を伝えてくれます。これらの戦略を使うということは、その時点で持っている、より増えた情報に基づき、どのメソッドに依存するかを適切に決断してくれると、未来のプログラマーを信頼するということです。

どのような手段を選択しようとも、この情報を伝えるための何らかの方法を見つけることによって、未来に対する義務を果たせます。

注2： 訳注 Railsではprivateキーワードも使われています。_が先頭に付いているプライベートメソッドもあれば、付いていないものもあります。また、_を先頭に付ける以外に、:nodoc:ディレクティブをコメントとして付け、内部向けのAPIを区別しているものがあります。詳しくはhttp://guides.rubyonrails.org/api_documentation_guidelines.html#method-visibilityを参照してください。

ほかのパブリックインターフェースに敬意を払う

ほかのクラスと協力する際は、それらのパブリックインターフェースのみを使って、ベストを尽くしましょう。それらのクラスを書いた人も、いまの自分のように意図的であったと考えてください。彼らは、時空を超えてどのメソッドになら依存可能なのかを、必死に伝えようとしているのです。彼らが付けたpublicとprivateの違いは、「いまの自分」を助けようと意図されたものであり、それに真剣に耳を傾けることに越したことはないでしょう。

もし自身の設計が、ほかのクラスにあるプライベートメソッドの使用を強制するものである場合、まずはその設計を再考しましょう。努力を注ぐことによって、代案を発見することは可能です。代案を見つけるために懸命に努力すべきでしょう。

プライベートインターフェースへ依存すると、変更が強制されるリスクが高まります。仮にそのプライベートインターフェースが、定期的なリリースのある外部フレームワークの一部であれば、その依存はまさに時限爆弾のようなものです。しかも考えられ得る限り最悪の瞬間に爆発するでしょう。ご多分に漏れず、依存をつくった人は、いまよりも良い仕事場を求めて去って行きます。そして外部フレームワークが更新され、依存していたプライベートメソッドが変更されると、現在メンテナンスしている人を困らせるようなかたちで、アプリケーションは壊れるのです。

外部フレームワークへの依存は、技術的負債の一形態です。そのような依存は避けましょう。

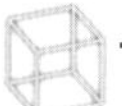プライベートインターフェースに依存するときは、注意深く

最大限努力したものの、プライベートインターフェースに依存「しなければならない」ときもあるでしょう。これは危険な依存なので、第3章で説明したテクニックを使って隔離するべきです。プライベートメソッドの使用を避けられないとしても、アプリケーションの多くの場所で参照されることは防げます。プライベートインターフェースへの依存は、リスクを高めます。依存を隔離することによって、このリスクを最小限にとどめましょう。

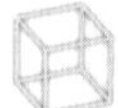コンテキストを最小限にする

パブリックインターフェースを構築する際は、そのパブリックインターフェースが他者に要求するコンテキストが最小限になることを目指します。「何を（what）」と「どのように（how）」の違いを常に念頭に置いてください。パブリックメソッドをつくる際は、メッセージの送り手が、クラスがどのようにその振る舞いを実装しているかを知ることなく、求めているものを得られるようにつくります。

一方で、パブリックインターフェースをまったく持たない、もしくは定義が酷いクラスに負けてはいけません。図4.5のMechanicクラスのような状況に直面した場合は、あきらめて、そのメソッドをすべて実行し、どのように振る舞うかを伝えるようなことをしてはいけません。最初に書いた人がパブリックインターフェースを定義しなかったからといって、遅すぎることはありませんから、自身の手でパブリックインターフェースをつくりましょう。

どれくらい頻繁に使おうと計画しているかによって、この新しいパブリックインターフェースの実装方法は異なります。新しくメソッドを定義して、Mechanicクラス内に置くことも考えられますし、新しくラッパークラスをつくって、Mechanicクラスの代わりに使う方法もあります。ラッパーメソッドを1つだけつくって、自身のクラス内に置く方法もあるでしょう。必要に応じて、最適なようにしてください。しかし、どのようであれ、何らかの定義されたパブリックインターフェースをつくり、それを使うようにしましょう。それによってクラスのコンテキストは削減され、よりかんたんに再利用とテストができるようになります。

4.5 デメテルの法則

ここまで、責任、依存、そしてインターフェースについて学んできました。これで準備が整いましたので、デメテルの法則について検討していきます。

デメテルの法則（LoD：Law of Demeter）は、オブジェクトを疎結合にするためのコーディング規則の集まりです。疎結合は、たいてい美徳とされています。しかし、あくまでも設計の一要素にすぎませんから、ほかの競合する要望とのバランスをとらなければなりません。デメテルの法則に違反していても、実害がないときもあります。しかし、そうでない場合は、パブリックインターフェースの正確な特定と定義ができていないことを意味します。

デメテルを定義する

デメテルは、そこへメッセージを「送る」ことができるオブジェクトの集合を制限します。デメテルは、3つ目のオブジェクトにメッセージを送る際に、異なる型の2つ目のオブジェクトを介すことを禁じます。デメテルの法則は、「直接の隣人にのみ話しかけよう」だとか、「ドットは1つしか使わないようにしよう」なんて言い方もされます。仮にTripのdepartメソッドが次のコードのそれぞれを含んでいるような場合を考えてみましょう。

```
customer.bicycle.wheel.tire
customer.bicycle.wheel.rotate
hash.keys.sort.join(', ')
```

行はそれぞれ、いくつものドット（ピリオド）を含むメッセージチェーンとなっています。これらのチェーンは、形式張らない表現では「列車事故（train wrecks）」と言われます。メソッド名はそれぞれ列車の車両を表し、ドットが連結部を表します。これらの車両は、デメテルの法則に違反している可能性を示しています。

法則を違反することによる影響

デメテルの法則が「法則」になったのは、人間がそう決めたからです。この大げさな名前にだまされてはいけません。法則といっても、これは「毎日歯を磨くべきです」といった規則のようなもので、万有引力の法則とは異なります。歯医者には言いにくいかもしれませんが、たまに破ったところで、世界が崩壊することはありません。

第2章では、コードは「見通しが良い（transparent）」もの、「合理的（reasonable）」なもので、「利用性が高い（usable）」もの、「模範的（exemplary）」なもの（TRUE）であるべきだと述べました。上記のメッセージチェーンには、これにかなっていないものがあります。

- もしwheelが、tireもしくはrotateを変更すると、departも変わらなければならないかもしれません。Tripはwheelと無関係であるにもかかわらず、wheelへの変更によってTripへの変更が強制されるおそれがあります。これは、不必要に変更コストを上げています。したがって、このコードは「合理的」なものではありません。
- tireもしくはrotateへの変更は、depart内の何かを壊す可能性があります。Tripは遠くにあり、明らかに関係がないので、この破壊は完全に予想外です。このコードは「見通しが良い」ものではありません。
- Tripを再利用するためには、wheelとtireを持つbicycleを持つcustomerにアクセスできるようにする必要があります。Tripはかなりのコンテキストを必要とするので、「利用性が高い」ものではありません。
- このメッセージのパターンは、ほかの人によって複製され、似たような問題を抱えるコードが再生産されていきます。残念ながら、この形式のコードは、自己増殖します。「模範的」なものではありません。

最初の2つのメッセージチェーンはほぼ同じです。唯一の違いは、一方は遠くの属性（tire）を取りに行き、もう一方は遠くの振る舞い（rotate）を実行することにあります。経験を積んだ設計者たちでさえ、「属性」を返すメッセージチェーンに、どれだけデメテルの法則がしっかりと適用できるのかについては議論をします。「特定の状況に限っては」、中間のオブジェクトを介して遠くの属性を取得することが、一番コストが低い方法かもしれません。変更のコストとその頻度、それと違反を修正するコストを比べ、バランスをとりましょう。たとえば、関連するオブジェクト一覧のレポートを印字するとします。このとき最も合理的な方法は、おそらく、明示的に中間のオブジェクトを特定し、必要に応じてレポートを変えることです。デメテルの法則を違反することによって負うリスクは、安定した属性に対しては低いものです。ですから、これがおそらく最も費用対効果の高い戦略でしょう。

取得する属性の値を変えない限り、このトレードオフは許されます。仮に`depart`が`customer.bicycle.wheel.tire`を送るとき、結果を変えようと思ってそうしているのであれば、これは単に属性を取得しているのではありません。`Wheel`に属する振る舞いを実装していることになります。この場合、`customer.bicycle.wheel.tire`はちょうど`customer.bicycle.wheel.rotate`のようなものになっています。遠くの振る舞いを得るために、いくつものオブジェクトを介すチェーンとなっています。このようなコーディングの形式が伴うコストは高いものです。この違反は、除去されなければなりません。

3つ目のメッセージチェーン、`hash.keys.sort.join`は完全に合理的です。いくつもドットがあるにもかかわらず、デメテルの法則をまったく違反していないとも言えます。ドットの数ではなく、中間のオブジェクトの型を見て評価してみましょう。

`hash.keys`は、`Enumerable`を返す
`hash.keys.sort`もまた、`Enumerable`を返す
`hash.keys.sort.join`は、`String`を返す

この理屈では、デメテルの法則には多少違反していると言えます。しかし、`hash.keys.sort.join`が実際に返すのは、複数の`String`から成る`Enumerable`であると認めることができれば、中間のオブジェクトはすべて同じ型を持つので、どこにもデメテルの法則の違反はありません。「この」1行のコードからドットを消すと、コストは下がるどころか上がってもおかしくありません。

ご覧のとおり、デメテルの法則は最初の見かけよりも、もっと繊細なものです。この一定の規則は、法則自体のために存在するのではありません。どの設計原則もそうであるように、設計者が持つ総合的な目的を達成するために存在します。「違反」には当然アプリケーションの柔軟性を損なうものもあります。しかし、まったく合理的なものもあるのです。

違反を回避する

コードから「列車事故」を除去するための一般的な方法の1つに、委譲を使い「ドット」を避ける方法があります。オブジェクト指向の用語で、メッセージを「委譲する」とは、ほかのオブジェクトにメッセージを渡すことです。これはしばしばラッパーメソッドを介して行われます。ラッパーメソッドは、ともするとメッセージチェーンに具体化されていた知識を、カプセル化、もしくは隠蔽します。

委譲を実現する方法はたくさんあります。Rubyには、`delegate.rb`と`forwardable.rb`があります。Ruby on Railsには、フレームワークが備える`delegate`メソッドもあります。これらはそれぞれ、オブジェクトが「自身」に送られたメッセージを自動的にとらえ、どこかほかのところに送り直すのをかんたんにするために存在します。

委譲は、デメテルの法則違反を解消する手段として魅力的です。見た目には違反の証拠がなくなるからです。このテクニックが役立つときもあります。しかし注意しなければ、デメテルの法則にかたちだけ従い、その主旨には反するコードになってしまう可能性があります。委譲を使って強固な結合を隠したからといって、コードの結合を解いたことにはなりません。

デメテルに耳を傾ける

デメテルが何かを伝えようとしているのは確かですが、それは決して「もっと委譲を使いましょう」ということではありません。

`customer.bicycle.wheel.rotate`のようなメッセージチェーンが現れるとき、設計者の設計思想は、既知のオブジェクトに影響を受けすぎています。既知のオブジェクトのパブリックインターフェースに慣れ親しんでいることによって、遠くにある振る舞いを取得するために長いメッセージチェーンを書いてしまうのです。

遠くにある振る舞いを実行するために、異なる種類のオブジェクトを横断するのは、「あそこに、いまここで欲しい振る舞いがある。それを『どのように手に入れたらいいのか知っている』」と言っているも同然です。コードは自身が「何を」求めているのか（回転させること）を知るだけでなく、その求める振る舞いを得るために「どのように」いくつもの中間オブジェクトを通っていけばよいのかも知っています。少し前に登場した`Trip`が、`Mechanic`がどのように自転車を準備すればよいかを知っていたために、`Mechanic`と密結合であったのと同じです。ここでは`depart`メソッドが、どのように一連のオブジェクトを通過すれば車輪を回転（rotate）させられるかを知っているために、オブジェクト全体の構造に密接に結合しています。

この結合は、あらゆる種類の問題を引き起こします。最も明らかなのは、メッセージチェーン内のどこかで起こる関係のない変更によって、Tripへの変更が余儀なくされるリスクが高まったことです。しかし、ここにはより深刻な問題が潜んでいます。

departメソッドがこのオブジェクトの連鎖を知っているとき、departメソッドは自身をかなり特定の実装に縛り付けています。そのため、ほかのどんなコンテキストでも再利用できません。Customerは常にBicycleを持つ必要があり、BicycleはWheelを必要とします。Wheelはrotateできるものである必要があります。

このメッセージチェーンを再考してみましょう。departがcustomerに「何を」求めているかから決めるとしたら、どのようなものでしょうか。メッセージに基づく視点に立てば、答えは明らかです。

```
customer.ride
```

customerのrideメソッドは、Tripから実装の詳細を隠します。そして、コンテキストと依存関係の両方を減らすことで、設計を大幅に改善しています。FastFeet社の方向性が変わり、ハイキングの旅行も取り仕切るようになったとしましょう。そのとき、cutomer.rideであれば、そこからcustomer.departやcustomer.goのように一般化するのは比較的容易なことです。アプリケーションからこのメッセージチェーンの触手を解きほぐすことに比べれば、かなりかんたんにできます。

デメテルの法則違反による列車事故は、パブリックインターフェースが欠けているオブジェクトがあるのではないか、というヒントになります。デメテルに耳を傾ける、ということは、自身の視点に注意を払うということです。メッセージに基づく視点に移行してメッセージを見つけたとすれば、そのメッセージはおのずと、何らかのオブジェクトのパブリックインターフェースとなるでしょう。そのオブジェクトが何のオブジェクトなのかは、メッセージ自体が導いてくれます。しかし、既存のドメインオブジェクトに縛り付けられたままであれば、既存のパブリックインターフェースを集めて、長大なメッセージチェーンを組み立てるのが関の山です。したがって、柔軟なパブリックインターフェースを見つけ、構成する機会を失ってしまいます。

4.6 まとめ

オブジェクト指向アプリケーションは、オブジェクト間で交わされるメッセージによって定義されます。このメッセージ交換は、「パブリック（公開された）」インターフェースに沿って行われます。適切に定義されたインターフェースは、根底にあるクラスの責任をあらわにし、最大限の利益を最小限のコストで提供する安定したメソッドから成ります。

メッセージに集中することによって、見過ごされていたオブジェクトが明らかになるかもしれません。メッセージが、受け手がどのように振る舞うかを伝えるものではなく、相手を「信頼」し送り手が望むことを頼むものであるとき、オブジェクトは予期しなかった方法や、まったく新しい方法で再利用できる、柔軟なパブリックインターフェースを自然に進化させていくでしょう。

第5章 ダックタイピングでコストを削減する

オブジェクト指向設計の目的は変更にかかるコストを下げることです。メッセージが設計の中心にあることはもうご存じのことだと思います。また、いまとなっては、厳密に定義されたパブリックインターフェースを構築したくなっていることでしょう。この2つの考えを組み合わせることで、強力な設計テクニックを得られます。それにより、コストをさらに削減できるでしょう。

このテクニックは「ダックタイピング」として知られています。ダックタイプはいかなる特定のクラスとも結びつかないパブリックインターフェースです。クラスをまたぐインターフェースは、アプリケーションに大きな柔軟性をもたらします。これは、クラスへの高コストな依存が、メッセージへのより寛容な依存で置き換えられることによります。

ダックタイプによって型付けされたオブジェクトは、さながらカメレオンのようです。オブジェクトは、そのクラスよりも、その振る舞いによって定義されます。この名前は「もしオブジェクトがダック（アヒル）のように鳴き、ダックのように歩くならば、そのクラスが何であれ、それはダックである」という表現に由来します。

この章では、いかにダックタイプを識別し、最大限に活用するかを示します。目的はもちろん、アプリケーションの柔軟性と変更のしやすさを高めることです。

5.1 ダックタイピングを理解する

プログラミング言語での「型（type）」という用語は、変数の中身の分類を示すために使われます。手続き型言語では、少数の、決まった数の型があらかじめ用意されていて、一般的に「データ」の種類を記述するために用いられます。最も簡素な言語でさえ、文字列、数値、配列を格納する型を定義しています。

変数の中身の分類についての知識、つまり型についての知識があれば、アプリケーションはその中身の振る舞いを予想できます。アプリケーションは、数値は数式の中で利用できる、文字列は結合できる、配列は添字でアクセスできる、というようなことを、上手に仮定できます。

Rubyにおける、オブジェクトの振る舞いについての一連の想定は、パブリックインターフェースへの信頼というかたちで行われます。もしあるオブジェクトがほかのオブジェクトの型を知っていれば、どのメッセージにそのオブジェクトが応答できるかを知っていることになるでしょう。

`Mechanic`クラスのインスタンスは、当然、`Mechanic`のパブリックインターフェースをすべて漏れなく取りそろえています。`Mechanic`のインスタンスを保持するどのオブジェクトも、そのインスタンスを`Mechanic`の1つで「ある」かのように扱えることは、言うまでもなく明白です。このオブジェクトは、まさに生まれながらにして`Mechanic`クラスのパブリックインターフェースを実装しているのです。

しかし、必ずしもあるオブジェクトがただ「1つ」のインターフェースだけに応答すると想定しなければならないわけではありません。Rubyのオブジェクトは、テーマに沿ってマスクを変える仮面舞踏会の参加者のようなものです。見る人ごとに違う顔を見せることもあり得ます。多岐にわたる多くのインターフェースを実装することができるということです。

物理世界における美と同じように、アプリケーションにおけるオブジェクトの型は、見る者の目に宿ります。オブジェクトの使い手は、そのクラスを気にする必要はなく、また気にするべきでもありません。クラスは、オブジェクトがパブリックインターフェースを獲得するための1つの方法でしかないのです。クラスという方法で獲得するパブリックインターフェースは、オブジェクトが持ついくつかのパブリックインターフェースのうちの1つでしかないこともあります。アプリケーションによっては、特定の1つのクラスに関連しないパブリックインターフェースをいくつも定義することもあります。これらのインターフェースは複数のクラスをまたぐものです。どのオブジェクトの使い手も、実装するパブリックインターフェースの一部、あるいは全部であるかのようにそのオブジェクトが振る舞うことを分別なく期待できます。重要なのは、オブジェクトが何で「ある」かではなく、何を「する」かなのです。

もし、あらゆるオブジェクトがほかのオブジェクトを（自身の期待を満たしてくれると）常に信頼し、かつ、どのオブジェクトも、どんな種類のものにもなれるのならば、設計の可能性は無限大です。この可能性をいかに利用するかによって、構造化された創造力の驚異を実現した、柔軟な設計をつくることもできれば、理解不能なほど混沌とした、恐ろしい設計を構築することもできます。

この柔軟性を賢く利用するには、次のことが求められます。この、クラスをまたいだ型を認識すること、そしてそのパブリックインターフェースを、「第4章　柔軟なインターフェースをつくる」でつくったクラス内の型のものと同じくらい、意図を持って入念につくることです。クラスをまたぐ型、つまりダックタイプのパブリックインターフェースは、契約を表すものです。この契約は明示的で、適切に文書化されたものでなければなりません。

ダックタイプを説明する最善の方法は、ダックタイプを使わない場合どうなるかを検討することです。この節では1つの例を示します。リファクタリングを繰り返し、ダックタイプを見つけて実装することで、設計上の複雑な問題を解決していきます。

ダックを見逃す

次のコードにおいて、Tripのprepareメソッドは、Tripのmechanicパラメーターに含まれるオブジェクトにprepare_bicyclesメッセージを送っています。Mechanicクラスが参照されていないことに注意してください。引数名こそmechanicとなっていますが、Tripが持つオブジェクトはどんなクラスのものでもよいのです。

```
 1 class Trip
 2   attr_reader :bicycles, :customers, :vehicle
 3
 4   # この 'mechanic' 引数はどんなクラスのものでもよい。
 5   def prepare(mechanic)
 6     mechanic.prepare_bicycles(bicycles)
 7   end
 8
 9   # ...
10 end
11
12 # *この* クラスのインスタンスを渡すことになったとしても、
13 # 動作する。
14 class Mechanic
15   def prepare_bicycles(bicycles)
16     bicycles.each {|bicycle| prepare_bicycle(bicycle)}
```

```
17    end
18
19    def prepare_bicycle(bicycle)
20      #...
21    end
22  end
```

図5.1に、対応するシーケンス図が示されています。ここでは、外部のオブジェクトがprepareをTripに送ることですべてを開始します。同時に引数も渡しています。

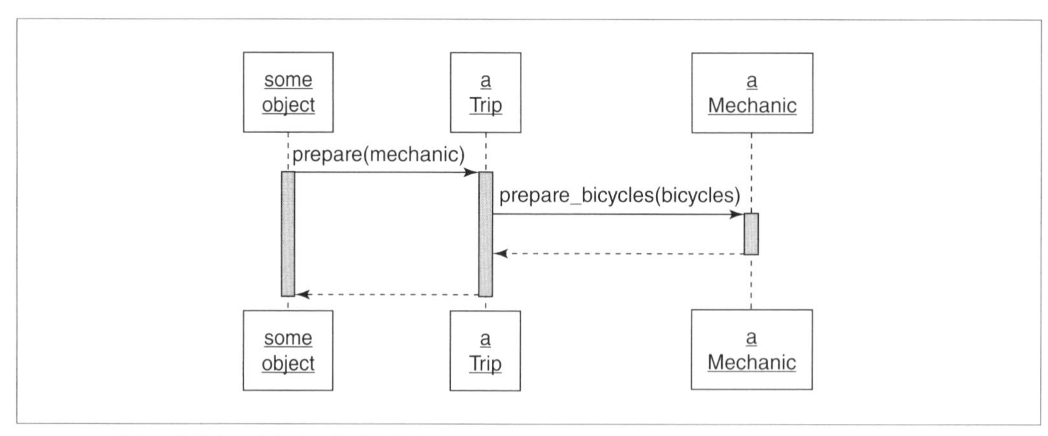

▲図5.1　旅行は整備士に自転車の準備を依頼することで、自身を準備する

このprepareメソッドは、Mechanicクラスに対しての明示的な依存こそしていませんが、prepare_bicyclesに応答できるオブジェクトを受け取る、ということには依存しています。この依存はとても基本的なことなので、かんたんに見落としやすく、軽視してしまいがちですが、それでも存在することには変わりありません。Tripのprepareメソッドは、この引数が自転車を準備してくれるものを持っていると、固く信じています。

問題を悪化させる

おそらくすでに気づいていると思いますが、この例は第4章の図4.6のシーケンス図に似ています。 そこでは、続くリファクタリングにおいて、Tripがどのように準備されるかの知識をMechanicに押しやることで、設計を改善していました。ここでは、続く例において、悲しいことに設計はまったく改善されません。

要件が変わったと考えてみましょう。整備士に加え、いまの旅行の準備には、旅行のコーディネーターと運転手も含まれます。確立されたコードのパターンに従い、TripCoordinatorとDriverクラスをつくるとしましょう。そして、それぞれが責任を負う振る舞いをそれぞれに持たせます。引数から正しい振る舞いを引き出すことにして、Tripのprepareメソッドも変えることにしましょう。

次のコードは、変更を表しています。新しいTripCoordinatorとDriverクラスは簡潔で害もなさそうですが、Tripのprepareメソッドは何か警告を発するものとなっています。異なる3つのクラスを名前で参照しているうえに、それぞれに実装される具体的なメソッドを知っています。リスクが急激に上昇しているのです。Tripのprepareメソッドは、ほかのどこかの変更によって変更が強制される恐れがあります。また、遠くの、関係のない変更によって予期せず壊れる可能性もあるでしょう。

```
1  # 旅行の準備はさらに複雑になった
2  class Trip
3    attr_reader :bicycles, :customers, :vehicle
4
5    def prepare(preparers)
6      preparers.each {|preparer|
7        case preparer
8        when Mechanic
9          preparer.prepare_bicycles(bicycles)
10       when TripCoordinator
11         preparer.buy_food(customers)
12       when Driver
13         preparer.gas_up(vehicle)
14         preparer.fill_water_tank(vehicle)
15       end
16     }
17   end
18 end
19
20 # TripCoordinator と Driver を追加した
21 class TripCoordinator
22   def buy_food(customers)
23     # ...
24   end
25 end
```

```
26
27 class Driver
28   def gas_up(vehicle)
29     #...
30   end
31
32   def fill_water_tank(vehicle)
33     #...
34   end
35 end
```

このコードは、自身を出口のない苦境に陥れるプロセスの最初の一歩です。このようなコードは、プログラマーが既存のクラスに目をくらませられ、重要なメッセージを見過ごしたことに気づけなかったときに書かれます。この、依存満載のコードは、クラスに基づく視点がもたらす、当然の結果でしょう。

この問題が起きた原因に罪はありません。もともとのprepareメソッドがMechanicの実際のインスタンスを想定しているという考えに、容易に陥ってしまいます。技術者の脳で考えれば、prepareの引数がどんなクラスでも正当であると確かに認識はできます。しかし、だからといってこれは助けになりません。心の奥底では、引数はMechanicであると思ってしまっているからです。

Mechanicがprepare_bicycleを理解することはわかっており、Mechanicが渡されることも確実にわかっているので、最初はそれで十分です。何か変更が発生し、Mechanic以外のクラスが引数の一覧に現れるようになるまでは、この考えで問題ありません。しかしそうなった場合、prepareは突如prepare_bicycleを理解しないオブジェクトを扱わなければいけなくなります。

設計の想像力がクラスに制限されていると、送っているメッセージを理解しないオブジェクトに予期せず対応しなければなくなったとき、それらの新しいオブジェクトが理解「する」メッセージを探しに行くでしょう。新しい引数はTripCoordinatorとDriverのインスタンスなので、それらのクラスのパブリックインターフェースを自然と調べに行き、そしてbuy_foodとgas_up、fill_water_tankを見つけます。これは間違いなくprepareが望む振る舞いです。

これらの振る舞いを実行するための最も明白な方法は、まさにそのメッセージを送ることです。しかし、ここで行き詰まってしまいます。引数はそれぞれ異なるクラスのものであり、異なるメソッドを実装しています。どのメッセージを送るかを知るためには、それぞれの引数のクラスを特定しなければなりません。case文[注1]を追加し、クラスによって切り替えることで、正しいメッセージを正しいオブジェクトに送る問題は解決します。しかしこれは依存を爆発的に増やしてしまいます。

prepareメソッド内の新たな依存を数えてみましょう。このメソッドは特定のクラスに依存していて、ほかのクラスは役に立ちません。また、これらのクラスの具体的なメソッド名に依存しています。それぞれのクラスが理解するメッセージの名前を、それが必要とする引数と共に知っています。この知識はすべてリスクを上げるものです。たくさんのかすかな変更が、このコードに副作用をもたらします。

さらに悪いことに、この手のコードは増殖していきます。旅行の準備をするものがまた新たに登場すると、コードの書き手自身、もしくは次にプログラムを書く人の手によって、新たにwhenの分岐がcase文に追加されるのです。アプリケーションにこのようなメソッドがどんどん蓄積されると、メソッドがいくつものクラス名を知っていて、クラスに基づいて特定のメッセージを送るようになります。このような形式のプログラミングは、当然、硬直して柔軟性のないアプリケーションに終わるでしょう。どんな変更を加えるにしても、最終的にはすべてを書き直したほうがかんたんなアプリケーションになるのは、目に見えています。

図5.2は新しいシーケンス図です。ここまでに登場したシーケンス図は、どれも対応するコードよりはかんたんなものでした。しかし、このシーケンス図は恐ろしいほどに複雑です。この複雑さは注意信号です。シーケンス図は、それが描いているコードよりも常にかんたんなものでなければなりません。そうでなければ、設計の何かがおかしいのです。

注1：訳注 Rubyでは、制御構造は「式」ですが、本書では原文に倣いstatementの訳語にあたる「文」を用います。

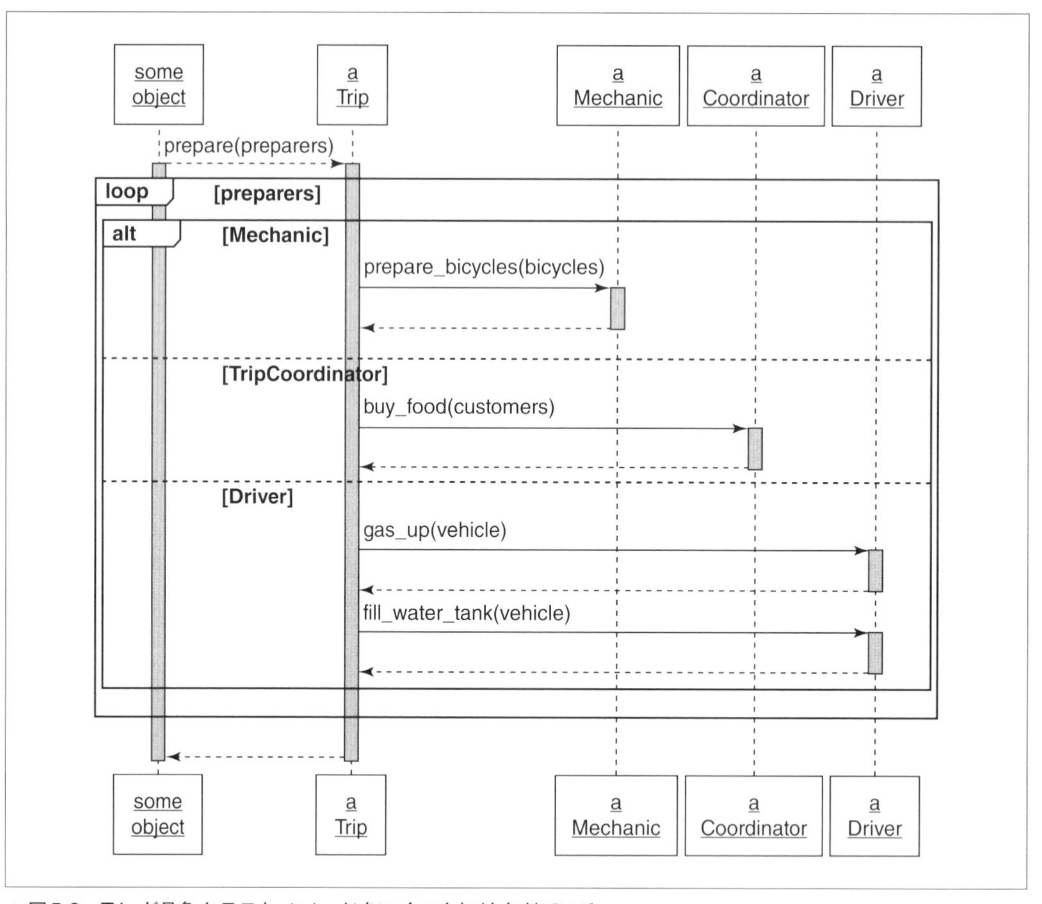

▲図5.2　Tripが具象クラスとメソッドをいくつも知りすぎている

ダックを見つける

依存を取り除くための鍵となるのは、「Tripのprepareメソッドは単一の目的を果たすためにあるので、その引数も単一の目的を共に達成するために渡されてくるということを認識すること」です。どの引数も同じ理由のためにここに存在し、その理由自体は引数の背後にあるクラスとは関係しません。

それぞれの引数のクラスの、既存の動作に関する知識に引きずられることは避けねばなりません。その代わりに、prepareが何を必要とするのかについて考えましょう。prepareの視点に立って考えれば、問題は単純です。prepareメソッドは、旅行の準備をすること（prepare）を望みます。その引数も、旅行の準備に協力しようとやってきます。prepareが引数のその動作を単に信頼すれば、設計はより簡潔になるでしょう。

図5.3はこの考えを表したものです。ここでprepareメソッドにおいて、引数のクラスは想定されていません。代わりに、それぞれが「準備するもの（Preparer）」であることが想定されています。

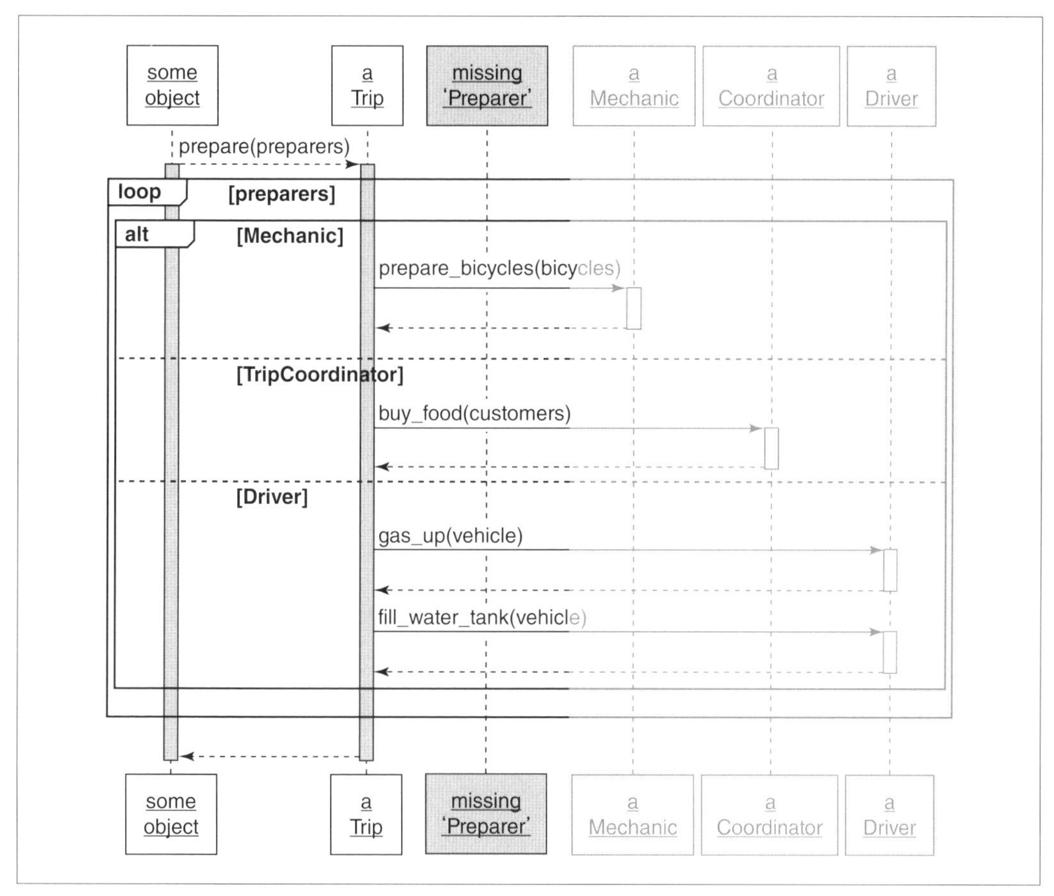

▲図5.3　Tripの引数はそれぞれが準備をするもののように振る舞う必要がある

この想定によって、形勢はきれいに一変します。既存のクラスから思考を解き放ち、ダックタイプを生み出すことができたのです。次のステップは、prepareメソッドがそれぞれのPreparerに、どんなメッセージを送れば有益かを問うことでしょう。この視点で考えれば、答えは明白です。そう、prepare_tripです。

図5.4は新しいメッセージを導入しています。Tripのprepareメソッドは、その引数がprepare_tripに応答できる複数のPreparerであることを想定するようになっています。

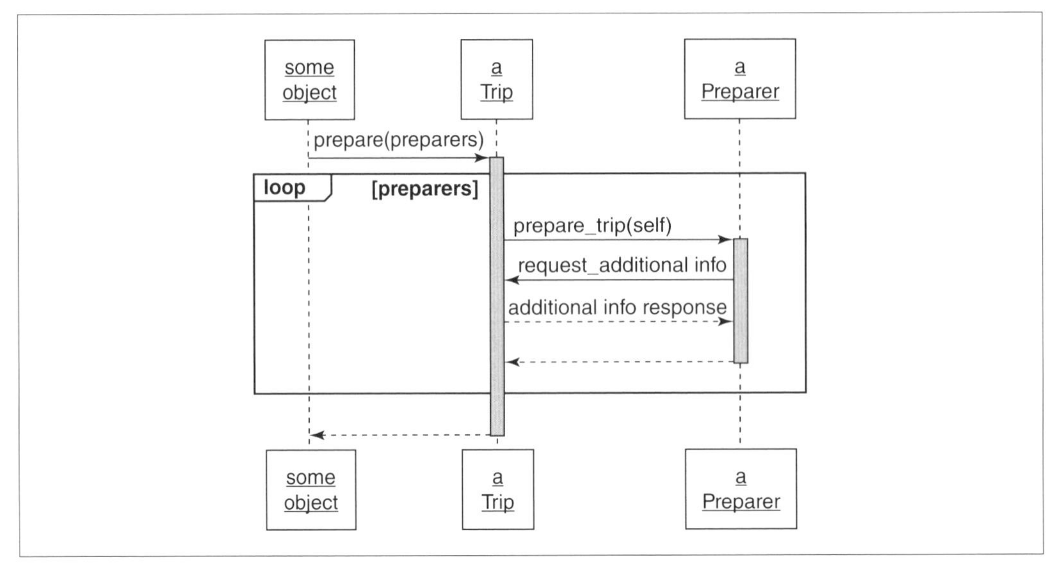

▲図5.4　Tripは準備をするダック(preparer duck)と協力する

Preparerとは一体どんな類いのものなのでしょうか。現時点では、具象的な存在はまったくありません。Preparerは抽象であり、ある案におけるパブリックインターフェースの取り決めです。設計上の想像でしかありません。

prepare_tripを実装するオブジェクトは、Preparerです。逆に言えば、Preparerと相互作用するオブジェクトに必要なのは、それがPreparerのインターフェースを実装していると信頼することだけです。この、根底にある抽象に一度気づけば、コードを修正するのはかんたんでしょう。MechanicとTripCoordinator、そしてDriverは、Preparerのように振る舞うべきです。つまり、prepare_tripを実装するべきなのです。

以下に新しい設計のコードを載せます。prepareメソッドは、引数が複数のPreparerであることを想定するようになっています。また、それぞれの引数のクラスは、新しいインターフェースを実装しています。

```
1  # 旅行の準備はよりかんたんになる
2  class Trip
3    attr_reader :bicycles, :customers, :vehicle
4
5    def prepare(preparers)
6      preparers.each {|preparer|
```

```
 7        preparer.prepare_trip(self)}
 8    end
 9  end
10
11  # すべての準備者(Preparer)は
12  # 'prepare_trip' に応答するダック
13  class Mechanic
14    def prepare_trip(trip)
15      trip.bicycles.each {|bicycle|
16        prepare_bicycle(bicycle)}
17    end
18
19    # ...
20  end
21
22  class TripCoordinator
23    def prepare_trip(trip)
24      buy_food(trip.customers)
25    end
26
27    # ...
28  end
29
30  class Driver
31    def prepare_trip(trip)
32      vehicle = trip.vehicle
33      gas_up(vehicle)
34      fill_water_tank(vehicle)
35    end
36    # ...
37  end
```

このprepareメソッドは、新しいPreparerを受け入れる際に、変更が強制されることはありません。また、必要に応じて追加のPreparerをつくるのもかんたんです。

ダックタイピングの影響

この新たな実装には、設計の正しさを示す喜ばしい対称性があります。しかし、ダックタイプの導入による影響はさらに深くに及びます。

最初の例では、prepareは具象クラスに依存していました。直近で見た例では、prepareはダックタイプに依存しています。この2つの例の間にある道筋は、依存が満載で複雑なコードの茂みを通り抜けています。

最初の例の具象性は、コードを理解しやすくしてくれますが、拡張には危険が伴います。最後の、ダックタイプ化された代案はもっと抽象的です。もう少し理解力が求められるようになった代わりに、拡張の容易さを提供してくれます。ダックタイプを見つけたことによって、既存のコードを変更することなくアプリケーションから新しい振る舞いを引き出せるようになりました。単純にまた別のオブジェクトをPreparerに変えて、Tripのprepareメソッドに渡せばよいのです。

この、具象化のコストと抽象化のコスト間の緊張は、オブジェクト指向設計にとって基本的なことです。具象的なコードは、理解はかんたんですが、拡張にはコストが伴います。抽象的なコードは、最初のわかりにくさは増すかもしれませんが、一度理解してしまえば、はるかに変更しやすいのです。ダックタイプを使うことで、コードは具象的なものからより抽象的なものへと変わっていきます。拡張はよりかんたんになるものの、ダックの根底にあるクラスは覆い隠されます。

オブジェクトのクラスについての不明瞭さを大目に見るという能力は、自信を持った設計者であることを証明します。オブジェクトを、そのクラスではなくあたかも振る舞いによって定義されているかのように扱えるようになれば、表現力と柔軟性を備えた設計という、新たな領域に足を踏み入れたも同然です。

Column

ポリモーフィズム

ポリモーフィズム(polymorphism)[注a]という用語は、オブジェクト指向プログラミングにおいてはよく使われます。しかし、日常会話において使われることは滅多にないので、定義が必要でしょう。

ポリモーフィズムは、とても限定された概念を表します。そして、気分によって、コミュニケーションを図るためにも、怖がらせるためにも使える表現です。どちらにしても、その意味を明確に理解しておくことが肝要です。

まず、一般的な定義です。「Morph」とは、ギリシャ語でform、つまり形態を意味します。「morphism」は、形態を持っている状態です。そして、「polymorphism」とは、多数の形態を持っている状態です。生物学者はこの単語を使います。かの有名なダーウィンフィンチは、ポリモーフィックです[注b]。つまり、1つの種が多くの形態を持ちます。

注a：訳注 オブジェクト指向プログラミングにおいては「多態性」「多相性」「多様性」などと訳されます。
注b：訳注 polymorphic、つまりポリモーフィズムを形容詞化した語です。

オブジェクト指向プログラミングでのポリモーフィズムは、多岐にわたるオブジェクトが、同じメッセージに応答できる能力を指します。メッセージの送り手は、受け手のクラスを気にする必要がなく、受け手は、それぞれが独自化した振る舞いを提供します。

それゆえ、1つのメッセージが多くの(poly)形態(morphs)を持つのです。

ポリモーフィズムを獲得するための方法はいくつもあります。きっとダックタイピングを頭に浮かべたと思いますが、それも方法の1つです。継承、そして(Rubyのモジュールを介する)振る舞いの共有がほかにもありますが、これらは次の章で取り扱います。

ポリモーフィックなメソッドは、暗黙の取り決めを守ります。「送り手の視点から見て」入れ替え可能であることに合意するのです。ポリモーフィックなメソッドを実装するどのオブジェクトも、そのメソッドを実装するほかのオブジェクトと置き換わることができます。メッセージの送り手は、この置換を知る必要も、気にする必要もありません。

この置換性は、魔法によって生じるわけではありません。ポリモーフィズムを使うとき、すべてのオブジェクトが適切に振る舞うことを確実にするのは、プログラマーです。このことについては、「第7章　モジュールでロールの振る舞いを共有する」にて扱います。

5.2 ダックを信頼するコードを書く

ダックタイプをどれだけ活用できるかは、クラスをまたぐインターフェースによって利益を享受できる箇所を見つける能力にかかっています。ダックタイプの実装は比較的かんたんです。設計上で難しいことは、ダックタイプが必要であることに気づくことと、そのインターフェースを抽象化することです。

この節ではパターンを紹介します。これらのパターンは、ダックタイプを見つけるためにたどれる道筋を明らかにします。

隠れたダックを認識する

多くの場合において、まだ見つけられていないダックタイプがすでに存在し、既存のコードに潜んでいます。よく用いられるコーディングパターンの中には、隠れたダックの存在を示唆するものがあります。次のものはダックで置き換えられます。

- クラスで分岐するcase文
- kind_of?とis_a?
- responds_to?

◉クラスで分岐するcase文

未発見のダックの存在を示す、最も一般的であり、明白であるパターンはすでに見た例に現れています。アプリケーションが持つドメインオブジェクトのクラス名に基づいて分岐するcase文です。prepareメソッド（前述したものと同じ）には、まるでそれがトランペットを鳴らしているかのごとく、注意を引かれなければなりません。

```
1  class Trip
2    attr_reader :bicycles, :customers, :vehicle
3
4    def prepare(preparers)
5      preparers.each {|preparer|
6        case preparer
7        when Mechanic
8          preparer.prepare_bicycles(bicycles)
9        when TripCoordinator
10         preparer.buy_food(customers)
11       when Driver
12         preparer.gas_up(vehicle)
13         preparer.fill_water_tank(vehicle)
14       end
15     }
16   end
17 end
```

このパターンを目にしたときは、preparersはすべてが何か共通のものを共有しているに違いないとわかります。これらはその共通のもののためにここにたどり着いたのです。コードを調べ、「prepareがその引数のそれぞれから望むものは何だろうか」と、自身に問いかけましょう。

その問いへの答えに、送るべきメッセージが示されます。このメッセージから、根底にあるダックタイプが定義されはじめます。

ここでは、準備する（prepare）メソッドは、その引数が旅行（trip）を準備することを望みます。したがって、prepare_tripはPreparerダックのパブリックインターフェースに含まれるメソッドとなります。

◉kind_of?とis_a?

オブジェクトのクラスを確認する方法にはいろいろあります。上のcase文はその1つです。

kind_of?とis_a?メッセージ（両方とも同じものです）もまた、クラスを確認します。前の例を次のように書き直したところで、コードは何ら改善しません。

```
1  if preparer.kind_of?(Mechanic)
2    preparer.prepare_bicycles(bicycle)
3  elsif preparer.kind_of?(TripCoordinator)
4    preparer.buy_food(customers)
5  elsif preparer.kind_of?(Driver)
6    preparer.gas_up(vehicle)
7    preparer.fill_water_tank(vehicle)
8  end
```


kind_of?を使ったところで、クラスで分岐するcase文を使う場合と違いはありません。同じことです。まったく同じ問題を引き起こすので、同じテクニックを駆使して修正されるべきです。

◉responds_to?

クラス名に依存するべきでないとは理解しているものの、ダックタイプを使用できるレベルに達していないプログラマーは、kind_of?をresponds_to?で置き換えたくなります。たとえば次のとおりです。

```
1  if preparer.responds_to?(:prepare_bicycles)
2    preparer.prepare_bicycles(bicycle)
3  elsif preparer.responds_to?(:buy_food)
4    preparer.buy_food(customers)
5  elsif preparer.responds_to?(:gas_up)
6    preparer.gas_up(vehicle)
7    preparer.fill_water_tank(vehicle)
8  end
```

依存の数は多少減らせるものの、このコードはいまだ依存を持ちすぎです。クラス名こそなくなりましたが、コードは依然としてクラスに固く結びついています。Mechanicのほかに、一体どんなオブジェクトがprepare_bicyclesを理解するというのでしょう。クラスの明示的な参照を除去したからといってだまされてはいけません。この例はいまだに、かなり特定のクラスを想定しています。

prepare_bicyclesやbuy_foodを実装するクラスが1つ以上ある場合であってもなお、このパターンは不必要な依存を含みます。このコードはほかのオブジェクトを信頼するというよりも、制御しています。

ダックを信頼する

kind_of?やis_a?、responds_to?の使用と、クラスによって分岐するcase文が示唆するのは、未特定のダックの存在です。それぞれの場合で、コードは「あなたがだれだか知っている。なぜならば、『あなたが何をするかを知っているから』」と言っているも同然です。この知識は、共同作業するオブジェクトへの信頼が欠けていることをあらわにしています。そして、それはオブジェクトにとって首かせであるかのように振る舞います。これにより導入される依存によって、コードの変更は難しくなるのです。

デメテルの法則を違反するのと同じように、この形式のコードは何かオブジェクトを見逃していることを示します。まだパブリックインターフェースを発見できていないオブジェクトを見逃しているのです。見逃しているオブジェクトが、具象クラスではなくダックタイプであるという事実は、まったく重要ではありません。重要なのはそのインターフェースであり、インターフェースを実装するオブジェクトのクラスではないのです。

柔軟なアプリケーションは、信頼に基づいて働くオブジェクトによってつくられます。信頼に値するオブジェクトをつくるのは、設計者の仕事です。これらのコードパターンを目にしたときは、問題のあるコードが想定していることに集中し、その想定をダックタイプを見つけるために使いましょう。ダックタイプをつかめたら、そのインターフェースを定義し、必要なところで実装します。実装したら、それが正しく振る舞ってくれると信頼しましょう。

ダックタイプを文書化する

最も単純なダックタイプは、単にパブリックインターフェースの取り決めとしてだけ存在するものです。この章のコード例は、そのような類いのダックを実装しています。いくつかの異なるクラスがprepare_tripを実装しているので、Preparerのように扱えます。

このPreparerダックタイプとそのパブリックインターフェースは、設計上では具象的な部分ですが、コード上では仮想的な部分です。Preparerは抽象的です。抽象的であるというのは、設計の道具としてはPreparerに強さを与えますが、まさにその抽象性が、ダックタイプをコード上では明白とは言えないようなものにしてしまいます。

ダックタイプをつくるときは、そのパブリックインターフェースの文書化とテストを、両方ともしなければなりません。幸い、優れたテストは最高の文書でもあります。ですから、すでに半分は終わっているようなものでしょう。あとはテストを書きさえすれば、両方とも終わりです。

ダックタイプのテストについてのさらなる話は、「第9章　費用対効果の高いテストを設計する」を参照してください。

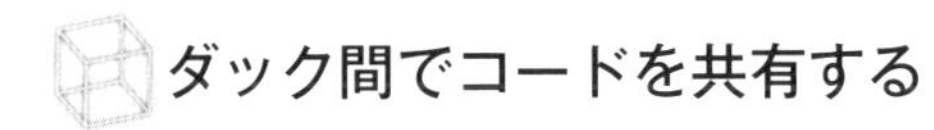

ダック間でコードを共有する

この章では、Preparerダックはそれぞれが、そのインターフェースに要求される振る舞いについて、各クラスで独自のバージョンを用意しています。Mechanic、Driver、そしてTripCoordinatorのそれぞれがprepare_tripメソッドを実装しています。このメソッドのシグネチャだけが、唯一共通するものです。これらのダックタイプは、そのインターフェースのみを共有し、実装は共有しません。

しかし、一度ダックタイプを使いはじめると、ダックタイプを実装するクラスは振る舞いもいくらか共有する必要があるときがたびたびあることに気づきます。コードを共有するダックタイプを書くことについては、第7章で取り扱います。

賢くダックを選ぶ

ここまでの例では、そのすべてにおいて、何のメッセージをオブジェクトに送るかを決めるために、kind_of?やresponds_to?を使うべきでないことをはっきりと述べてきました。ですが、同じことをやっても、受けの良いコードもあります。

次のコードは、Ruby on Railsフレームワークからの例です（active_record/relations/finder_methods.rb）。この例では、入力された値にどのように対処するかを決めるために、明らかにクラスを利用しています。上で述べられたガイドラインとは正反対のテクニックです。次のfirstメソッドは、明確に、そのargs引数に基づいてどのように振る舞うかを決めています。

受け取るオブジェクトのクラスに基づいてメッセージを送ることが、アプリケーションにとって破滅の予兆であるのならば、どうしてこのコードは受け入れられるのでしょうか。

```
 1 # <tt>find(:first, *args)</tt> を便利に使うためのラッパー。
 2 # このメソッドには <tt>find(:first)</tt> メソッドと
 3 # 同じ引数をすべて渡せる
 4 def first(*args)
 5   if args.any?
 6     if args.first.kind_of?(Integer) ||
 7          (loaded?&& !args.first.kind_of?(Hash))
 8       to_a.first(*args)
 9     else
10       apply_finder_options(args.first).first
```

```
11      end
12    else
13      find_first
14    end
15  end
```

この例と前の例の大きな違いは、確認されているクラスの安定性です。firstのIntegerやHashへの依存は、Rubyのコアクラスへの依存です。firstよりもはるかに安定しています。IntegerやHashが変わる可能性、それもfirstにも変更を強制するかたちで変わる可能性は、極端に低いものです。この依存は安全です。おそらくこのコード内のどこかに隠れたダックタイプも「ある」でしょうが、見つけて実装したところでアプリケーション全体のコストを下げる可能性は低いでしょう。

この例からわかるように、ダックタイプを新たにつくる決定をするかどうかは、そのときの判断によります。設計の目的はコストを下げることです。この物差しをいつ何時でも携えておきましょう。ダックタイプをつくることで不安定な依存が減るならば、そうすればよいのです。最良の判断をしましょう。

上記の例では、根底にあるダックはIntegerとHashにまたがるものでした。したがって、その実装はRubyの基本的なクラスへの変更を要します。基本クラスに変更を加えることは「モンキーパッチ」として知られています。これはRubyの楽しい機能なのですが、慣れないうちに下手に使うと危険です。

自分の手で書いたクラスをまたぐダックタイプを実装するのと、新たなダックタイプを導入するためにRubyの基本クラスを変更するのとでは、大きな違いがあります。このトレードオフは異なります。はるかにリスクが高いものです。どちらを考えるにしても、いざというときRubyにモンキーパッチを適用することが妨げられるべきではないでしょう。しかし、この設計の決断をするには、はっきりとその正当性を説明できなければなりません。立証には高い基準が求められます。

5.3 ダックタイピングへの恐れを克服する

この章では、ここまで慎重に避けてきたことがあります。動的型付けと静的型付けの比較です。しかし、この問題はこれ以上無視することはできません。もし静的型付け言語の背景を持ち、このダックタイピングの考えが危険に思えるのであれば、まさにこの節はうってつけです。

この論争になじみがなく、Rubyを使っていることに満足しており、前の議論で納得したのであれば、この節はざっと目を通すだけでも大丈夫です。何か新しく重要な概念を見落としてしまう心配はありません。しかし、読めば役に立つこともあるでしょう。静的型付け寄りの友人に議論を持ちかけられたとき、論争を避けるための役に立つはずです。

静的型付けによるダックタイプの無効化

「5.1　ダックタイピングを理解する」で、「型」は変数の中身の分類であると定義しました。プログラミング言語は「静的」型付けか「動的」型付けのどちらかです。ほとんど（すべてではありません）の静的型付け言語は、それぞれの変数の型と、メソッドのすべてのパラメーターを明示的に宣言することを求めます。動的型付け言語は、この要求を省きます。任意の値を任意の変数に入れることができ、追加の宣言なしで任意の引数を任意のメソッドに渡すことができます。Rubyは明らかに、動的型付けです。

動的型付けに頼ることで不安になる人もいるでしょう。同じ不安でも、経験不足からくるものもあれば、静的型付けはより信頼できるとの信念からくるものもあります。

経験不足の問題は、自然に治ります。しかし、静的型付けが基本的に好ましいという信念は、自己強化するため持続します。動的型付けを恐れるプログラマーは、コード内でオブジェクトのクラスを検査する傾向にあります。この検査こそ、まさに動的型付けの力を削ぐものであり、ダックタイプの利用を不可能にしているのです。

引数のクラスを知らなければ正しく振る舞えないメソッドは、新しいクラスが現れると（型エラーを伴って）failします。静的型付けを信じるプログラマーは、この失敗を、もっと型検査が必要であることの証拠として取り上げます。さらなる検査が追加されると、コードはさらに柔軟性を損ない、さらにクラスに依存するようになるでしょう。新たな依存が型による失敗をさらに引き起こし、プログラマーは型検査をさらに追加することでこれに応えます。このループに捕らわれてしまった人はだれでも、この型の問題に対する解決法は、型検査をすべて取り除いてしまうことであると信じるのに苦労します。

ダックタイプによってこの窮地から抜け出すことができます。クラスへの依存を取り除くことで、続発する型の失敗を避けることができます。ダックタイプは、コードが安全に依存できる安定した抽象を明らかにするのです。

静的型付けと動的型付け

この節では、動的型付けと静的型付けを比較します。動的型付けに完全に取り組めない要因となるどんな恐れも、和らげられると期待しています。

静的型付けと動的型付けの両方とも、約束することがあり、それぞれにコストと利点があります。

静的型付けの支持者は、以下の特性を挙げます。

- コンパイラがコンパイル時に型エラーを発見してくれる
- 可視化された型情報は、文書の役割も果たしてくれる
- コンパイルされたコードは最適化され、高速に動作する

以下の対応する仮定を認める場合にのみ、上記の利点はプログラミング言語における強みとなるでしょう。

- コンパイラが型を検査しない限り、実行時の型エラーが起こる
- 型がなければプログラマーはコードを理解できない。プログラマーはオブジェクトのコンテキストからその型を推測することができない
- 一連の最適化がなければ、アプリケーションの動作は遅くなりすぎる

動的型付け言語の支持者は、以下の特性を挙げます。

- コードは逐次実行され、動的に読み込まれる。そのため、コンパイル／makeのサイクルがない
- ソースコードは明示的な型情報を含まない
- メタプログラミングがよりかんたん

これらの特性は、以下の仮定を認める場合に強みとなります。

- アプリケーション全体の開発は、コンパイル／makeのサイクルがないほうが高速
- 型宣言がコードに含まれないときのほうがプログラマーにとって理解するのがかんたん。そのコンテキストからオブジェクトの型は推測できる
- メタプログラミングは、あることが望ましい言語機能

動的型付けを受け入れる

ここで述べた特性と仮定のうち、いくつかは実証された事実に基づいており、また、評価するのもかんたんです。疑いようもなく、一定のアプリケーションにおいては、動的型付けでの実装よりも、上手に最適化された静的型付けのコードのほうが優れた性能を発揮します。動的型付けのアプリケーションにおいて、頑張っても十分な実行速度を実現できないのであれば、静的型付けが代案となります。どうしても実装速度を上げたいのであれば、静的型付けにするしかないでしょう。

文書としての型宣言の価値についての議論は、もっと主観的です。動的型付けの経験が豊富な人にとっては、型宣言は気を散らす存在です。静的型付けに慣れている人にとっては、型情報がないと混乱するかもしれません。静的型付け言語（たとえばJavaやC++）から入って、Rubyに明示的な型宣言がないことで港に繋がれた船の綱を外されたように感じる人は、なんとか持ちこたえ

てください。いくつもの事例証拠があります。一度慣れてしまえば、煩雑さの少ないこちらの構文のほうが読みやすく、書きやすく、理解しやすいと思うでしょう。

メタプログラミング（言い換えれば、「コードを書くコード」を書くこと）は、プログラマーが強い思いを持つ傾向にある話題であり、プログラマーが支持する主張は過去の経験に関連しています。大きな問題を簡潔かつエレガントにメタプログラミングで解決したことがあれば、一生その支持者となることでしょう。反対に、賢すぎて、まったくもってわかりにくく、おそらく必要でもないメタプログラミングのコードをデバックするといった、気が滅入るようなタスクに直面した経験があれば、プログラマーが互いに苦痛を押しつけ合うための道具としてとらえるでしょう。永遠になくなればいいのに、と願っているかもしれません。

メタプログラミングは手術用のメスのようなものです。間違った者の手に渡れば危険なものですが、優れたプログラマーが喜んで手放すべき道具ではありません。メタプログラミングは大いなる力であり、大いなる力には大いなる責任が伴います。ナイフを預けてはいけない人もいるからといって、すべての人の手から鋭利な道具を取り上げるべきとはなりません。メタプログラミングは、賢く使えば、大いなる価値を発揮します。メタプログラミングの容易さは、動的型付けを支持する有力な論拠なのです。

▲図5.5　鋭利な器具：便利だが、だれもが使えるものではない

残りの2つの特性は、静的型付けにおけるコンパイル時の型検査と、動的型付けにコンパイル／makeサイクルがないことです。静的型付けの支持者は、「予期しない型エラーを実行時に出さないことは、とても重要であり、かつ価値がある。コンパイラを取り除くことによって得られるプログラミングの大きな効率性を上回るほど、重要で価値のあることだ」と主張するでしょう。

この主張は、静的型付けについての次の前提に基づきます。

- コンパイラは不慮の型エラーから本当に救って「くれる」
- コンパイラの助けなしでは、これらの型エラーは「起こる」

静的型付け言語でプログラミングを長年やってきたのであれば、これらの主張は間違いなく正しいこととして受け入れるかもしれません。しかし、ここで動的型付けはその信念の根本を揺るがします。上記の主張に対して、動的型付けはこう答えます。「救ってくれない」し「エラーは起きない」。

コンパイラは、不慮の型エラーからプログラマーを救うことは「できません」。変数を新しい型にキャストできるすべての言語には、脆さがあります。キャストしたとたんに、すべてが白紙に戻るのです。コンパイラはコンパイルを実行するだけで、型エラーを防ぐのはプログラマー自身の知力に任されています。コードの良さは結局テストの良さになります。実行時のエラーは依然起こり得ます。静的型付けによって安全になるという考えは、確かに心地良いかもしれませんが、幻想です。

さらに言えば、コンパイラがプログラマーを救えるかどうかは、実際のところ問題ではありません。救いは必要ないのです。現実の世界では、コンパイラで防げる実行時の型エラーが起きることは「ほぼ確実にありません」。起こらないと言ってよいでしょう。

これは、実行時の型エラーを経験することはないと言っているのではありません。どんなプログラマーでも、初期化されていない変数にメッセージを送ったり、実際は空なのに配列に要素があると思い込んだりすることはあります。しかし、実行時に`nil`が受け取ったメッセージを理解していないことを見つけるのは、コンパイラが前もって防げないことです。これらのエラーはいずれの型システムにおいても、同じくらい起こり得ます。

動的型付けは、コンパイル時の型検査、つまり、コストが高い割にわずかな価値しか得られない深刻な制約を、コンパイル／makeサイクルを取り除くことによって得られる莫大な効率性と交換してくれます。この交換は破格です。しない手はありません。

ダックタイピングは、動的型付けの上に成り立ちます。ダックタイピングを使うためには、この動的さを受け入れる必要があるのです。

5.4 まとめ

メッセージこそが、オブジェクト指向アプリケーションの中心にあるものです。メッセージはパブリックインターフェースを介し、オブジェクト間で交換されます。ダックタイピングは、これらのパブリックインターフェースを特定のクラスから切り離し、何であるかではなく何をするかによって定義される、仮想の型をつくります。

ダックタイピングは、根底にある抽象をあらわにします。ダックタイピングを使わなければおそらく不可視だったものです。これらの抽象に依存することによって、リスクは低減され、柔軟性は高まります。アプリケーションのメンテナンスコストは下がり、変更もよりかんたんになります。

第6章 継承によって振る舞いを獲得する

適切に設計されたアプリケーションは、再利用可能なコードから構成されます。最小限のコンテキストと明確なインターフェース、そして依存オブジェクトが注入されている、小さい自己完結型のオブジェクトは、本質的に再利用可能です。本書ではここまで、そんな性質を備えるオブジェクトをつくることに専念してきました。

しかし、コード共有のためのテクニックはそれだけではありません。ほとんどのオブジェクト指向言語において、まさに言語の構文として組み込まれている別のテクニックを使って、コードを共有することができます。それは、「継承」です。この章では、継承を適切に使ったコードをどのように書くかを、詳細な例を用いて示します。目標は、確かな専門的根拠に基づいた継承階層のつくり方を説明することであり、目的は、読者がしかるべきときに継承を選択できるようにすることです。

一度クラスによる継承の使い方を理解してしまえば、その概念はほかの継承機構にも容易に転用できます。そのため、継承については2章にわたって解説します。この章では、継承可能なコードの書き方を説明するチュートリアルを行います。「第7章　モジュールでロールの振る舞いを共有する」で、これらのテクニックを拡張し、Rubyモジュールを使ったコード共有の問題へと進みます。

6.1 クラスによる継承を理解する

継承の概念は、何だか複雑そうです。しかし、すべての複雑さと同じように、継承にも簡潔化された抽象概念があります。継承とは、根本的に「メッセージの自動委譲」の仕組みにほかなりません。理解されなかったメッセージに対して、転送経路を定義するものです。継承は関係をつくります。あるオブジェクトが受け取ったメッセージに応答できなければ、ほかのオブジェクトにそのメッセージを委譲する、というような関係です。明示的にメッセージを委譲するコードを書く必要はなく、2つのオブジェクト間の継承関係を定義するだけで、転送は自動的に行われるようになります。

クラスによる継承では、これらの関係はサブクラスをつくることによって定義されます。メッセージはサブクラスからスーパークラスへと転送されます。共有されるコードが定義される場所は、クラスの階層構造内です。

クラスによる継承はクラシカル・インヘリタンス（classical inheritance）と表記されますが、これは単に「クラス」という単語にかけた表記であり、古典的なテクニックという意味ではありません[注1]。この言葉は、スーパークラス／サブクラスの機構をほかの継承テクニックから区別するために役立ちます。たとえば、JavaScriptではプロトタイプによる継承が用いられ、Rubyではほかにも「モジュール」（次の章で詳しく解説します）が使われます。このどちらもまた、メッセージの自動委譲によりコードの共有を可能にするものです。

継承の適切な使い方や、間違った使い方は、例をとおして理解するのが一番です。この章の例では、クラスによる継承のテクニックについて基礎知識を網羅していきます。単一のクラスからはじめ、そこにいくつものリファクタリングを加えていき、そして最終的には満足のいくサブクラスの集まりになることを目指します。それぞれのステップは小さく、容易に理解できるものです。しかし概念のすべてを説明するためには、章全体分のコードが欠かせません。

注1： 訳注 英語ではclass-icalで、字面からclassの形容詞化とすぐにわかるので、うまく掛けた言葉になっています。しかし日本語の場合、「クラシカル」からクラスの形容詞化とすぐに推測する習慣はありません。そこで、本書においては「クラシカル」という訳語を控え、「クラスによる継承」としています。

6.2 継承を使うべき箇所を識別する

最初の課題は、継承を使うと有益な箇所を識別することです。この節では、継承によって解決できる問題を抱えているとき、それにどのように気づくかについて説明します。

FastFeet社がロードバイクの旅行をはじめると仮定してください。ロードバイクは、軽くてハンドルの曲がった（ドロップバー）、細いタイヤの自転車であり、舗装された道路用です。図6.1にロードバイクを示します。

▲図6.1　軽くて、ドロップバーで、細いタイヤのロードバイク

整備士は、（どれだけお客さんが自転車を酷使しようとも）自転車が走り続けることに責任を持ちます。また、すべての旅行に、替えの部品、つまりスペアパーツも一式持っていきます。必要なスペアは、どの自転車を持っていくかによって異なります。

具象クラスからはじめる

FastFeet社のアプリケーションには、次に示すとおり、すでに`Bicycle`クラスがあります。旅行に持っていくロードバイクは、すべてこのクラスのインスタンスで表現されます。

自転車には、全体のサイズ、ハンドルバーのテープカラー、タイヤのサイズ、チェーンタイプがあります。タイヤとチェーンは不可欠な部品ですので、そのスペアはいつも持っておかなければいけません。ハンドルバーのテープはそこまで重要でなさそうですが、実際には同じくらいに必要とされます。誇りを持つサイクリストの中に、汚れたり破けたりしたバーテープを許す人はいません。ですから、整備士は、正しい組み合わせの色で替えのテープを持っていく必要があるのです。

```
 1 class Bicycle
 2   attr_reader :size, :tape_color
 3
 4   def initialize(args)
 5     @size       = args[:size]
 6     @tape_color = args[:tape_color]
 7   end
 8
 9   # すべての自転車は、デフォルト値として
10   # 同じタイヤサイズとチェーンサイズを持つ
11   def spares
12     { chain:        '10-speed',
13       tire_size:    '23',
14       tape_color:   tape_color}
15   end
16
17   # ほかにもメソッドがたくさん...
18 end
19
20 bike = Bicycle.new(
21          size:       'M',
22          tape_color: 'red' )
23
24 bike.size     # -> 'M'
25 bike.spares
26 # -> {:tire_size   => "23",
27 #      :chain       => "10-speed",
28 #      :tape_color  => "red"}
```

Bicycleインスタンスは、spares、size、tape_colorメッセージに応答できます。また、Mechanicは、各Bicycleにsparesを聞くことで、どのスペアパーツが必要なのかを知ることができます。デフォルトの文字列を直接自身の内部に埋め込むという罪を犯しているものの、

sparesメソッドのコードはそこそこ妥当です。自転車のこのモデルは、明らかにいくらかボルトが足りておらず、実際に「乗れる」しろものではないのですが、この章の例としては十分役割を果たすでしょう。

このクラスは、何か変更が起きるまでは何も問題なく動きます。FastFeet社がマウンテンバイクの旅行もはじめる場合を考えてみましょう。

マウンテンバイクとロードバイクはかなり似通っていますが、明らかに違う点もあります。マウンテンバイクは舗装されていない荒れた道を走るようにつくられており、舗装された道向けではありません。頑丈なフレームに、太いタイヤ、まっすぐなハンドル（と、テープではなくラバー製のグリップ）、サスペンションを備えています。図6.2のマウンテンバイクはフロントサスペンションしか装備していませんが、リアサスペンションも備えたフルサスペンションのマウンテンバイクも存在します。

▲図6.2　まっすぐのハンドル、フロントサスペンション、太いタイヤを備えた頑丈なマウンテンバイク

ここでの設計課題は、FastFeet社のアプリケーションをマウンテンバイクに対応させることです。

必要な振る舞いの大半はすでに揃っています。マウンテンバイクは、紛れもなく自転車です。全体のサイズ、チェーン、そしてタイヤのサイズは持っています。ロードバイクとマウンテンバイクの違いは、ロードバイクはハンドルバーのテープを必要とし、マウンテンバイクはサスペンションを備えるということだけです。

 複数の型を埋め込む

以前から存在する具象クラスが、必要な振る舞いのほとんどをすでに備えているのであれば、そのクラスにコードを追加することでこの問題を解いてみたくなるでしょう。次の例では、まさに、既存のBicycleクラスを変更し、ロードバイク、マウンテンバイクの両方でsparesが動作するということをしています。

次のコードのとおり、対応するアクセサと共に変数が新しく3つ追加されています。新たに追加されたfront_shockとrear_shock変数は、マウンテンバイク固有の部品を持ちます。style変数は、どの部品がスペアのリストに現れるかを決定します。これらの新しく追加された変数は、それぞれinitializeメソッドにより適切に処理されます。

これら3つの変数を追加するコードは単純で、ありふれたものでさえあります。しかし、sparesへの変更はより興味深いものであることがわかるのではないでしょうか。sparesメソッドはif文[注2]を含み、それによりstyle変数の中身を確認するようになっています。このstyle変数は、Bicycleのインスタンスを2つに分類する役割を果たします。styleが:roadであるものと、それ以外のものに分けるのです。

このコードを見て何か危険を感じているのであれば、安心してください。すぐに治まります。この例は単に「アンチパターン」を示すための寄り道です。これは、有益に見えて実際は有害というよくあるパターンであり、またその代案もよく知られています。

-Note-

次のタイヤサイズを見て混乱したかもしれません。慣習上、自転車のタイヤサイズには一貫性がないのです。ロードバイクはヨーロッパを起源とし、メートル法を使います。つまり、23ミリメートルのタイヤは1インチ幅のタイヤより若干細くなります。一方、マウンテンバイクはアメリカを起源とし、サイズはインチで提示されます。次の例において、2.1インチのマウンテンバイクのタイヤは、ロードバイクの23mmタイヤの2倍以上の太さです。

注2：訳注 Rubyでは、制御構造は「式」ですが、本書では原文に倣いstatementの訳語にあたる「文」を用います。

```
1  class Bicycle
2    attr_reader :style, :size, :tape_color,
3                :front_shock, :rear_shock
4
5    def initialize(args)
6      @style        = args[:style]
7      @size         = args[:size]
8      @tape_color   = args[:tape_color]
9      @front_shock = args[:front_shock]
10     @rear_shock  = args[:rear_shock]
11   end
12
13   # “style”の確認は、危険な道へ進む一歩
14   def spares
15     if style == :road
16       { chain:        '10-speed',
17         tire_size:    '23',       # milimeters
18         tape_color:   tape_color }
19     else
20       { chain:        '10-speed',
21         tire_size:    '2.1',      # inches
22         rear_shock:   rear_shock }
23     end
24   end
25 end
26
27 bike = Bicycle.new(
28         style:        :mountain,
29         size:         'S',
30         front_shock:  'Manitou',
31         rear_shock:   'Fox')
32
33 bike.spares
34 # -> {:tire_size   => "2.1",
35 #     :chain       => "10-speed",
36 #     :rear_shock  => 'Fox'}
```

このコードは、styleが保持する値に基づき、スペアパーツを決定します。このような方法でコードを構成すると、有害な影響がいくつも発生します。新たなstyleを追加するときは、if文を変更しなければなりません。最後の選択肢がデフォルトとなる（上のコードが実際にやってい

る）ような無頓着なコードを書いた場合、想定しないstyleは「何か」をしますが、おそらくそれは想定する動作ではありません。また、sparesメソッドは、デフォルトの文字列を埋め込むかたちでつくられていましたが、中にはもう、if文の両方の節で複製されている文字列があります。

Bicycleは、spares、size、そしてほかの個々の部品すべてを含む、暗黙のパブリックインターフェースを持ちます。sizeメソッドはまだ動きますし、sparesもたいていの場合動きます。ですが、ほかの部品のメソッドはもはや信頼できません。Bicycleのどの特定のインスタンスにしても、特定の部品が初期化されているかなどを前もって知ることはできないため、予測するのが不可能なのです。Bicycleのインスタンスを保持するオブジェクトは、たとえばですが、おそらくtape_colorやrear_shockを送る前にstyleを確認したくなるでしょう。

最初のコードは、そこからつくりはじめるものとして優れていなかったのです。この変更を加えたところで何も改善しませんでした。

最初のBicycleクラスには欠陥がありましたが、その欠陥は隠されていました。つまり、クラス内にカプセル化されていたのです。これらの隠されていた欠陥は広範囲に影響を及ぼします。Bicycleの責任は、いまや1つにとどまりません。さまざまな理由によって変更が起こる可能性があるものを含んでいて、そのまま再利用することはできません。

このコーディングのパターンは、やがて悲痛をもたらすのですが、価値がないわけではありません。これは1つのアンチパターンを示しているのです。一度気づいてしまえば、より良い設計を施せるきっかけとなるでしょう。

このコードはif文を含みます。このif文は、「自身の分類を保持する属性」を確認し、それに基づき「自身」に送るメッセージを決定するものです。これによって思い出されるのは、前の章でダックタイピングを扱ったときに議論したパターンです。そこで見たif文は、「オブジェクトのクラス」を確認し、何のメッセージを「そのオブジェクト」に送るかを決めるものでした。

この両方のパターンにおいて、オブジェクトは受け手の分類に基づき、何のメッセージを送るかを決定しています。「オブジェクトのクラス」は、単に「自身の分類を保持する属性」の具体的な事例の1つであると考えられます。この観点から考えれば、これらのパターンは同じものなのです。どちらの場合にしても、仮に送り手が話しかけることができるなら、「『あなたがだれなのか』知っている。なぜなら私は『あなたがすること』を知っているのだから」と言うでしょう。この知識は依存であり、変更のコストを上げるものです。

このパターンについては常に注意を払いましょう。ときに無害で、ときに正当とみなせるパターンですが、設計に潜むコストの高い欠陥をあらわにしているときもあります。「第5章　ダックタイピングでコストを削減する」では、このパターンを、未発見のダックタイプを見つけるために使いました。ここでは同じパターンによって、未発見のサブタイプ、よく知られた言い方をすればサブクラスの存在が示されています。

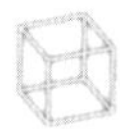

埋め込まれた型を見つける

上記のsparesメソッド内にあるif文は、styleという名の変数によって分岐します。しかし、この変数は、typeやcategoryというような名前が付けられていてもおかしくはなかったでしょう。変数にこのような類いの名前がついているとき、それはその根底にあるパターンへの気づきを促しているのです。「type（型）」と「category（分類）」は、クラスを説明するときに使う言葉と、危険なほど似通っています。結局、分類や型でないというのなら、クラスとは一体何なのでしょう。

style変数は、Bicycleのインスタンスを実質的に2種類に分けます。これらの2つのものは、振る舞いの大部分を共有しますが、styleという面では異なります。Bicycleの振る舞いには、すべての自転車に当てはまるものもありますが、ロードバイクだけに当てはまる振る舞いや、マウンテンバイクだけに当てはまる振る舞いもあります。この単一のクラスは、相違はあるけれど、関連はしている型をいくつか内包しています。

この問題こそ、まさに継承が解決する問題です。継承は、共通の振る舞いを持つものの、いくつかの面においては異なるという、強く関連した型の問題を解決します。

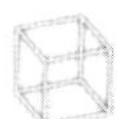

継承を選択する

次の例に進む前に、継承について、もっと詳細に調べる価値があるでしょう。継承は謎に満ちた技巧のように映るかもしれませんが、ほとんどの設計概念と同じように、正しい視点から見れば単純なものです。

言うまでもなく、オブジェクトはメッセージを受け取ります。コードがどれだけ複雑であろうとも、受け取るオブジェクトは、最終的には2つの方法のうちどちらかで処理します。直接応答するか、応答してもらうべくほかのオブジェクトにメッセージを渡すかのどちらかです。

継承によって、2つのオブジェクトが関係を持つように定義できます。その関係によって、1つ目のオブジェクトがメッセージを受け取り、それが理解できないものだった場合、自動的に転送、つまり委譲を行い、そのメッセージを2つ目のオブジェクトに渡せるようになります。それだけのことです。

「継承」という言葉から想起されるのは、生物学的な系図でしょう。頂点に少数の祖先がいて、系図のずっと下のほうに子孫がいます。しかしこの系図のイメージは、少し誤解を招くものです。生物界では、多くの場合、子孫には祖先が2人いるのが一般的です。たとえば、みなさんにも親が

2人いる可能性はかなり高いでしょう。オブジェクトが複数の親を持つことを許す言語は、「多重継承」ができると説明されます。多重継承ができる言語の設計者は、興味深い困難にぶつかります。複数の親を持つオブジェクトが、自身では理解できないメッセージを受け取った場合、そのメッセージをどちらの親に転送するべきでしょうか。2つ以上の親がそのメッセージを実装している場合、どちらの実装が優先されるのでしょうか。ご想像のように、すぐに複雑なことになってしまいます。

多くのオブジェクト指向言語は、「単一継承」のみをできるようにすることで、この複雑さを回避しています。単一継承では、サブクラスは親となるスーパークラスを1つしか持つことができません。Rubyもそのようにしています。つまり、Rubyは単一継承です。スーパークラスはサブクラスをいくつも持つことができますが、それぞれのサブクラスには1つのスーパークラスしか許されません。

クラスによる継承を利用したメッセージの転送は、「クラス」間で行われます。ダックタイプはクラスを横断するものですから、クラスによる継承を使って振る舞いを共有することはありません。ダックタイプがコード共有のために使うのは、Rubyのモジュールです(モジュールについての詳細は次の章で取り扱います)。

これまでに、明示的にクラスの階層構造をつくったことが一度もなかったとしても、継承はすでに使っています。クラスは定義したけれどスーパークラスは指定しなかった場合、Rubyはそのクラスのスーパークラスを自動的に`Object`にします。どんなクラスであれ、クラスをつくれば、その定義上何かのサブクラスになるのです。

また、スーパークラスへのメッセージの自動委譲からもすでに恩恵を受けています。オブジェクトが理解できないメッセージを受け取ったとき、Rubyは合致するメソッドの実装を探し、スーパークラスのチェーンをさかのぼって、自動的にメッセージを転送していくのです。図6.3にかんたんな例を示します。これはRubyオブジェクトが`nil?`にどのように応答するかを表しています。

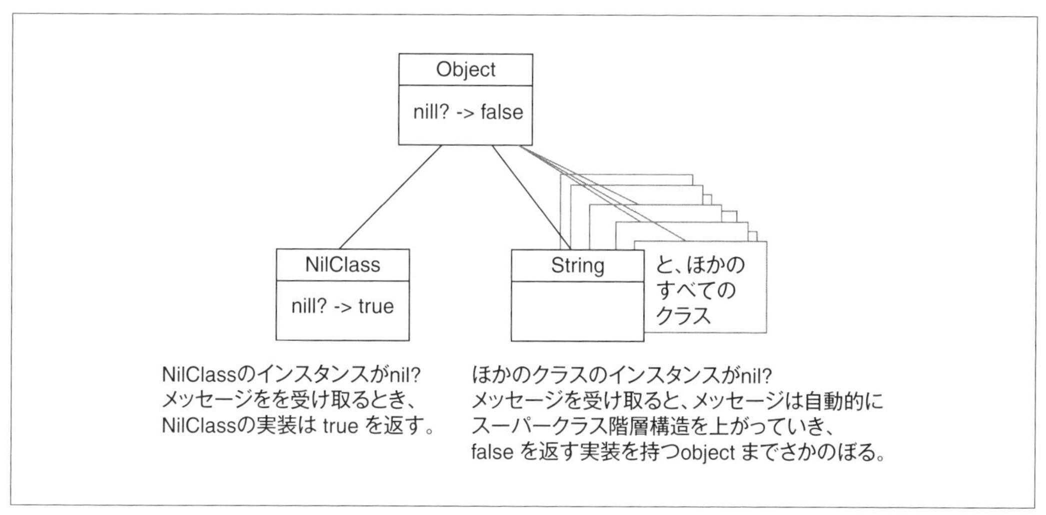

▲図6.3　NilClassはnil?に対してtrueと答え、文字列（とその他すべてのもの）はfalseと答える

ここで念頭に置いてほしいのは、Rubyでは、nilはNilClassのインスタンスであることです。ほかのどんなものとも同じようにnilもオブジェクトです。Rubyにはnil?の実装が2つあります。1つはNilClassにあり、もう1つはObjectに定義されています。NilClass内の実装は、無条件にtrueを返し、Object内の実装は、無条件にfalseを返します。

nil?をNilClassのインスタンスに送るとき、これは明らかにtrueと答えます。そのほかのものにnil?を送ると、メッセージは階層構造を上っていき、最初のスーパークラスから次へ次へと、Objectに至るまでさかのぼっていきます。メッセージはそこでfalseを返す実装を実行します。したがって、nilはnil「である」と返し、それ以外のオブジェクトはnilでないと返すのです。このエレガントで簡潔な解決法は、継承の力と有用性を表しています。

未知のメッセージがスーパークラスの階層構造をさかのぼって委譲されていくという事実が暗に示すのは、サブクラスは、スーパークラスのすべてであり、かつスーパークラスを「上回る」ものであるということです。StringのインスタンスはStringです。しかし同時にObjectでもあります。すべてのStringはObjectのパブリックインターフェースをすべて持っていると想定されるだけでなく、そのインターフェースに定義されるどのメッセージにも、適切にレスポンスを返すことが求められます。それゆえ、サブクラスはそのスーパークラスを特化したものと言えるでしょう。

現在のBicycleの例では、複数の型がクラス内に埋め込まれています。このコードはここで捨て去ってしまい、Bicycleをもとのバージョンに戻すことにしましょう。おそらくマウンテンバイクはBicycleを特化したものです。つまり、この問題は継承を使って解決できるに違いありません。

継承関係を描く

「第4章　柔軟なインターフェースをつくる」で、UMLのシーケンス図を使ってメッセージ交換の意思疎通を図ったように、UMLのクラス図を使って、クラスの関係を説明することができます。

図6.4はクラス図を示しています。箱がクラスを表します。接続線は、クラスが関係していることを示しています。中空の三角形は、関係が継承であることを意味します。その三角形の指す先は、スーパークラスを含む箱に接続されます。したがって、この図はBicycleをMountainBikeのスーパークラスとして示しているのです。

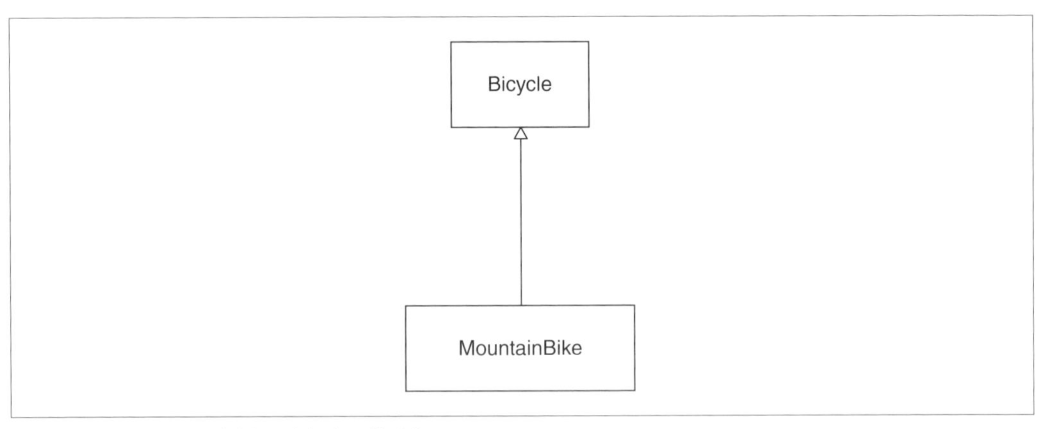

▲図6.4　マウンテンバイクは自転車のサブクラス

6.3 継承を不適切に適用する

旅は目的地よりも有益で、よくあるミスは自分で経験するよりだれかに肩代わりしてもらったほうが痛みが少ない、ということを前提に、この節では引き続きまねる価値のないコードを書いていきます。これらのコードは初心者が一般的に直面しがちな障壁を示すものです。すでに継承を実践で使っており、一連のテクニックがなじんでいるのであれば、ざっと読むだけでも構いません。しかし、まだ継承になじみがない、もしくはどんなに継承を使おうとしてもどうにもうまくいかないといった場合は、注意深く読み進めてください。

以下に示すのは、MountainBikeサブクラスの最初の試みです。それは、もとのBicycleクラスから直接派生した新しいサブクラスです。MountainBikeは、initializeとsparesという2つのメソッドを実装しています。このどちらのメソッドも、すでにBicycleに実装されているので、これらのメソッドはMountainBikeによって「オーバーライド」(上書き/再定義)されていると言えるでしょう。

このコードでは、オーバーライドされたメソッドのそれぞれがsuperを送っています。

```
1  class MountainBike < Bicycle
2    attr_reader :front_shock, :rear_shock
3
4    def initialize(args)
5      @front_shock = args[:front_shock]
6      @rear_shock  = args[:rear_shock]
7      super(args)
8    end
9
10   def spares
11     super.merge(rear_shock: rear_shock)
12   end
13 end
```

どのメソッドにおいても、superを送ると、そのメッセージがスーパークラスのチェーンを上って渡されていきます。したがって、たとえばMountainBikeのinitializeメソッドにてsuperを送ると(7行目)、そのスーパークラス、つまりBicycleのinitializeメソッドを実行します。

このMountainBikeクラスを既存のBicycleクラスの直下に押し込めるのはあまりにも楽観的で、予想どおり、そのコードを実行するといくつかの欠陥があらわになります。MountainBikeのインスタンスの中には、まったく意味を成さない振る舞いもあるのです。次の例では、あるMountainBikeにsizeとsparesを聞いた場合に何が起こるかを示しています。サイズは正しく報告してくれますが、細いタイヤを示すうえ、ハンドルバーのテープが必要であると言ってきます。この2つはどちらも間違いです。

```
1  mountain_bike = MountainBike.new(
2                    size:         'S',
3                    front_shock:  'Manitou',
4                    rear_shock:   'Fox')
5
6  mountain_bike.size # -> 'S'
7
8  mountain_bike.spares
```

```
 9 # -> {:tire_size   => "23",        <- 間違い!
10 #     :chain       => "10-speed",
11 #     :tape_color  => nil,         <- 不適切
12 #     :front_shock => 'Manitou',
13 #     :rear_shock  => "Fox"}
```

MountainBikeのインスタンスが、ロードバイクとマウンテンバイクの振る舞いをごちゃまぜに含んでいることに、驚きはありません。いまのBicycleクラスは具象クラスであり、サブクラスがつくられるようには書かれていないのです。このインスタンスは、一般的な自転車の振る舞いと、ロードバイク固有の振る舞いを合わせ持っています。MountainBikeをBicycleの下に押し込めると、これらの振る舞いをすべて継承することになります。一般的な振る舞いも固有の振る舞いも、当てはまるかどうかにかかわらずMountainBikeは継承してしまいます。

図6.5では、この概念を示すために、大胆にクラス図を用いています。この図が示すのは、ロードバイクの振る舞いがBicycleの内部に埋め込まれている様子です。このようなコード構成にすると、MountainBikeは望みもしなければ必要でもない振る舞いを継承することになります。

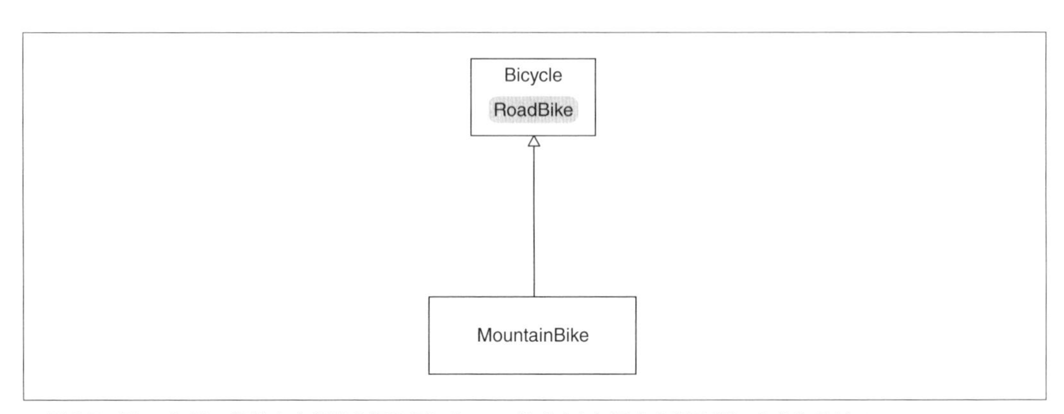

▲図6.5 Bicycleは一般的な自転車の振る舞いとロードバイクに固有の振る舞いを合わせ持つ

このBicycleクラスは、MountainBikeの親と、MountainBikeと同階層のものの両方に適する振る舞いを持っています。Bicycleが持つ振る舞いには、MountainBikeに合っているものもあれば、間違っているもの、さらには適用すらできないものもあります。したがって、BicycleはMountainBikeのスーパークラスの役割を努めるべきではありません。

設計は進化していくものですから、この状況は常に発生します。ここでの問題は、これらのクラス名からはじまっていました。

6.4 抽象を見つける

最初は、自転車という概念が1つでした。それが、単一のクラスであるBicycleとしてモデル化されました。最初の設計者は、一般的な名前を選びましたが、実際のところそのオブジェクトはもう少し特化されたものだったのです。現存するBicycleクラスは、どんな種類の自転車も表すわけではありません。特定の種類の自転車である、ロードバイクを表しています。

すべてのBicycleがロードバイクであるアプリケーションにおいては、この名付け方は申し分なく適切です。1種類の自転車しかないときであれば、クラス名にRoadBikeを選択する必要はありません。もしかすると、具体的すぎる可能性もあります。たとえいつかマウンテンバイクが加わるだろうと思っていたとしても、Bicycleは最初のクラス名としては申し分のない選択であり、実際にその日が来るまでは十分な名前でしょう。

しかし、いまはMountainBikeが存在するので、Bicycleという名前では誤解を招きます。これら2つのクラス名は、継承であることを「暗に示して」います。これを見た人は、MountainBikeはBicycleを特化したものだなとすぐさま予想するでしょう。これでは、BicycleのサブクラスとしてMountainBikeをつくるコードが書かれてしまうのも当然です。この構造は正しく、クラス名も合っています。しかし、Bicycle内のコードはもはや極めて見当違いのものになっているのです。

サブクラスはそのスーパークラスを「特化したもの」です。MountainBikeはBicycleであり、かつBicycleを上回るものであるべきでしょう。Bicycleを待ち受けるオブジェクトは、実際のクラスが何であるかなど知らずとも、MountainBikeとやりとりできるべきなのです。

次に挙げるのは継承のルールです。破るときは危険を覚悟しましょう。継承が効果を発揮するためには、次の2つのことが常に成立している必要があります。第一に、モデル化しているオブジェクトが一般－特殊の関係[注3]をしっかりと持っていることです。第二に、正しいコーディングテクニックを使っていることです。

自転車を特化したものとしてマウンテンバイクをモデル化するのは、まったく理にかなっています。関係は正しいものです。しかし、先ほどのコードは乱雑であり、普及すると大惨事になります。現状のBicycleクラスは、一般的な自転車のコードをロードバイク固有のコードと混ぜ合わせています。これら2つを分けることにしましょう。ロードバイクのコードをBicycleの外に出して、分離したRoadBikeサブクラスに入れます。

注3：訳注 一般には「汎化－特化の関係」と言われます。本書では「一般的な」などの表現と説明を合わせるため、「一般」としています。

抽象的なスーパークラスをつくる

図6.6に新たなクラス図を示します。BicycleがMountainBikeとRoadBikeの両方のスーパークラスとなっています。これが最終的な目標です。つまり、この継承構造こそまさに現在つくろうとしているものです。Bicycleが共通の振る舞いを持ち、MountainBikeとRoadBikeがそれぞれ特化した振る舞いを追加します。Bicycleのパブリックインターフェースはsparesとsizeを含まなければなりません。そしてそのサブクラスは、それぞれ個々の部品を追加します。

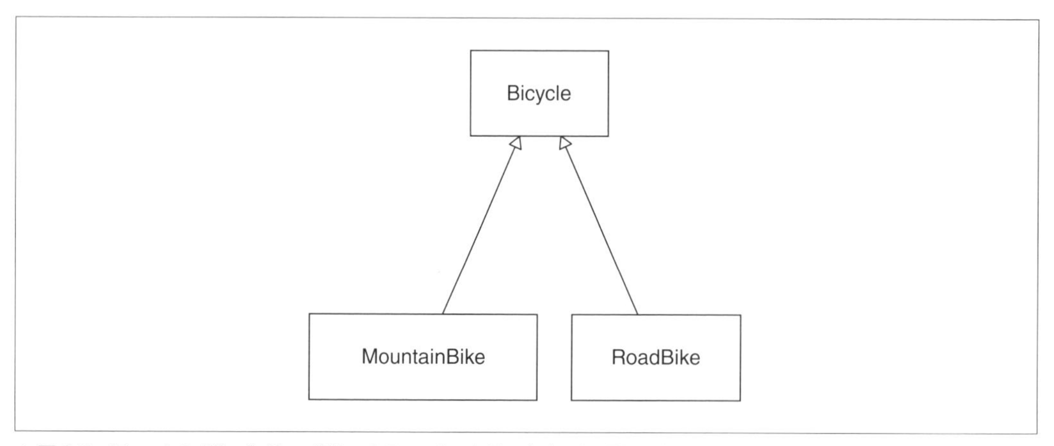

▲図6.6　MountainBikeとRoadBikeのスーパークラスとしてのBicycle

現在、Bicycleは「抽象」クラスを表しています。「第3章　依存関係を管理する」では、抽象を「いかなる特定のインスタンスからも離れている」と定義しました。この定義はいまでも有効です。この新しいバージョンのBicycleが、完全な自転車を定義することはありません。定義するのはすべての自転車が共有するもののみです。MountainBikeとRoadBikeのインスタンスをつくることは期待できますが、Bicycleクラスにnewメッセージを送ることは到底考えられません。意味を成さないことです。Bicycleはもう、完全な自転車を表さないのです。

オブジェクト指向プログラミング言語の中には、明示的にクラスを抽象概念として宣言する構文を持つものもあります。たとえばJavaには、abstractキーワードがあります。Javaのコンパイラ自体が、このキーワードが適用されたクラスのインスタンスが作成されることを防ぎます。Rubyは、他者を信頼する性質から、そのようなキーワードは備えておらず、制約を加えることはありません。ほかのプログラマーがBicycleのインスタンスをつくること防げるのは、良識だけです。実際の世界で、これは驚くほどうまくいきます。

抽象クラスはサブクラスがつくられるために存在します。これが唯一の目的です。抽象クラスは、サブクラス間で共有される振る舞いの共通の格納場所を提供します。そしてサブクラスが、それぞれに特化したものを用意するのです。

ほぼまったく意味のない行為として、サブクラスをたった1つだけ持つ抽象的なスーパークラスをつくることが挙げられます。もとのBicycleクラスに一般的な振る舞いと固有の振る舞いの両方が含まれていたとしても、あるいは、はじめからBicycleクラスを2つのクラスとしてモデル化できたとしても、これはすべきではありません。ほかの種類の自転車も持つことになるとどれだけ強く思ったとしても、その日は永遠に来ないかもしれません。具体的な要求が出てきて、ほかの種類の自転車も扱わなければならなくなるときまで、いまのBicycleクラスで十分なのです。

2種類の自転車が求められるようになったとしても、それでも「まだ」継承を実施するのに適切な時期ではないかもしれません。階層構造をつくるのにはコストがかかります。コストを最小化するための最も良い方法は、サブクラスに依存を許す直前に、その抽象を得る機会を最大化することです。みなさんが知っている2種類の自転車は、共通の抽象についてかなりの量の情報を提供してくれてはいますが、自転車が3種類であれば、はるかに多い量の情報を提供してくれることでしょう。FastFeet社が3種類目の自転車を求めるようになるまで、この決定を引き延ばすことができれば、正しい抽象を見つけられる可能性は格段に向上します。

Bicycle階層構造をつくる決断を遅らせると、大量の重複したコードを持つMountainBikeとRoadBikeクラスを書くことになります。階層構造を進めるという決断をすると、正しい抽象概念を特定するための情報を十分に持っていないかもしれない、というリスクを受け入れることになります。待つか進むかの選択は、「あとどれくらいで3種類目の自転車が登場するか」と「複製のコストがどれだけあるか」の見積りによって異なります。3種類目の自転車がいまにも現れるのであれば、コードを複製してより良い情報が来るのを待つことが、おそらく一番の得策です。しかし、複製したコードを毎日変更する必要があるならば、複製せずに階層構造をつくったほうが安上がりかもしれません。可能なら待つべきです。しかし、最善だと思えるならば、2つの具体的な事例に基づいて前に進むことを恐れてはなりません。

ここでは、2種類の自転車しか知らないとしても、Bicycle階層構造をつくるのに十分な理由があると仮定しましょう。新たな階層構造をつくるための最初の一歩は、図6.6を反映するクラス構造をつくることです。コードの正しさについて一旦無視すると、この変更を加えるための最も簡潔な方法は、Bicycleの名前をRoadBikeに変えてしまい、新しく空のBicycleクラスをつくることです。次の例では、それを示しています。

```
 1 class Bicycle
 2   # このクラスはもはや空となった。
 3   # コードはすべて RoadBike に移された。
 4 end
 5
 6 class RoadBike < Bicycle
 7   # いまは Bicycle のサブクラス。
 8   # かつての Bicycle クラスからのコードをすべて含む。
 9 end
10
11 class MountainBike < Bicycle
12   # Bicycle のサブクラスのまま(Bicycle は現在空になっている)。
13   # コードは何も変更されていない。
14 end
```

この新しいRoadBikeクラスは、Bicycleのサブクラスとして定義されています。既存のMountainBikeクラスはすでにBicycleのサブクラスになっていました。MountainBikeのコードは何も変わっていませんが、その振る舞いは確かに変わっています。スーパークラスが現在は空になっているからです。MountainBikeが依存するコードは、親ではなく同階層の仲間のところに置かれるようになりました。

このコードの再構成は、図6.7に示すとおり、単に問題を移動しただけです。振る舞いを持ちすぎなくなった代わりに、Bicycleは今度はまったく何も持たなくなりました。すべての自転車に必要とされる共通の振る舞いは、RoadBikeの内部の下に置かれているため、MountainBikeからはアクセスできなくなっています。

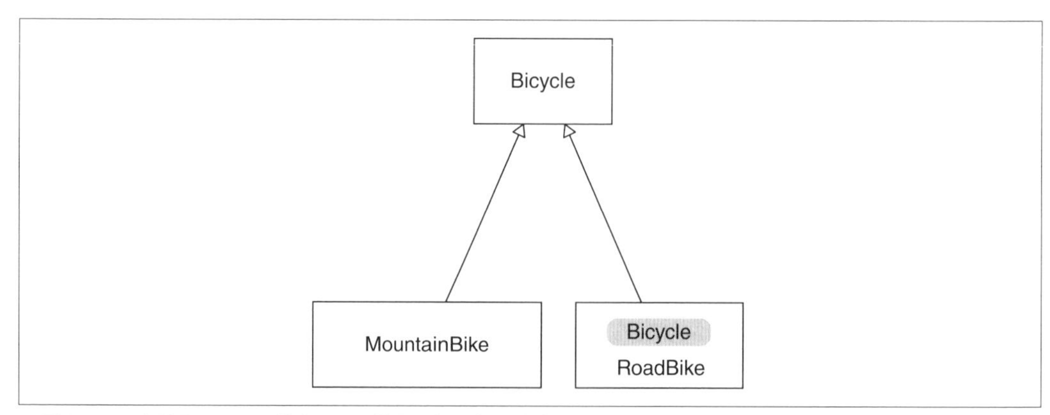

▲図6.7 いまはRoadBikeがすべての共通の振る舞いを含んでいる

この再構成によって勝算が増します。コードをスーパークラスに昇格させるよりも、サブクラスに降格させるほうがかんたんだからです。この理由はいまのところ明確ではありませんが、例が進むと明らかになります。

次の数回のイテレーションによって、共通の振る舞いをBicycle内に移動し、その振る舞いを効果的にサブクラス内で使うことで、この新しいクラス構造を完成させることに注力します。

RoadBikeは自分にとって必要なものをまだすべて持っているので、いまでも動きます。しかし、MountainBikeはもはや深刻に壊れてしまっています。例として、それぞれのサブクラスのインスタンスをつくって、sizeを送った場合に何が起こるかを示しましょう。RoadBikeは正しいレスポンスを返しますが、MountainBikeは失敗に終わります。


```
1  road_bike = RoadBike.new(
2                size:       'M',
3                tape_color: 'red' )
4
5  road_bike.size  # => "M"
6
7  mountain_bike = MountainBike.new(
8                    size:         'S',
9                    front_shock:  'Manitou',
10                   rear_shock:   'Fox')
11
12 mountain_bike.size
13 # NoMethodError: undefined method 'size'
```

このエラーが起きた理由は明白です。MountainBikeもそのスーパークラスも、どちらともsizeを実装していないからです。

抽象的な振る舞いを昇格する

sizeとsparesメソッドはすべての自転車に共通します。この振る舞いはBicycleのパブリックインターフェースに属します。どちらのメソッドも、現在はRoadBikeの下に置かれています。ここでの課題は、これらをBicycleに持ち上げ、それにより振る舞いを共有できるようにすることです。sizeを扱うコードが最も単純なので、そこからはじめるのが最も自然でしょう。

sizeの振る舞いをスーパークラス内に昇格するためには、次の例に示されるように、変更が3つ必要です。属性の読み取りメソッドと初期化のコードはRoadBikeからBicycleに移動されました（2行目と5行目）。また、RoadBikeのinitializeメソッドはsuperへの送信を追加しています（14行目）。

```
1  class Bicycle
2    attr_reader :size     # <- RoadBikeから昇格した
3
4    def initialize(args={})
5      @size = args[:size] # <- RoadBikeから昇格した
6    end
7  end
8
9  class RoadBike < Bicycle
10   attr_reader :tape_color
11
12   def initialize(args)
13     @tape_color = args[:tape_color]
14     super(args)  # <- RoadBikeは'super'を必ず呼ばなければならなくなった
15   end
16   # ...
17 end
```

現在、RoadBikeはBicycleからsizeメソッドを継承しています。RoadBikeがsizeを受信すると、Rubyによって委譲が行われ、メッセージがスーパークラスのチェーンをさかのぼっていきます。そして実装が探されていき、Bicycleで見つけられます。このメッセージの委譲は自動で行われます。RoadBikeはBicycleのサブクラスだからです。

@size変数を設定する初期化用のコードを共有するには、それよりもう少し手がかかります。この変数はBicycleのinitializeメソッドにて設定されています。このメソッドはRoadBikeでも実装されるもの、すなわち、オーバーライドされるものです。

RoadBikeがinitializeをオーバーライドすると、initializeメッセージの受け手が1つ増えます。この受け手はRubyが求める条件を完全に満たすものであり、Bicycleへの自動的なメッセージの委譲を防ぎます。 仮に両方のinitializeメソッドを実行する必要がある場合、RoadBikeは自身で委譲を行う責任があります。つまり、14行目で行ったとおり、明示的にそのメッセージをBicycleに渡すために自身で必ずsuperを送信しなければなりません。

この変更の前では、RoadBikeは正しくsizeに応答していましたが、MountainBikeはしていませんでした。いまや、共通の振る舞いは、Bicycle、つまり共通のスーパークラスに定義されています。継承の魔法は、次に示すように両者がsizeに正しく応答するようにします。

```
1  road_bike = RoadBike.new(
2                size:       'M',
3                tape_color: 'red' )
4
5  road_bike.size  # -> ""M""
6
7  mountain_bike = MountainBike.new(
8                    size:         'S',
9                    front_shock:  'Manitou',
10                   rear_shock:   'Fox')
11
12 mountain_bike.size # -> 'S'
```

注意深い読者であれば、自転車のsizeを処理するコードがこれまでに2回移動したことに気づくでしょう。最初はBicycleにあり、次にRoadBikeに「下ろされ」、現在は再度Bicycleに昇格し、「上」に戻されました。コード自体は変わっていません。単に2回動かされただけです。

この中間の手順を飛ばし、単純にこのコード片をBicycleの最初のコードにしてしまいたくなるかもしれません。しかし、この「すべてを下げてその中のいくつかを引き上げる」戦略は、このリファクタリングの重要な部分です。継承の難しさの多くは、抽象から具象を厳密に分けることに失敗することによって生じます。Bicycleのもとのコードは抽象と具象の2つを合わせ持っていました。仮にその最初のバージョンのBicycleからこのリファクタリングをはじめ、その具象的なコードを分離してRoadBikeに押し「下げ」ようとしたとしましょう。その場合、どんな失敗であれ、具象的な危険物をスーパークラスに残すことになります。しかし、Bicycleのコードを残らずすべて移動することからはじめれば、具象的な人工物を残してしまう恐れもなく、抽象的な部分を注意深く特定し、昇格させることができます。

リファクタリングの戦略を決めるときのみならず、設計の戦略を決める際、一般的に有用であるのは、「もし間違っているとすれば、何が起こるだろう」と質問することです。この場合、空のスーパークラスをつくり、コードのうち抽象的な部分をそこに押し上げるのであれば、起こり得る最悪のことは何でしょうか。抽象をまったく見つけられず、何も昇格させられないことです。

この「昇格」の失敗によって生じる問題は単純です。かんたんに見つけられ、かんたんに直せます。抽象化が一部漏れていたとしても、その見落としはほかのサブクラスが同じ振る舞いを必要としたときにすぐに可視化されます。すべてのサブクラスが同じ振る舞いにアクセスできるようにするためには、(それぞれのサブクラスで) コードを複製するか、もしくは (共通のスーパークラスへ) 昇格させるかのどちらかです。初心者プログラマーでさえ、コードは複製しないように教えられているのですから、将来的にだれがアプリケーションをいじることになったとしても、この問題に気づくでしょう。そのときの自然な成り行きは、抽象化されるべき箇所が特定され、昇格され、コードが改善する、といったものです。それゆえ昇格の失敗による影響は大きくありません。

しかし、このリファクタリングを逆方向から行おうとするとどうなるでしょうか。具象的な部分のみを新しいサブクラスに押し「下げる」ことによって、既存のクラスを具象から抽象へと変換しようとした場合、具象的な振る舞いの一部を誤って置き去りにしてしまう恐れがあります。その定義からして、この残された具象的な振る舞いが、考えられ得るすべてのサブクラスに当てはまるなどということはありません。それゆえサブクラスは、継承の基本的なルールに違反するようになります。真にスーパークラスを特化するだけではなくなるのです。このとき階層構造は信頼できないものになります。

信頼できない階層構造は、それと関わるオブジェクトに、階層構造の癖を知るよう強要します。経験の浅いプログラマーは、欠陥のある階層構造を理解できなければ、直すこともできません。信頼できない階層構造を使うように頼まれたときは、その奇妙な癖を自分のコードに組み入れてしまうでしょう。そのときにたびたび使われる手段が、オブジェクトのクラスの明示的な確認です。階層構造に関する知識は、アプリケーションのほかの部位に漏れていき、依存をつくっていきます。もちろんこの依存は変更のコストを上げるものです。これは置き去りにしたくない問題です。降格の失敗による影響は、広範囲に及び、かつ深刻なものとなり得ます。

一般的なルールを述べましょう。一般に、新たな継承の階層構造へとリファクタリングをする際は、抽象を昇格できるようにコードを構成すべきであり、具象を降格するような構成にはすべきでありません。

この議論に照らし合わせれば、いくつか前の段落で投じられた疑問は、「間違っていた『とき』何が起こるだろう？」というさらに有用なフレーズにできるのではないでしょうか。設計者の決断には常に2つのコストが伴います。1つは、実装コストであり、もう1つは、それが間違いだとわかったときの変更コストです。このコストの両方を考慮に入れて代替案を選ぶことによって、変更コストを最小化する慎重な選択を自然としたくなるでしょう。

このことを念頭に置いたまま、注意をsparesへと向けることとしましょう。

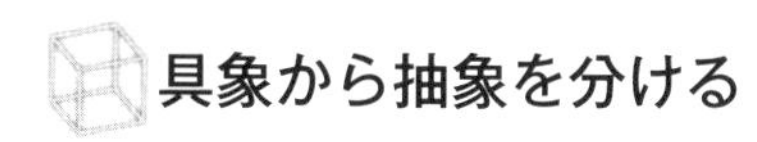

具象から抽象を分ける

RoadBikeとMountainBikeは両方とも独自化したsparesを実装しています。RoadBikeの定義（次のコード）はもとのものと同じであり、具象クラスだったBicycleクラスからコピーしてきたものです。これは必要なものがすべて揃っているので、いまでも動きます。

```
1 class RoadBike < Bicycle
2   # ...
3   def spares
4     { chain:        '10-speed',
5       tire_size:    '23',
6       tape_color:   tape_color}
7   end
8 end
```

MountainBike内のsparesの定義（これもまた次のコードに再掲します）は、最初にサブクラスをつくろうとしたときのままです。このメソッドはsuperを送信しており、スーパークラスもsparesを実装していることを想定しています。

```
1 class MountainBike < Bicycle
2   # ...
3   def spares
4     super.merge({rear_shock:  rear_shock})
5   end
6 end
```

しかしBicycleは、まだsparesメソッドを実装していません。したがってsparesをMountainBikeに送ると、次のNoMethodError例外が生じます。

```
1 mountain_bike.spares
2 # NoMethodError: super: no superclass method 'spares'
```

この問題を修正するためには、Bicycleにsparesメソッドを追加する必要があるのは明白です。しかし、それは既存のコードをRoadBikeから昇格するほど単純なことではありません。

RoadBikeのsparesの実装は、かなり知識を持ちすぎています。chainとtire_size属性はすべての自転車に共通しますが、tape_colorはロードバイクだけが知るべきでしょう。ハードコードされたchainとtire_sizeの値は、今後出てくるすべてのサブクラスで正しいデフォルト値となるわけではありません。このメソッドは問題をいくつも抱えており、そのままでは昇格できません。

異なるものがいくつも混ざってしまっています。この厄介な混在が、あるクラスのある1つのメソッド内に隠れているだけであれば、まだ耐えられますし、(自分の忍耐力によりますが) 無視することさえできます。しかしいまはこの振る舞いの一部だけを共有したいのですから、複雑な絡まりをほどき、具象的な部分から抽象的な部分を分けなければなりません。抽象はBicycleに昇格させ、具象的な部分はRoadBikeに残るようにしましょう。

一旦、sparesメソッド全体についての考えは横に置いて、すべての自転車が共有する部位、つまり、chainとtire_sizeだけを昇格することに注力することにします。これらはsize同様属性ですから、アクセサとセッターによって表現されるべきであり、ハードコードされた値で表現されるべきではありません。要件は次のとおりです。

- 自転車はチェーン (chain) とタイヤサイズ (tire size) を持つ
- すべての自転車はチェーンについて同じ初期値を共有する
- サブクラスは、タイヤサイズについて独自の初期値を持つ
- サブクラスの個々のインスタンスは初期値を無視し、インスタンス固有の値を持つことが許される

同じようなコードは同じようなパターンに沿うべきです。size、chain、tire_sizeを同じような方法で処理する新しいコードを示しましょう。

```
1  class Bicycle
2    attr_reader :size, :chain, :tire_size
3
4    def initialize(args={})
5      @size       = args[:size]
6      @chain      = args[:chain]
7      @tire_size  = args[:tire_size]
8    end
9    # ...  .
10 end
```

RoadBikeとMountainBikeはattr_readerの定義をBicycleから継承するうえ、どちらもinitializeメソッド内でsuperを送ります。これで、すべての自転車がsize、chain、tire_sizeを理解するようになりました。加えて、これらの属性に対してそれぞれの自転車がサブクラ

ス固有の値を用意することもできるでしょう。挙げた要件のうち、最初と最後のものは満たされました。

ここまでつくってみましたが、このコードについては何も特別なことはありません。良識的に考えれば、最初からこのように書かれているべき、つまり、このバージョンはとっくに現れているべきだと思うでしょう。確かに、これはサブクラスによって継承可能です。しかし、実際のところ、このコードのどこをとっても、継承されることを特に「想定した」ものとは思えません。

ところが、初期値についての2つの要求を満たすことで、何か興味深いものが追加されます。

テンプレートメソッドパターンを使う

次の変更では、Bicycleのinitializeメソッドを変え、初期値を得るためにメッセージを送るようにします。次のコードの6行目と7行目に、default_chainとdefault_tire_sizeという新しいメッセージが2つ追加されています。

初期値をメソッドで包み隠すのは一般に良い習慣ですが、ここで新しいメッセージを送ることには2つの目的があります。Bicycleにおいて、これらのメッセージを送る一番の目的は、それらをオーバーライドすることによって何かに特化できる機会をサブクラスに与えることです。

スーパークラス内で基本の構造を定義し、サブクラス固有の貢献を得るためにメッセージを送るというテクニックは、「テンプレートメソッド」パターンとして知られています。

次のコードにおいてMountainBikeとRoadBikeは、この機会のうち、1回だけ活用しています。両方ともdefault_tire_sizeを実装していますが、どちらもdefault_chainは実装していません。それゆえ、それぞれのサブクラスは、タイヤサイズには独自の初期値を用意するものの、チェーンには共通の初期値を継承します。

```
1  class Bicycle
2    attr_reader :size, :chain, :tire_size
3
4    def initialize(args={})
5      @size       = args[:size]
6      @chain      = args[:chain]     || default_chain
7      @tire_size  = args[:tire_size] || default_tire_size
8    end
9
10   def default_chain        # <- 共通の初期値
11     '10-speed'
12   end
```

```
13 end
14
15 class RoadBike < Bicycle
16   # ...
17   def default_tire_size   # <- サブクラスの初期値
18     '23'
19   end
20 end
21
22 class MountainBike < Bicycle
23   # ...
24   def default_tire_size   # <- サブクラスの初期値
25     '2.1'
26   end
27 end
```

現在のコードでは、Bicycleはサブクラスに構造（「共通のアルゴリズム」と言ってもよいでしょう）を提供するようになったのです。サブクラスがアルゴリズムに影響を与えることを許す場所に関しては、Bicycleはメッセージを送るようにしています。サブクラスは、合致するメソッドを実装することでそのアルゴリズムで役割を果たせます。

これで、すべての自転車においてチェーンには同じ初期値が用いられ、タイヤサイズについては、異なる初期値が用いられるようになりました。次に示すとおりです。

```
 1 road_bike = RoadBike.new(
 2               size:       'M',
 3               tape_color: 'red' )
 4
 5 road_bike.tire_size     # => '23'
 6 road_bike.chain         # => "10-speed"
 7
 8 mountain_bike = MountainBike.new(
 9                   size:         'S',
10                   front_shock:  'Manitou',
11                   rear_shock:   'Fox')
12
13 mountain_bike.tire_size # => '2.1'
14 road_bike.chain         # => "10-speed"
```

しかし、この成功を祝うにはまだ時期尚早です。まだどこか間違っているコードがあります。これはブービートラップであり、不注意な人を待ち構えています。

すべてのテンプレートメソッドを実装する

Bicycleのinitializeメソッドはdefault_tire_sizeを送りますが、Bicycle自体はそれを実装していません。この手抜かりが、下流に問題を引き起こします。FastFeed社がまた新たな自転車の種類であるリカンベント（recumbent）を追加する場合を考えてみましょう。リカンベントは、車体が低く、長い自転車です。乗る人はシートにもたれるように座ります。この自転車は速いうえに、乗る人の腰と首にとってやさしいものです。

もしプログラマーがRecumbentBikeサブクラスを何の気なしにつくりながらも、default_tire_sizeの実装に注意を払わなかった場合、何が起こるでしょうか。次のエラーにぶつかるはずです。

```
1  class RecumbentBike < Bicycle
2    def default_chain
3      '9-speed'
4    end
5  end
6
7  bent = RecumbentBike.new
8  # NameError: undefined local variable or method
9  #    'default_tire_size'
```

階層構造の最初の設計者がこの問題に直面することは滅多にありません。その人がBicycleを書いたのですから、サブクラスが満たさなければならない要求を理解しているはずです。すでに存在するコードは問題なく動きます。エラーは未来において起こるのです。アプリケーションが新たな要件を満たすように変更されたときにエラーは発生し、それに遭遇するのは、何が起こっているかそこまで理解していないほかのプログラマーです。

この問題の根源にあるのは、コードを一見するだけでは明確に把握できない要件を、Bicycleがサブクラスに課していることです。Bicycleがそう書かれているように、サブクラスはdefault_tire_sizeを「必ず」実装している必要があります。RecumbentBikeのような無垢で悪気のないサブクラスが失敗に終わるのは、気づかずにいる要件を満たしていないからでしょう。

痛い目にあう可能性がある世界であっても、前もって、かんたんなルールに従うことで痛みを和らげることができます。それは、テンプレートメソッドパターンを使うどのクラスも、その送信するメッセージのすべてに、必ず実装を用意するようにすることです。たとえ、送信する側のクラスにおける唯一の妥当な実装が次のようなものであったとしても、用意しなければなりません。

```
1 class Bicycle
2   #...
3   def default_tire_size
4     raise NotImplementedError
5   end
6 end
```

サブクラスがメッセージを実装する必要があると明示的に示すことは、それを読むであろう人には有益な文書を、そうでない人には有益なエラーメッセージを提供します。

Bicycleがdefault_tire_sizeのこの実装を提供するようになれば、新たなRecumbentBikeをつくるときは、次のエラーを伴って失敗するようになります。

```
1 bent = RecumbentBike.new
2 #  NotImplementedError: NotImplementedError
```

単にこのエラーのみを発生させ、そのソースの追跡をスタックトレースに頼るのもまったく容認できる方法ですが、次のコードの5行目に示すように、追加の情報を明示的に与えることもできます。

```
1 class Bicycle
2   #...
3   def default_tire_size
4     raise NotImplementedError,
5           "This #{self.class} cannot respond to:"
6   end
7 end
```

この追加の情報によって、問題はいや応なしに明確になります。このコードを実行すると、RecumbentBikeはdefault_tire_sizeの実装にアクセスする必要があるとわかります。

```
1 bent = RecumbentBike.new
2 #  NotImplementedError:
3 #    This RecumbentBike cannot respond to:
4 #             'default_tire_size'
```

RecumbentBikeを書いてから2分後や2ヶ月後に遭遇するにしても、このエラーにあいまいさはなく、かんたんに直せるでしょう。

わかりやすいエラーメッセージを伴って失敗するコードを書くことには、書く時点では比較的小さな努力しか要しないものの、その価値は永遠に続きます。それぞれのエラーメッセージは小さなものです。しかし小さなものが積み重なって大きな効果が生まれます。そしてこの細部へ注意を払うことこそ、本物のプログラマーの証なのです。テンプレートメソッドの要件は、有用なエラーを発生させる、合致するメソッドを実装することで常に文書化しましょう。

6.5 スーパークラスとサブクラス間の結合度を管理する

これで、Bicycleは抽象的な自転車の振る舞いのほとんどを持つようになりました。全体の自転車のサイズを管理するコードも持ちますし、チェーンとタイヤサイズについても同様です。また、Bicycleの構造は、これらの属性に対してサブクラスが共通の初期値を持つように促すものとなっています。このスーパークラスはほぼ完成です。残すところはsparesの実装のみとなりました。

このsparesのスーパークラスでの実装は、さまざまな方法で書けます。これらの違いは、どれほど強固にサブクラスとスーパークラスを結合するかにあります。結合度を管理することは重要です。強固に結合されたクラス同士は互いに結着し、おそらくそれぞれを独立に変更することは不可能でしょう。

この節では、sparesの実装を2つ示します。かんたんで明白なものと、より複雑ではあるけれど堅牢なものです。

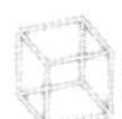結合度を理解する

この最初のsparesの実装は、書くのはとてもかんたんですが、最も強固に結合されたクラスを生み出します。RoadBikeの現在の実装は次のようであったことを思い出してください。

```
1 class RoadBike < Bicycle
2   # ...
3   def spares
4     { chain:        '10-speed',
5       tire_size:    '23',
```

```
6        tape_color:   tape_color}
7    end
8  end
```

このメソッドはいろいろなものを寄せ集めています。最後にこれを昇格しようと試みたときは、まずコードを綺麗にするという寄り道が必要でした。その寄り道によって、チェーンとタイヤ用にハードコードされた値を抜き出し、変数とメッセージに入れ、これらの部分だけをBicycleに昇格したのでした。ですから、チェーンとタイヤサイズを扱うメソッドはスーパークラスで利用できるようになっています。

MountainBikeの現在のspares実装は、このようになっています。

```
1  class MountainBike < Bicycle
2    # ...
3    def spares
4      super.merge({rear_shock:   rear_shock})
5    end
6  end
```

MountainBikeのsparesメソッドはsuperを送ります。つまり、スーパークラスのどれかがsparesを実装していることを想定しています。MountainBikeは自身のスペアパーツのハッシュをsuperから返された結果にマージします。明らかに、その結果もまたハッシュであることを想定しています。

Bicycleがチェーンとタイヤサイズを得るためにメッセージを送れること、またそのsparesの実装がハッシュを返すべきであることを考慮すれば、次のsparesメソッドを追加することで、MountainBikeの要求は満たされます。

```
1  class Bicycle
2    #...
3    def spares
4      { tire_size:  tire_size,
5        chain:      chain}
6    end
7  end
```

一度このメソッドがBicycle内に置かれれば、すべてのMountainBikeが動くようなります。RoadBikeを持ち込むというのは、単にそのsparesの実装を、MountainBikeの実装とそっくりに変えるというだけのことです。つまり、チェーンとタイヤサイズのコードをsuperの送信と置き換え、その結果のハッシュに、ロードバイクに特化したものを加えるようにします。

MountainBikeに、最後の変更が加えられたと仮定しましょう。ここまで書かれたコードの全体は次のようになり、この階層構造の最初の実装が完了します。

このコードが、あるパターンに従っていることに気づいてください。Bicycleによって送信されるすべてのテンプレートメソッドはBicycle自体に実装されています。さらに、MountainBikeとRoadBikeの両方とも、そのinitializeとsparesメソッドでsuperを送っています。


```
 1 class Bicycle
 2   attr_reader :size, :chain, :tire_size
 3 
 4   def initialize(args={})
 5     @size       = args[:size]
 6     @chain      = args[:chain]     || default_chain
 7     @tire_size  = args[:tire_size] || default_tire_size
 8   end
 9 
10   def spares
11     { tire_size:  tire_size,
12       chain:      chain}
13   end
14 
15   def default_chain
16     '10-speed'
17   end
18 
19   def default_tire_size
20     raise NotImplementedError
21   end
22 end
23 
24 class RoadBike < Bicycle
25   attr_reader :tape_color
26 
27   def initialize(args)
28     @tape_color = args[:tape_color]
29     super(args)
30   end
```

```
31
32    def spares
33      super.merge({ tape_color: tape_color})
34    end
35
36    def default_tire_size
37      '23'
38    end
39  end
40
41  class MountainBike < Bicycle
42    attr_reader :front_shock, :rear_shock
43
44    def initialize(args)
45      @front_shock = args[:front_shock]
46      @rear_shock =  args[:rear_shock]
47      super(args)
48    end
49
50    def spares
51      super.merge({rear_shock: rear_shock})
52    end
53
54    def default_tire_size
55      '2.1'
56    end
57  end
```

このクラス階層構造は動作するので、もしかしたらもうここで終わりたくなるかもしれません。しかし、それが動作するからといって、十分に良いという保証にはなりません。取り除いたほうがよいブービートラップは、まだ含まれています。

MountainBikeとRoadBikeサブクラスが同じようなパターンに従っていることに気づいてください。これらはそれぞれ自分自身（特化したスペアパーツ）についても、それぞれのスーパークラス（ハッシュを返すsparesを実装しているということと、initializeに応答するということ）についても知っています。

ほかのクラスについての知識を持つということは、例に漏れず、依存をつくり、依存はオブジェクトを互いに結合します。上のコードに存在する依存もまたブービートラップなのです。これらは両方ともサブクラスにおけるsuperの送信によってつくられています。

次のコードは、そのトラップを説明したものです。仮に、だれかがサブクラスを新しくつくり、そのinitializeメソッド内でsuperを送り忘れると、このような問題に直面します。

```
 1 class RecumbentBike < Bicycle
 2   attr_reader :flag
 3
 4   def initialize(args)
 5     @flag = args[:flag]  #  'super' を送信するのを忘れた
 6   end
 7
 8   def spares
 9     super.merge({flag: flag})
10   end
11
12   def default_chain
13     '9-speed'
14   end
15
16   def default_tire_size
17     '28'
18   end
19 end
20
21 bent = RecumbentBike.new(flag: 'tall and orange')
22 bent.spares
23 # -> {:tire_size => nil, <- 初期化されていない
24 #     :chain     => nil,
25 #     :flag      => "tall and orange"}
```

RecumbentBikeがinitializeの中でsuperを送るのに失敗すると、RecumbentBikeはBicycleによって提供される共通の初期化が行われないことになります。したがって有効なサイズも、チェーンも、タイヤサイズも得ることができません。このエラーは、エラーの原因とは遠く離れたところで一度に起こることがあります。その場合のデバッグはかなりつらいものです。

同じように悪魔のような問題が現れることがあります。RecumbentBikeがsparesメソッド内でsuperを送るのを忘れた場合です。エラーこそ発生しませんが、この場合sparesハッシュが単純に間違っており、そしてこの間違いはすぐには現れません。Mechanic（整備士）が道路の傍らで壊れた自転車と共に立ち尽くし、無駄にスペアパーツ入れを探すことで、はじめて、間違いであ

るとわかるのです。

どんなプログラマーでも、superを送り忘れることはあるため、これらのエラーの原因をつくり得るでしょう。しかし、主犯（と主な被害者）は、コードをよく知らないのに、Bicycleのサブクラスをつくる仕事が与えられたプログラマーなのです。

この階層構造でのコードのパターンでは、サブクラスは自身が行うことだけでなく、スーパークラスとどのように関わるかまで知っておくことが要求されます。（明らかに、それらについて知ることが「できる」唯一のクラスですから、）自身が役割を果たす特化について、サブクラスが知っているのは意味が通りますが、その抽象スーパークラスとどのように関わるかまで知るように強制するのは、いくつもの問題を引き起こすことになるでしょう。

この階層構造はアルゴリズムの知識をサブクラスに押し下げ、それぞれのサブクラスが明示的にsuperを送り、参加することを強要しています。結果として、複数のサブクラスにわたってコードの重複が生じています。すべてのサブクラスが正確に同じ箇所でsuperを送ることが求められているのです。これは、のちにコードに関わるプログラマーがサブクラスを新たに書くときにエラーをつくってしまう可能性を高めます。どうしてでしょうか。プログラマーは、正しい特化を加えることはそうかんたんに忘れませんが、superを送るのはかんたんに忘れてしまうからです。

サブクラスがsuperを送るとき、これは事実上、そのアルゴリズムを知っているという宣言です。つまり、サブクラスはこの知識に「依存」しているのです。アルゴリズムに変更があれば、たとえサブクラスで特化していること自体に変更はなかったとしても、サブクラスはとたんに壊れてしまうこともあるでしょう。

フックメッセージを使ってサブクラスを疎結合にする

これらの問題はすべて、最後のリファクタリングを1つ加えれば回避できます。サブクラスにアルゴリズムを知ることを許し、superを送るよう求めるのではなく、スーパークラスが代わりに「フック」メッセージを送るようにすることができます。フックメッセージは、サブクラスがそれに合致するメソッドを実装することによって情報を提供できるようにするための専門のメソッドです。この戦略によって、サブクラスからアルゴリズムの知識は取り除かれ、代わりにスーパークラスに制御を戻すことができます。

次の例では、 サブクラスに初期化の方法を与えるために使われています。Bicycleのinitializeメソッドはpost_initializeを送るようになっています。例に漏れず、合致するメソッド、ここでは何もしないメソッドを実装しています。

RoadBikeはpost_initializeをオーバーライドすることによって、独自に特化した初期化をします。コードはこのようになります。

```
1  class Bicycle
2
3    def initialize(args={})
4      @size       = args[:size]
5      @chain      = args[:chain]     || default_chain
6      @tire_size  = args[:tire_size] || default_tire_size
7
8      post_initialize(args)   # Bicycleでは送信と…
9    end
10
11   def post_initialize(args) # …実装の両方を行う
12     nil
13   end
14   # ...
15 end
16
17 class RoadBike < Bicycle
18
19   def post_initialize(args)         # RoadBikeは任意でオーバライドできる
20     @tape_color = args[:tape_color]
21   end
22   # ...
23 end
```

この変更では、superの送信をRoadBikeのinitializeメソッドから取り除いただけでなく、initializeメソッドそのものをすっかり取り除いてしまいました。RoadBikeはもはや初期化を制御することはありません。代わりに、より大きく、抽象的なアルゴリズムに特化を加えるようになりました。このアルゴリズムは、抽象スーパークラスであるBicycleにて定義され、それゆえBicycleはpost_initializeを送信する責任も負います。

RoadBikeは、自身が「何を」初期化する必要があるかについての責任をまだ負っています。しかし、「いつ」初期化が行われるかには責任がありません。この変更によって、RoadBikeのBicycleについての知識はより少なくできます。つまり、両者間の結合度を低減し、不確かな未来を前にして両者をそれぞれより柔軟にするのです。RoadBikeはいつpost_initializeメソッドが呼び出されるかを知りません。また、何のオブジェクトがそのメッセージを実際に送ってくるのかも気にしません。Bicycle（もしくはほかのオブジェクト）はこのメッセージをいつでも送ることができます。

オブジェクトの初期化時に送信される必要があるなどということはありません。

タイミングの制御をスーパークラスに任せると、サブクラスに変更を強制せずともアルゴリズムを変更できるようになります。Bicycleがsparesを実装していて、その実装がハッシュを返すという知識をRoadBikeに強制せずとも、Bicycleに制御を戻すフックメソッドを実装することで結合を緩めることができるのです。

次の例ではBicycleのsparesメソッドに変更を加え、local_sparesを送るようにしています。Bicycleは空のハッシュを返すデフォルトの実装を提供します。RoadBikeはこのフックを活用し、オーバーライドすることで独自化したlocal_sparesを返すようにします。それによってロードバイクに固有のスペアパーツを追加します。

```
1  class Bicycle
2    # ...
3    def spares
4      { tire_size: tire_size,
5        chain:     chain}.merge(local_spares)
6    end
7
8    # サブクラスがオーバーライドするためのフック
9    def local_spares
10     {}
11   end
12
13 end
14
15 class RoadBike < Bicycle
16   # ...
17   def local_spares
18     {tape_color: tape_color}
19   end
20
21 end
```

RoadBikeに新たに追加されたlocal_sparesの実装は、かつてのsparesの実装を置き換えています。この変更によって、RoadBikeにより提供される特化は保たれつつ、Bicycleへの結合度は低減されました。RoadBikeはもはやBicycleがsparesメソッドを実装することを知っておかなくてよくなったのです。RoadBikeは、local_sparesの自分の実装が、何らかのオブジェクトによって、何らかの場合に呼び出されることを想定するだけです。

同じような変更をMountainBikeに加えると、階層構造は最終的に次のようになります。

```
1  class Bicycle
2    attr_reader :size, :chain, :tire_size
3
4    def initialize(args={})
5      @size       = args[:size]
6      @chain      = args[:chain]     || default_chain
7      @tire_size  = args[:tire_size] || default_tire_size
8      post_initialize(args)
9    end
10
11   def spares
12     { tire_size: tire_size,
13       chain:     chain}.merge(local_spares)
14   end
15
16   def default_tire_size
17     raise NotImplementedError
18   end
19
20   # subclasses may override
21   def post_initialize(args)
22     nil
23   end
24
25   def local_spares
26     {}
27   end
28
29   def default_chain
30     '10-speed'
31   end
32
33 end
34
35 class RoadBike < Bicycle
36   attr_reader :tape_color
37
```

```
38    def post_initialize(args)
39      @tape_color = args[:tape_color]
40    end
41
42    def local_spares
43      {tape_color: tape_color}
44    end
45
46    def default_tire_size
47      '23'
48    end
49  end
50
51  class MountainBike < Bicycle
52    attr_reader :front_shock, :rear_shock
53
54    def post_initialize(args)
55      @front_shock = args[:front_shock]
56      @rear_shock =  args[:rear_shock]
57    end
58
59    def local_spares
60      {rear_shock:  rear_shock}
61    end
62
63    def default_tire_size
64      '2.1'
65    end
66  end
```

RoadBikeとMountainBikeの可読性は向上し、そのうえ専門に特化したもののみを持つようになりました。一目見るだけでも何をするのかが明確ですし、Bicycleを特化したものであることも一目瞭然です。

新しいサブクラスに必要なのは、テンプレートメソッドを実装することだけです。最後の例では、いかに簡潔に新しいサブクラスをつくれるかを示します。たとえアプリケーションになじみがないプログラマーにとっても、この簡潔さは変わりません。ここにRecumbentBikeクラスを示します。Bicycleを新たに特化したものです。

```
 1 class RecumbentBike < Bicycle
 2   attr_reader :flag
 3
 4   def post_initialize(args)
 5     @flag = args[:flag]
 6   end
 7
 8   def local_spares
 9     {flag: flag}
10   end
11
12   def default_chain
13     "9-speed"
14   end
15
16   def default_tire_size
17     '28'
18   end
19 end
20
21 bent = RecumbentBike.new(flag: 'tall and orange')
22 bent.spares
23 # -> {:tire_size => "28",
24 #      :chain     => "9-speed",
25 #      :flag      => "tall and orange"}
```

RecumbentBike内のコードは非常に見通しが良いものです。それに加え、これはとても規則正しく、予測可能であり、組み立てラインから出てきたのではないかと思えるほどでしょう。これは継承の価値と強さを示しています。階層構造が正しければ、だれでも成功裏に、サブクラスを新たにつくることができるのです。

6.6 まとめ

継承は、関連する型に関する問題を解決します。ここでの関連する型とは、山ほど共通の振る舞いを持つものの、いくつかの面においては相違もある型です。継承によって、共有されるコードを隔離でき、そして共通のアルゴリズムを抽象クラスに実装できるようになります。しかも同時に、継承は抽象クラスの特化をサブクラスができるような構造を提供します。

抽象的なスーパークラスをつくるための一番良い方法は、具象的なサブクラスからコードを押し上げることです。正しい抽象を特定するのが最もかんたんなのは、存在する具象クラスが少なくとも3つあるときです。この章の単純な例では2つにしか頼りませんでしたが、現実には、3つの事例によって追加される情報を待ったほうが、より良いでしょう。

抽象スーパークラスは、テンプレートメソッドパターンを使うことで、その継承者に専門的に特化するよう促します。そしてフックメソッドを使うことで、superの送信を強制せずとも継承者がスーパークラスに特化を提供できるようにします。フックメソッドによって、抽象的なアルゴリズムを知らなくともサブクラスは専門性を加えられるようになります。サブクラスがsuperを送る必要性が取り除かれるので、階層構造の各層間の結合度が低減し、変更にも強くなります。

適切に設計された継承の階層構造は、たとえアプリケーションについてあまり詳しくないプログラマーでもあっても、新たなサブクラスを用いてかんたんに拡張できます。この拡張の容易さが、継承の最も大きな強みです。もし、現在抱えている問題が、安定した、共通の抽象のいくつもの専門性を必要とするものであれば、継承はきわめてコストの低い解決法となるでしょう。

第7章 モジュールでロールの振る舞いを共有する

前章は首尾よく終えました。コードを見て、こんなにも良い手法があるのに、一体いままでどこにあったのだろうと思った方もいるでしょう。しかし、クラスによる継承を使い、思いつく限りの設計の問題をすべて解決しようと決めてしまう前に、こんなことを考えてください。たとえば、FastFeet社が成長して、リカンベントマウンテンバイクが必要になったとき、どんなことが起こるでしょうか。

この新しい問題の解決法がはっきりとはわからないのも、無理はありません。リカンベントマウンテンバイクサブクラスをつくるためには、すでに存在する2つのサブクラスの性質を組み合わせる必要があります。これは、継承を単純に使ったのでは解決できない問題です。さらに悩ましいことに、この問題は単に継承を使うと失敗し得る問題の「1つ」にすぎません。

継承から恩恵を得るためには、継承可能なコードの書き方を学ぶだけでは不十分です。継承の使いどころも学ぶ必要があります。クラスによる継承というのはあくまでも解決法の1つでしかなく、クラスによる継承で解決できる問題には、必ずほかの解決法もあります。とはいえ、どの設計手法にもコストが伴います。ですから、アプリケーションの費用対効果を最大限に高めるためには、それぞれの解決法をよく検討し、納得したうえで取捨選択をせねばなりません。その際検討することは、得られるであろう利益と相対的なコストです。

本章では、継承の手法を使い「ロール（役割）」を共有する解決法について見ていきましょう。最初にRubyのモジュールを使って、共通のロールを定義する方法を例示します。その後は実践的なアドバイスに移り、真に継承可能なコードの書き方を説明します。

7.1 ロールを理解する

問題によっては、以前には関連のなかったオブジェクト同士に共通の振る舞いを持たせなければなりません。この共通の振る舞いはクラスと直交します。これが、オブジェクトが担う「ロール(役割)」です。アプリケーションに必要なロールは、設計時に明らかになるものが大半ですが、コードを書いてはじめてわかるものもあります。

もともと無関係だったオブジェクトが共通のロールを担うようになると、オブジェクトは互いに関係を持つようになります。この関係は、クラスによる継承によって生じるサブクラス／スーパークラスの関係ほど明白ではありません。しかし確かに存在する関係です。オブジェクトにロールを持たせると、オブジェクト間に依存関係が生じます。この依存関係により生じるリスクは、設計案を決定する際に検討する必要があるでしょう。

この節では、隠れたロール（役割）を明らかにし、その振る舞いをすべての担い手どうしで共有するためのコードを書いていきます。その際、共有のために発生する依存関係は最小になるようにしていきます。

ロールを見つける

「第5章　ダックタイピングでコストを削減する」で登場したPreparerダックタイプはロールです。Preparerのインターフェースを実装するオブジェクトがPreparerロールを担います。Mechanic、TripCoordinator、Driverは、それぞれprepare_tripを実装しています。そのため、ほかのオブジェクトはこれらのオブジェクトに対して、その根底にあるクラスを気にすることなくどれもPreparerとして関わることができます。

Preparerロールの存在が示唆するのは、対応するPreparableロールの存在です（実際、この2つはよく一緒に登場します）。第5章の例では、TripクラスがPreparableの振る舞いをしました。つまりPreparableのインターフェースを実装していたのです。Preparableのインターフェースには、Preparerが送るであろうbicycles、customers、vehicleメソッドのメッセージがすべて含まれます。ロールの担い手はTripだけなので、Preparableロールはそこまで明白ではありません。しかし、それでもPreparableロールの存在を認識するのは重要です。それについては「第9章　費用対効果の高いテストを設計する」で、テストと文書化をとおしてTripクラスからPreparableロールを明確に区別する方法を提案します。

複数のオブジェクトがPreparerロールを担うにもかかわらず、このロール自体は実に簡潔で、インターフェースのみによって定義されます。オブジェクトは独自のprepare_tripを実装しさえすればこのロールを担えます。Preparerのように振る舞うオブジェクトが共有するのは、このインターフェースだけです。共有するのはメソッドのシグネチャのみであり、そのほかのコードはまったく共有しません。

PreparerとPreparableは間違いなくダックタイプです。しかし一般的には、もっと複雑なロールに遭遇することのほうが格段に多いでしょう。特定のメッセージシグネチャだけではなく、特定の振る舞いも必要とするロールです。振る舞いを共有せねばならないとなると、今度は共有されるコードをどう管理するかという問題が出てきます。理想を言えば、このコードは1カ所に定義されているものの、「ダックタイプとして振る舞うことでロールを担いたい」と思っているどんなオブジェクトからも、利用できるようになっているべきでしょう。

多くのオブジェクト指向言語には、名前を付けてメソッドのグループを定義する方法が備わっています。この名前付きグループは、クラスとは独立し、どんなオブジェクトにでも混ぜ入れる（mix inする）ことができます。Rubyでは、この混ぜ入れられるものを「モジュール」と呼びます。メソッドはモジュール内に定義することができ、モジュールは任意のオブジェクトに追加することができます。このことから、モジュールは、さまざまなクラスのオブジェクトが、1カ所に定義されたコードを使って共通のロールを担うための完璧な方法だと言えるでしょう。

オブジェクトがモジュールをインクルードすると、モジュール内に定義されたメソッドにも自動的に委譲されるため、そのメソッドも利用できるようになります。まるでクラスによる継承で聞いた話だと思ったかもしれません。実際、少なくとも、モジュールをインクルードする側のオブジェクトから見ればまったくそのように見えるでしょう。まずメッセージが届きますが、それを理解することはできません。すると、自動的にどこかほかのところへ配送されます。正しいメソッドの実装がどういうわけか見つかり、実行され、そしてレスポンスが返ってくるのです。

コードをモジュール内に置き、モジュールをオブジェクトに追加するようになると、オブジェクトが応答できるメッセージの数は格段に増えます。こうなると、設計はいっそうと複雑さを増します。自身が直接実装するメソッドはわずかであっても、応答できるメッセージの合計数はかなり大きなものとなるはずです。オブジェクトが応答できるメッセージの集合には、次の4種類のメッセージが含まれます。

- 自身が実装するメッセージ
- 自身より上の階層の、すべてのオブジェクトで実装されるメッセージ

- 自身に追加される、すべてのモジュールで実装されるメッセージ
- 自身より上の階層のオブジェクトに追加される、すべてのモジュールで実装されるメッセージ

応答できるメッセージの集合が恐ろしいほど大きく、混乱してしまうのではと心配になったのであれば、問題を明確に把握していると言えます。深くネストされた階層構造の振る舞いを理解しようとすると、骨が折れますし、最悪の場合はまったく理解できずに終わります。

責任を管理する

さて、どんなことが起こり得るかを知って十分に憂鬱になったところで、管理できる例を見てみましょう。クラスによる継承でもそうであったように、ダックタイプをつくり、共有の振る舞いをモジュールに入れようと決める前に、まずは正しい方法を学ばなければなりません。幸いにも、「第6章　継承によって振る舞いを獲得する」でのクラスによる継承の例が、ここで役立ちます。第6章での手法の上に例を組み立てていくので、第6章よりはかなり短くなります。

問題として、旅行のスケジュールを立てることを考えてみましょう。旅行は、自転車（bicycle）、整備士（mechanic）、自動車（moter vehicle）の3つを伴い、時間軸のどこかで発生します。自転車・整備士・自動車は物理世界に実在するものです。これらは同時に2カ所には存在できません。FastFeet社が必要とするのは、これら3種類のオブジェクトすべてを管理する方法です。いつの時点でも、どのオブジェクトが利用可能でどのオブジェクトがすでに使われているかを特定できるようにしなければなりません。

まだスケジュールされていない自転車、整備士、自動車を旅行に加えられるかどうかは、その旅行の期間中に稼働がないかどうかを見るだけではわかりません。そんなに単純なことではないのです。実世界では、旅行と旅行の間に小休止を必要とします。その日に旅行が終わったからといって、翌日すぐに次の旅行をはじめるという具合にはいきません。自転車と自動車はメンテナンスを受けなければなりませんし、整備士は休みを取って、参加者に愛想を振りまいた疲れをとったり、たまった家事を終わらせたりする必要があります。

ここでの要件は次のとおりに定めます。旅行と旅行の間に必要な休息期間は、自転車が最低1日、自動車が最低3日間、整備士が4日間、です。

オブジェクトのスケジュールを決めるコードは、さまざまなかたちで書けます。また（本書ではこれまでもそうであったように）この例も、例外なく進化していきます。最初はどちらかというと不安になるようなコードからはじめ、徐々に満足のいく解決法へと進化させていくことで、よくあるアンチパターンを提示できれば幸いです。

Scheduleクラスが存在すると仮定します。Scheduleクラスのインターフェースには次の3つのメソッドがあるとしましょう。

```
scheduled?(target, starting, ending)
add(target, starting, ending)
remove(target, starting, ending)
```

上記のメソッドはそれぞれ、引数を3つずつ取ります。対象のオブジェクト（target）、旅行の開始日（starting）、終了日（ending）です。Scheduleの責任は、引数として渡されてきたtargetがすでにスケジュールされているかを確認することと、targetのスケジュールへの追加と削除を行うことです。これらの責任は、当然Schedule自体に属します。

メソッドに問題はありません。しかし、残念ながらこのコードにはほころびがあります。オブジェクトが任意の期間にスケジュールされているかがわかれば、確かにその知識だけで、すでに予定が決まっているオブジェクトを二重にスケジュールしてしまうことは防げるでしょう。しかし、任意の期間にオブジェクトがスケジュールされて「いない」とわかっても、期間内にそのオブジェクトをスケジュール「できる」かどうかを判断するための情報としては不十分です。オブジェクトをスケジュールできるかどうかを適切に判断するためには、何らかのオブジェクトが何らかの時点で、リードタイムを考慮する必要があるのです。

図7.1に示すのは、Scheduleが自身の責任として正確なリードタイムを把握している場合の実装です。schedulable?メソッドは、使われ得る値をすべて知っています。そして引数として渡されてきたtargetのクラスを確認し、どのリードタイムを使うかを決定します。

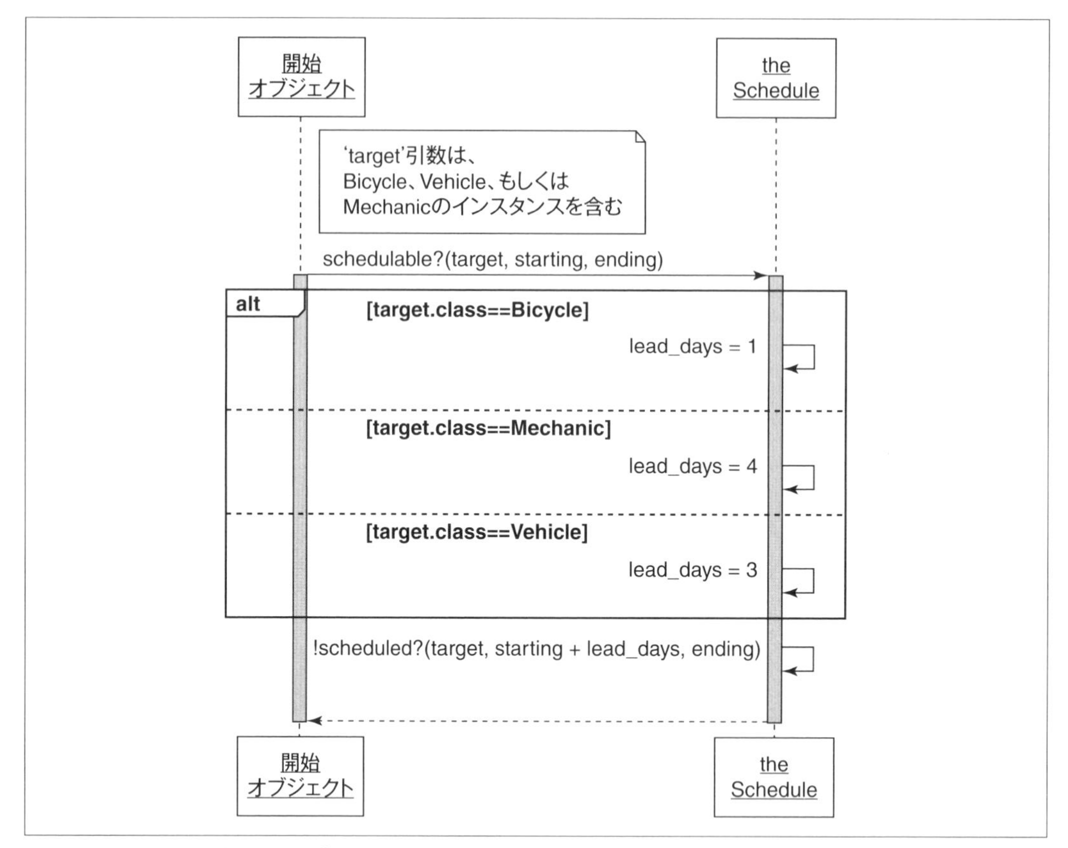

▲図7.1 Scheduleがほかのオブジェクトのリードタイムを把握している

いま見たパターンは、どの「メッセージ」を送ればよいかを知るためにクラスを確認するパターンです。ここではScheduleが、どの「値」を使えばよいかを知るためにクラスを確認しています。どちらにしても、Scheduleは知識を持ちすぎています。どのクラスにどの値を用いるかという知識はScheduleには属しません。属する先は、Scheduleが名前を確認しているクラスです。

この実装は、単純で明確な改善を強く求めています。どんな改善が必要かはコードのパターンからわかります。ほかのクラスの詳細を知るのではなく、Scheduleはほかのクラスにメッセージを送るべきなのです。

不必要な依存関係を取り除く

Scheduleはクラス名をいくつも確認したうえで、ある変数に代入する値を決定しています。このパターンから、その変数名はそのままメッセージに変えるべきだということがわかります。オブジェクトが渡されるたびにそのメッセージを送るべきでしょう。

◉Schedulableダックタイプを見つける

図7.2は新しいコードのシーケンス図です。クラス名の確認をschedulable?メソッドから取り除き、メソッドの代わりにlead_daysメッセージを送るようにしました。lead_daysメッセージは引数で渡されるtargetオブジェクトに送られます。この変更により、オブジェクトにクラス名を聞いていたif文がメッセージに取って代わられました。コードは簡潔になり、正しいリードタイムの日数を把握しておく責任は、答えを一番よく知っているであろうオブジェクトに移されました。責任を移す先としては最適でしょう。

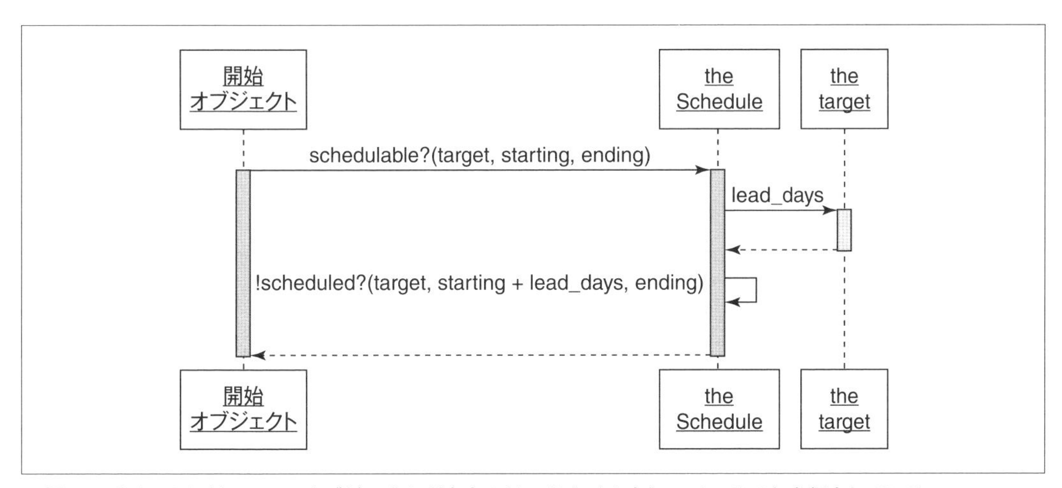

▲図7.2　Scheduleは、targetオブジェクトが自身のリードタイムを知っていることを想定している

図7.2を詳しく見てみると、何だか興味深いことに気付きます。注目すべきは、「the target」とラベルが付けられた箱の存在です。シーケンス図において箱はオブジェクトを表し、箱の名前は一般的にクラス名に基づいて付けられます。「the Schedule」や「a Bicycle」などがまさにその例です。図7.2ではScheduleはlead_daysメッセージを自身のtargetに送ろうとしています。しかしtargetは、いくつもあるクラスのどのインスタンスでもあり得ます。targetのクラスがわからないので、lead_daysメッセージの受け手の箱をどのように名付ければよいのか、はっきりとはわかりません。

この図を一番かんたんに描く方法は、この問題を回避してしまうことです。箱にはそのまま変数の名前をつけ、lead_daysメッセージはそのままこの「target」に送ることにします。targetのクラスを厳密に決めることはしません。Scheduleがtargetのクラスを気にするのではなく、単に特定のメッセージに応答することを期待しているのは明白です。この、メッセージに基づく期待はクラスの境界を超越し、ロールを明らかにします。すべてのtargetが担うロールが明らかになり、シーケンス図によってそれが明確に可視化されています。

Scheduleがtargetに期待することは、lead_daysを理解するもの、すなわち、「schedulable（スケジュール可能）」なもののように振る舞うことです。さて、もうダックタイプを見つけることができたのではないでしょうか。

この新たに見つけたダックタイプは、現時点で第5章のPreparerダックタイプと形式上それほど変わりません。インターフェースのみで構成されています。Schedulableなものはlead_daysを実装する必要はありますが、いまのところはほかのコードを共有する必要はないでしょう。

◉オブジェクト自身に自身を語らせる

この新たに発見したダックタイプを使うことで、Scheduleの特定のクラス名への依存が除去され、コードが改善されます。そして、アプリケーションはより柔軟になり、メンテナンス性も向上します。しかし、図7.2にはまだ不必要な依存が残っています。不必要な依存は取り除かねばなりません。

最もかんたんにその依存を明らかにするために、極端な例を用いましょう。文字列を管理するための汎用的なメソッドを実装する、StringUtilsクラスがあると仮定してください。StringUtilsに、ある文字列が空かどうかを聞くためにはStringUtils.empty?(some_string)とメッセージを送ります。

オブジェクト指向のコードをたくさん書いてきた人であれば、実に馬鹿げた話だと思うでしょう。実際、文字列を管理するために独立したクラスを使うことは明らかに冗長なことです。文字列はそれぞれがオブジェクトであり、それぞれが自身で振る舞いを持ち、自身の管理は自身で行います。文字列以外のオブジェクトにとっては、文字列の振る舞いを引き出すために第三者（StringUtils）の知識が必須になると不必要な依存が追加されることになるので、コードは複雑になります。

この極端な例には、一般的な規則が表れています。それは、オブジェクトは自身を管理すべき、ということです。つまり、自身の振る舞いは自身で持つべきなのです。オブジェクトBに関心があるときに、オブジェクトBを知りたいがためにオブジェクトAの知識が求められるというようなことがあってはなりません。この場合、Aの知識を使わずともBについて知れるべきです。

図7.2のシーケンス図はこの規則を破っています。開始オブジェクトは、targetオブジェクトがスケジュール可能かを確かめようとしていますが、残念なことに、質問はtarget自身に聞いていません。代わりに、第三者であるScheduleに聞いています。Scheduleにターゲットがスケ

ジュール可能かどうかを聞くのは、StringUtilsに文字列が空かどうか聞くのと同じことです。実際のところ、本当に関心があるのはそのターゲットだけであるにも関わらず、開始オブジェクトにはScheduleの知識が強制され、依存が生じています。

文字列がempty?に応答し、 自身について語れるのとまったく同じように、targetはschedulable?に応答するべきです。このschedulable?メソッドはSchedulableロールのインターフェースに追加されるべきでしょう。

具体的なコードを書く

現状では、Schedulableロールのインターフェースは1つだけです。schedulable?メソッドをこのロールに追加するためには、いくらかコードを書く必要がありますが、そのコードがどこに属するべきかは少し考えただけではわかりません。決めなければならないことは次の2つです。コードが何をするべきかと、コードをどこに置くべきか、です。

問題をかんたんにするために、決めなければならないことを1つ1つ考えましょう。まず任意の具象クラス（たとえばBicycle）を1つ選び、schedulable?メソッドを直接そのクラスに実装します。Bicycleで動作するschedulable?を書いてしまったら、次はリファクタリングをして、どのSchedulableでも振る舞いを共有できるようなコードの構成にしていきます。

図7.3のシーケンス図は、コードをBicycleに追加したものです。Bicycleはこれで自身の「スケジュール可能性（schedulability）」について応答できるようになりました。

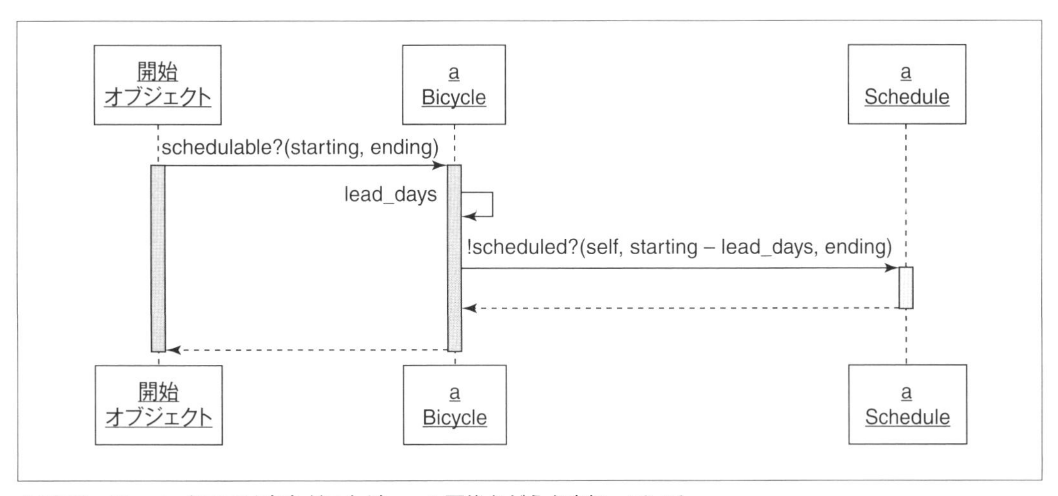

▲図7.3　Bicycleクラスは自身がスケジュール可能かどうかを知っている

変更以前では、開始オブジェクトはScheduleについて知っている必要があり、それゆえScheduleに依存していました。変更後、自転車オブジェクトは自身について語れるようになり、開始するオブジェクトは第三者の力を借りなくとも自由に自転車オブジェクトと関われるようになりました。

このシーケンス図をコードに反映するのはかんたんです。以下にとてもシンプルなScheduleを記載します。明らかに「プロダクションでも使える」実装ではありませんが、例で使っていくにはプロダクションコードの代用として十分でしょう。

```
 1 class Schedule
 2   def scheduled?(schedulable, start_date, end_date)
 3     puts "This #{schedulable.class} " +
 4          "is not scheduled¥n" +
 5          "  between #{start_date} and #{end_date}"
 6     false
 7   end
 8 end
```

次に、Bicycleでのschedulable?の実装を示します。スケジュールに必要なリードタイムは、Bicycleが自身で持っています（23行目で定義され、13行目にて参照されています）。そして、scheduled?をSchedule本体へと委譲しています。

```
 1 class Bicycle
 2   attr_reader :schedule, :size, :chain, :tire_size
 3
 4   # Scheduleを注入し、初期値を設定する
 5   def initialize(args={})
 6     @schedule = args[:schedule] || Schedule.new
 7     # ...
 8   end
 9
10   # 与えられた期間(現在はBicycleに固有)の間、
11   # bicycleが利用可能であればtrueを返す
12   def schedulable?(start_date, end_date)
13     !scheduled?(start_date - lead_days, end_date)
14   end
15
16   # scheduleの答えを返す
```

```
17    def scheduled?(start_date, end_date)
18      schedule.scheduled?(self, start_date, end_date)
19    end
20
21    # bicycleがスケジュール可能となるまでの
22    # 準備日数を返す
23    def lead_days
24      1
25    end
26
27    # ...
28  end
29
30  require 'date'
31  starting = Date.parse("2015/09/04")
32  ending   = Date.parse("2015/09/10")
33
34  b = Bicycle.new
35  b.schedulable?(starting, ending)
36  # This Bicycle is not scheduled
37  #   between 2015-09-03 and 2015-09-10
38  #  => true
```

コードを実行するとBicycleが開始時刻を正しく調整し、自転車に固有の準備日数を含めたことが確かめられます（30〜35行目）。

このコードはScheduleが何者であるかと、何をするのかをBicycle内に隠しています。Bicycleを持つオブジェクトは、もうScheduleの存在や振る舞いを知っておく必要がありません。

抽象を抽出する

上記のコードは、いま取り組んでいる問題の半分を解決します。schedulable?メソッドが何をするべきかは決まりました。しかし、「スケジュール可能（schedulable）」なオブジェクトはBicycleだけではありませんでした。MechanicとVehicleもまた、このロールを担うので、この振る舞いを必要とします。ですから今度は、コードを再構成し、クラスが異なっても振る舞いを共有できるようにしていきましょう。

次のコードでは、新たにSchedulableモジュールを示します。モジュールには上記のBicycleクラスから抽象化したものが含まれます。schedulable?（8行目）とscheduled?メソッド（12行目）は、先ほどのBicycleの実装からそっくりコピーしたものです。

```
 1 module Schedulable
 2   attr_writer :schedule
 3 
 4   def schedule
 5     @schedule ||= ::Schedule.new
 6   end
 7 
 8   def schedulable?(start_date, end_date)
 9     !scheduled?(start_date - lead_days, end_date)
10   end
11 
12   def scheduled?(start_date, end_date)
13     schedule.scheduled?(self, start_date, end_date)
14   end
15 
16   # 必要に応じてインクルードする側で置き換える
17   def lead_days
18     0
19   end
20 
21 end
```

Bicycle内にあったときのコードとの違いは、2つあります。まず、scheduleメソッド（4行目）が追加された点です。このメソッドは全般的なScheduleインスタンスを返します。

図7.2では、開始するオブジェクトはScheduleに依存していました。これが意味するのは、アプリケーションのあちこちに、Scheduleの知識が必要な箇所が散らばってしまうということです。その次のイテレーション（図7.3）では、この依存をBicycleに移動したことで、この依存がアプリケーションに散らばる範囲は狭められました。そして今回、上記のコードでScheduleへの依存はBicycleから取り除かれ、Schedulableモジュールに移動されています。範囲が限定されたことで、依存性はより隔離されました。

2つ目の変更は、lead_daysメソッド（17行目）です。Bicycleの以前の実装では、自転車オブジェクトに固有の数字を返していました。モジュールの実装では、より一般的に使える初期値として0を返します。

アプリケーションに適した妥当な準備日数（lead days）の初期値が存在しなくとも、

Schedulableモジュールはlead_daysメソッドを実装しなければなりません。モジュールに適用される規則はクラスによる継承のときと同じです。たとえその実装が、単にエラーを起こし、モジュールを使う側でメソッドを実装しなければならないと伝えるだけのものであったとしても、モジュールがメッセージを送るならばその実装もしなければなりません。

このモジュールを、次のコードのようにもともとのBicycleクラスにインクルードすると、モジュールのメソッドがBicycleのレスポンスの集合に追加されます。このlead_daysメソッドはフックであり、テンプレートメソッドパターンにならったものです。Bicycleはこのフック（4行目）を上書きし、特化します。

コードを実行すると、Bicycleが直接このロールを実装していたときとまったく同じように振る舞うことがわかります。


```
 1 class Bicycle
 2   include Schedulable
 3
 4   def lead_days
 5     1
 6   end
 7
 8   # ...
 9 end
10
11 require 'date'
12 starting = Date.parse("2015/09/04")
13 ending   = Date.parse("2015/09/10")
14
15 b = Bicycle.new
16 b.schedulable?(starting, ending)
17 # This Bicycle is not scheduled
18 #    between 2015-09-03 and 2015-09-10
19 #  => true
20
```

メソッドをSchedulableモジュールに移動し、そのモジュールをインクルードしてlead_daysを上書きすることで、Bicycleは正しく振る舞い続けます。さらに言えば、このモジュールをつくったことにより、ほかのオブジェクトはこのモジュールを利用して、自身をSchedulableにできるのです。ほかのオブジェクトはコードを複製することなくロールを担えます。

メッセージのパターンも変わりました。schedulable?をBicycleに送っていたものが、Schedulableに送るようになりました。ダックタイプに手を加えたことにより、図7.3で示されていたシーケンス図は図7.4で示されるようなものに変えることができます。

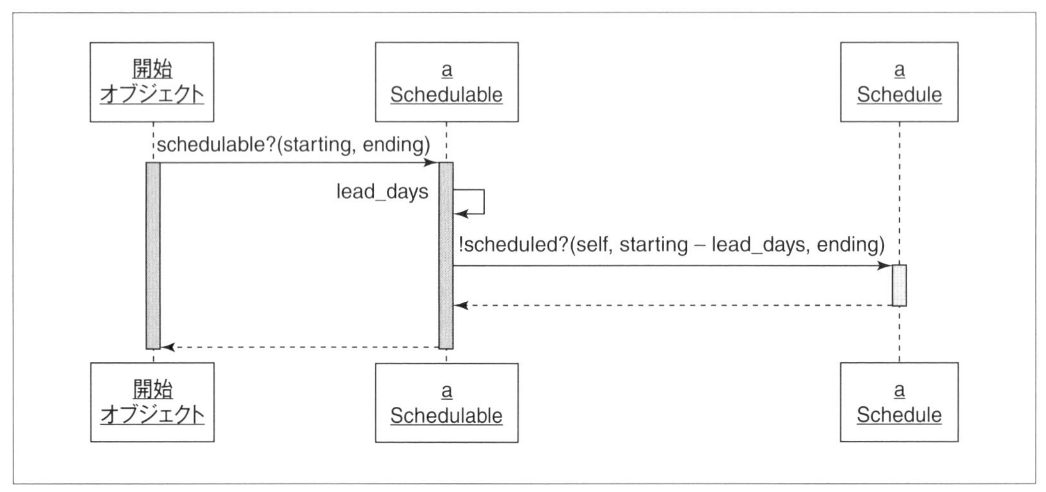

▲図7.4　schedulable（スケジュール可能）ダックタイプ

このモジュールをスケジュールされ得るすべてのオブジェクトにインクルードしたあとでは、コードのパターンはいっそう継承らしくなります。次のコードでは、VehicleとMechanicがSchedulableモジュールをインクルードし、schedulable?メッセージに応答しています。

```
1  class Vehicle
2    include Schedulable
3
4    def lead_days
5      3
6    end
7
8    # ...
9  end
10
11 class Mechanic
12   include Schedulable
13
```

```
14    def lead_days
15      4
16    end
17
18    # ...
19  end
20
21  v = Vehicle.new
22  v.schedulable?(starting, ending)
23  # This Vehicle is not scheduled
24  #   between 2015-09-01 and 2015-09-10
25  #  => true
26
27  m = Mechanic.new
28  m.schedulable?(starting, ending)
29  # This Mechanic is not scheduled
30  #   between 2015-02-29 and 2015-09-10
31  #  => true
```

Schedulableのコードは抽象です。そして、それが提供するアルゴリズムの特化をオブジェクトに促すために、テンプレートメソッドパターンを使っています。これらのSchedulableは、lead_daysを上書きすることでlead_daysを特化し、自身に適した準備日数を用意します。schedulable?がどのSchedulableに届いても、メッセージは自動的にモジュール内に定義されたメソッドに委譲されます。

これはクラスによる継承の厳密な定義からは外れますが、コードの書き方とメッセージの解決のされ方においては、確かにクラスによる継承のように振る舞います。コーディングの手法が同じなのは、メソッドの探索がまったく同じ道筋で行われるからです。

この章では、ここまで、クラスによる継承と、モジュールによるコード共有の違いに注意を払いながら話を進めてきました。この「である（is-a）」と「のように振る舞う（behaves-like-a）」の違いは、間違いなく重要です。どちらを選ぶかで、それぞれ及ぼす影響が異なります。しかし、この2つを実装するためのコーディング手法には、多分に類似点があります。この類似点が存在する背景には、どちらも自動的なメッセージの委譲に頼っていることがあります。

メソッド探索の仕組み

クラスによる継承とモジュールのインクルードの類似点を円滑に理解するためには、前もって理解しておくとよいことがあります。ここでは、一般的なオブジェクト指向言語、そして、特にRubyが、どのようにメッセージに合致するメソッドを見つけるかを説明します。

◉ざっくりとした説明

オブジェクトがメッセージを受け取ると、オブジェクト指向言語はまずオブジェクトの「クラス」を見にいき、合致するメソッドを探します。これはまったく理にかなっています。そうでなければ、メソッドの定義は、あらゆるクラスのあらゆるインスタンスに複製されていなければなりません。オブジェクトの把握するメソッドがオブジェクト自身のクラスに置いてあるということは、クラスのインスタンスはすべてが同じメソッドの集合を共有できるということです。1カ所に存在すべき定義を1カ所に存在させることができます。

本書では、これまであまり明確に使い分けをしてこなかったことがあります。いま話題にしているオブジェクトがクラスのインスタンスなのか、それともクラス自身なのかということです。コンテキストから意図が明確になると期待していたのと、クラス自身もそれ自体がオブジェクトであるという概念に慣れてもらえるのではないかと期待してのことでした。メソッド探索がどのように動作するのかを説明するためには、もう少し正確に区別しなければなりません。

上で述べたように、メソッドの探索はメッセージを受け取ったオブジェクトのクラスからはじまります。このクラスがそのメッセージを実装していなければ、探索はそのクラスのスーパークラスへと移ります。ここからあとはスーパークラスしか登場しません。探索はスーパークラスのチェーンを上へ上へとさかのぼっていきます。スーパークラスのスーパークラスという具合に見ていき、この過程は最終的に階層の頂点にたどり着くまで続きます。

図7.5は、第6章で作成した`Bicycle`の階層構造と`spares`メソッドを用いた例です。一般的なオブジェクト指向言語において、`spares`メソッドがどのように`Bicycle`の階層構造を探索されていくかを示しています。ここでの議論を円滑にするために、階層構造の頂点には`Object`クラスが鎮座しています。一点注意してほしいのですが、Rubyにおける実際のメソッド探索はもっと込み入ったものです。しかし最初の説明としては、このようなモデルにとどめておきましょう。

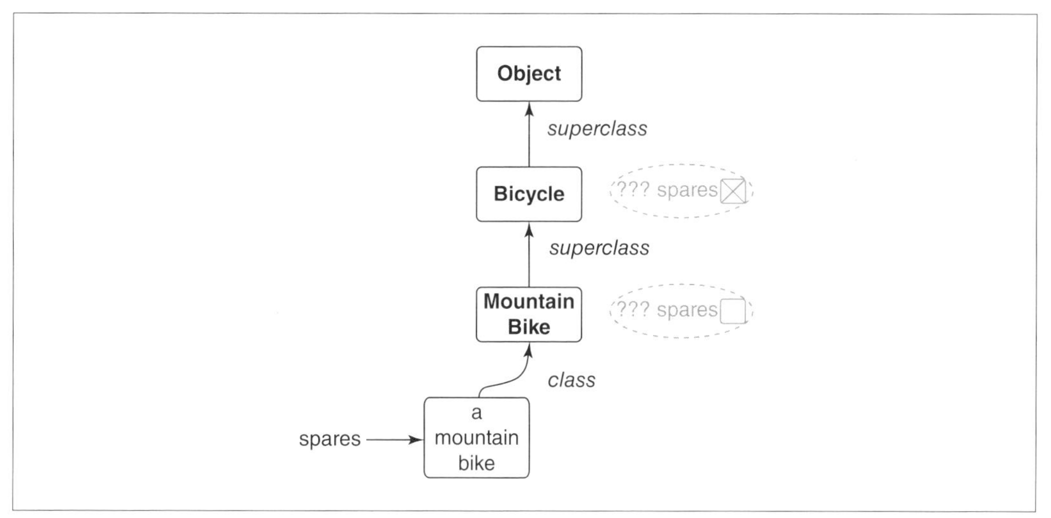

▲図7.5　一般化したメソッド探索

図7.5では、sparesメッセージがMountainBikeのインスタンスに送られています。一般的に、オブジェクト指向言語では最初にMountainBikeクラス内のsparesメソッドを探しにいきます。MountainBikeクラスでメソッドが見つけられないと、探索はMountainBikeのスーパークラスへと移ります。ここではBicycleです。

Bicycleはsparesを実装しているので、探索はここで止まります。しかし、どのスーパークラスにも実装が存在しない場合はどうなるのでしょうか。その場合、探索は階層構造の頂点へとスーパークラスを1つ1つさかのぼっていき、最終的にObjectクラスを探索します。そこでもメソッドが見つからなかった場合、つまり適切なメソッドを見つける試みがすべて失敗に終わった場合は、そこで探索が終わると思うかもしれません。しかし多くの言語には、メッセージを解決するための第二の方法が備わっています。

Rubyは、最初にメッセージを受けたオブジェクトに新しいメッセージ(method_missing)を送ることで、2回目のチャンスを与えます。method_missingには同時に引数が渡されます。ここでは:sparesです。今度は、この新しいメッセージを解決するための探索が行われます。まったく同じ道筋をたどって探索が行われますが、今度の探索の対象はsparesではなくmethod_missingです。

◉より正確な説明

前の節では、クラスによる継承においてどのようにメソッド探索が行われるかを説明しただけでした。この節では、その話を延長し、Rubyのモジュールに定義されたメソッドが探索される仕組みを説明することにしましょう。図7.6は、メソッド探索のパスにSchedulableモジュールを追加したものです。

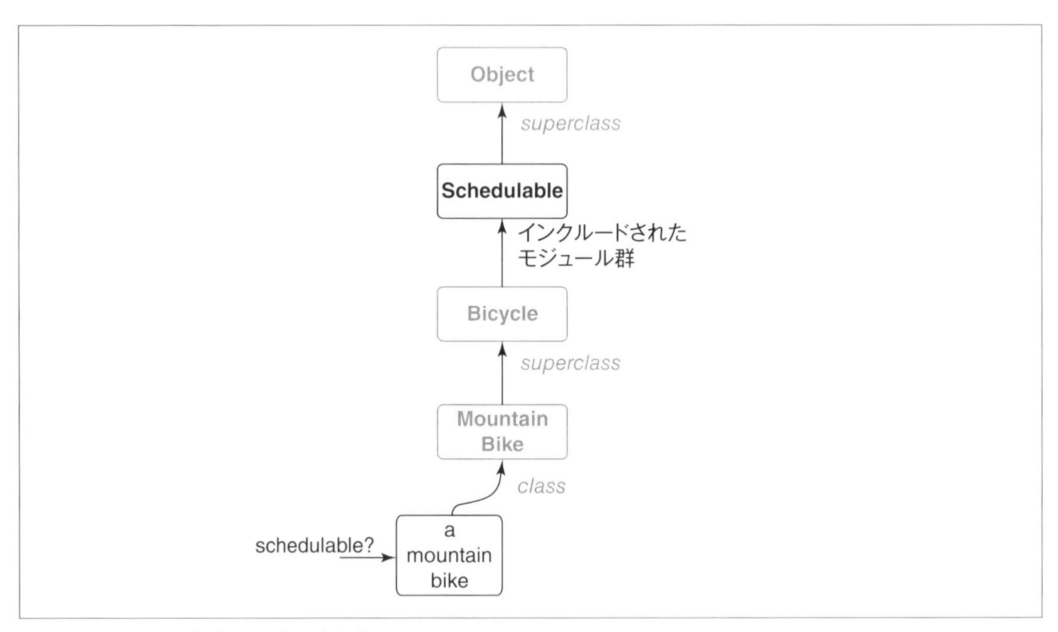

▲図7.6　メソッド探索のより正確な説明

図7.6のオブジェクト階層構造は、図7.5のオブジェクト階層構造と大して変わりません。違っているのは、図7.6にはBicycleとObjectクラスの間にSchedulableモジュールがあることくらいです。

BicycleがSchedulableをインクルードすると、モジュール内に定義されたメソッドはすべて、Bicycleが応答できるメッセージの集合に含まれるようになります。モジュールに定義されたメソッドは、メソッド探索パス上ではBicycleに定義されたメソッドの上に直接追加されます。SchedulableモジュールをインクルードしてもBicycleのスーパークラスに変わりはありません（依然としてObjectです)。しかしメソッド探索の話に限れば、変わったとも言えるでしょう。いまや、MountainBikeのインスタンスが受け取るメッセージは、どれもがSchedulableモジュールに定義されたメソッドによって解決されてもおかしくありません。

これが及ぼす影響は小さくありません。BicycleがSchedulableにも実装してあるメソッドを実装すると、Bicycleの実装はSchedulableの実装を上書きします。自身で実装していないメソッドをSchedulableが呼び出すと、MountainBikeのインスタンスから見ると混乱を招くようなエラーが生じます。

図7.6はMountainBikeのインスタンスにschedulable?メッセージが送られている様子を示しています。このメッセージを解決するために、RubyはまずMountainBikeクラスに合致するメソッドを探しに行きます。探索はその後、スーパークラスだけでなくモジュールも含まれたメソッド探索パスに沿って行われます。schedulable?の実装は、最終的にBicycleとObjectの間に位置するSchedulableで見つかります。

◉ほぼ完全な説明

モジュールがどのようにメソッド探索パスに追加されるかは、ここまで見てきたとおりです。ここでは、さらに詳細な方法も考慮しましょう。

一般にはもっと複雑な階層構造も存在します。たとえば、スーパークラスがいくつも繋がれ、しかもそれぞれにモジュールがいくつもインクルードされているというような階層構造です。1つのクラスに複数のモジュールをインクルードする場合、メソッド探索パスはどうなるのでしょうか。複数のモジュールを1つのクラスにインクルードすると、モジュールはインクルードされたときとは逆順でメソッド探索パスに配置されます。したがって、最後にインクルードされたモジュールのメソッドは、探索パスの先頭に来ます。

ここまでは、Rubyのincludeキーワードを使ってモジュールを「クラス」にインクルードしてきました。これまでに見てきたように、モジュールをクラスにインクルードすると、クラスのインスタンスはどれもがそのモジュールに定義されたメソッドに応答できるようになります。たとえば、図7.6ではSchedulableモジュールがBicycleクラスにインクルードされており、その結果、MountainBikeがSchedulableモジュールに定義されたメソッドにアクセスできるようになっています。

しかし、Rubyのextendキーワードを使うと、オブジェクト1つだけにモジュールのメソッドを追加することもできます。extendはモジュールの振る舞いをオブジェクトに直接追加するので、クラスをモジュールで拡張（extend）すると「そのクラスに」クラスメソッドが追加され、クラスのインスタンスをextendすると「そのインスタンスに」インスタンスメソッドが追加されます。このようになるのは、結局クラスも単なるオブジェクトにすぎないからです。extendの振る舞いはすべてのオブジェクトで共通しています。

また、どのオブジェクトも個人の「特異クラス」を持つので、そこにアドホックにメソッドを追加することもできます。このアドホックなメソッドは、追加したオブジェクト特有のメソッドとなります。

これらの選択肢はどれもオブジェクトが応答できるメッセージの集合を大きくするものです。どこかわからない場所にメソッドが追加されるのではありません。メソッド探索パス上の特定の位置に明確に追加されます。図7.7に、可能性をすべて考慮したメソッド探索パスを示します。

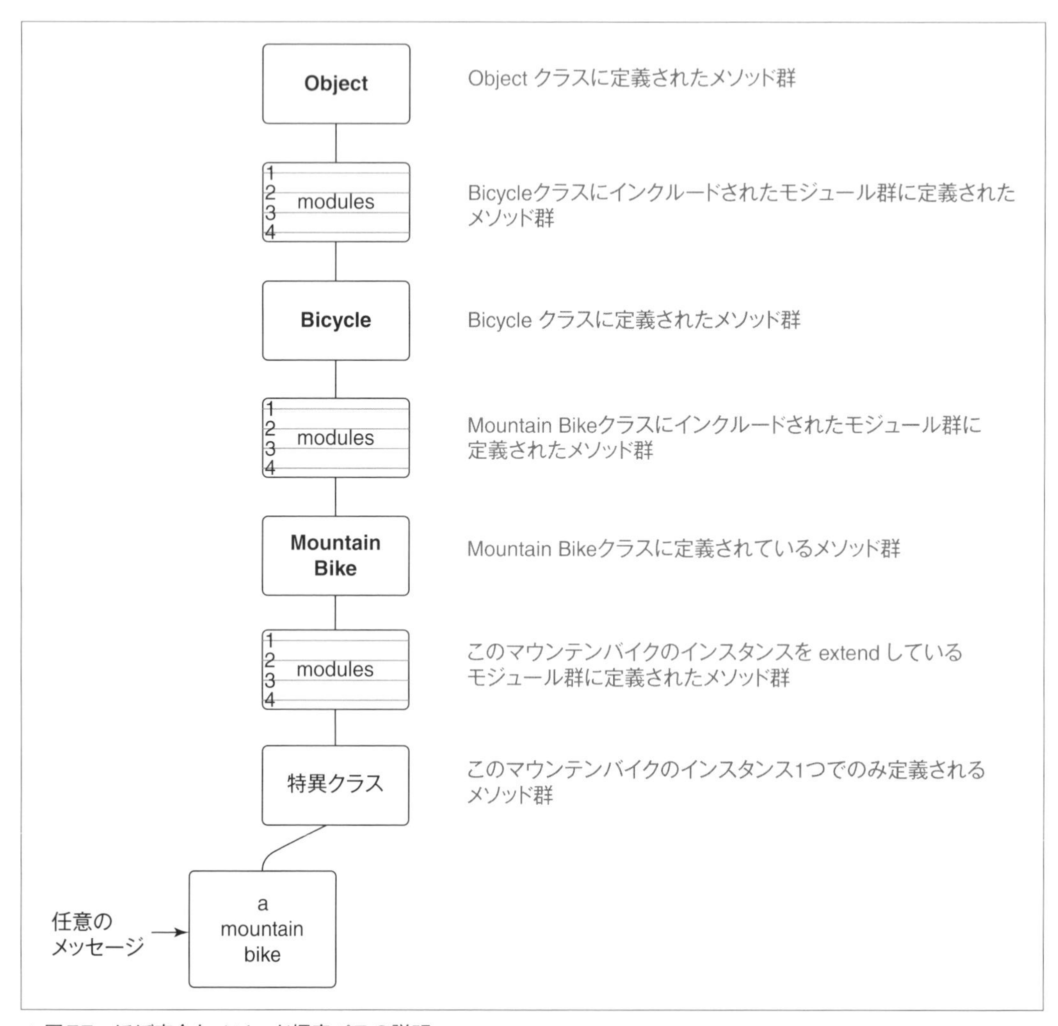

▲図7.7　ほぼ完全なメソッド探索パスの説明

話を続ける前に、1つ注意をしておきましょう。図7.7はほとんどの場合において、設計時の判断を下す際の参考にできます。しかし、常にではありません。たいていのアプリケーションコードでは、階層構造の頂点には`Object`クラスがあると想定して問題ありませんが、Rubyのバージョンによって変わります。階層構造の頂点にObjectクラスがあるかが問題になるようなコードを書く場合は、使っているRubyのバージョンの階層構造がどうなっているかを確認しましょう。

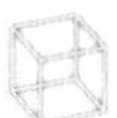

ロールの振る舞いを継承する

ここまでに、ロールが共有するコードをモジュールに定義する方法と、モジュールをメソッド探索パスに挿入する方法を見てきました。これらを下手に使えば、本当に酷いコードを書けてしまいます。やるかどうかは別として、モジュールにモジュールをインクルードするコードを書いたり、モジュールに定義されたメソッドを上書きするモジュールをつくったりすることもできます。クラスによる継承を深くネストした階層構造をつくり、さらに、いま挙げたようなさまざまなモジュールを階層構造のあちこちにインクルードすることだってできるのです。

理解もデバックも拡張もまったくできないコードを書けてしまいます。

強力であるがゆえに、慣れないうちは危険が伴う手法です。しかし、この強力な力をうまく使えば、関連するオブジェクトを簡潔なうえに、アプリケーションのニーズをあざやかに満たす構造にできます。ですから、やるべきことはこの手法の放棄ではありません。適切な使い方を学ぶことです。適切な理由、適切な箇所、適切な方法で使うことを学びましょう。

使い方を学ぶための最初の一歩は、継承可能なコードを的確に書くことからはじまります。

7.2 継承可能なコードを書く

継承の階層構造とモジュールの利用性とメンテナンス性は、そのままコードの質となります。継承された振る舞いを共有するという設計の戦略には、ほかの手法にはない特有の難しさが求められます。その難しさを見ていくことにしましょう。

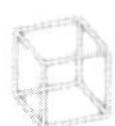

アンチパターン

ここではアンチパターンを2つ紹介します。このアンチパターンを目にしたときは、継承を使ってコードを改善できないかを疑ってみましょう。

1つ目は、オブジェクトがtypeやcategoryという変数名を使い、どんなメッセージをselfに送るかを決めているパターンです。この場合、オブジェクトには関連度は高いものの、わずかに型の異なるオブジェクトが含まれています。このメンテナンスはまるで悪夢のようです。新たな型を追加するたびに、コードも変更しなければなりません。このようなコードは、クラスによる継承を使うように再構成できます。共通のコードは抽象スーパークラスにおき、サブクラスを使って異なる型をつくります。このような構成にすると、サブクラスを追加することで新たなサブタイプ（派生型）をつくれます。これらのサブクラスが、既存のコードを変えずに階層構造を拡張してくれます。

2つ目は、メッセージを受け取るオブジェクトのクラスを確認してから、どのメッセージを送るかをオブジェクトが決めているパターンです。これは、ダックタイプを見落としてしまっています。このメンテナンスも悪夢のようです。受け取る側のオブジェクトを増やすたびに、毎回コードを変更せねばなりません。この場合、受け手になり得るオブジェクトは、どれも共通のロールを担っています。このロールはダックタイプとしてコードに落とし込まれるべきでしょうし、受け手のオブジェクトはダックタイプのインターフェースを実装するべきです。そうすれば、受け手のオブジェクトが複数あったとしても、送り手のオブジェクトとしてはどのオブジェクトに対しても1つのメッセージを送るだけで済みます。どれも同じロールを担っているので、共通のメッセージを理解するだろうと確信してメッセージを送れます。

インターフェースだけでなく、ダックタイプは振る舞いまで共有することもあります。その場合、共通のコードはモジュールに置き、そのモジュールをそれぞれのクラスやオブジェクトにインクルードすることでロールを担わせましょう。

抽象に固執する

抽象スーパークラス内のコードを使わないサブクラスがあってはなりません。すべてのサブクラスでは使わないけれど一部のサブクラスでは使うというようなコードは、スーパークラスに置くべきではないのです。この制約は、モジュールでも同様です。モジュールのコードを一部だけ使うようなオブジェクトがあってはなりません。

抽象化に失敗すると、抽象クラスを継承するオブジェクトに間違った振る舞いが含まれる原因になります。この間違った振る舞いを避けようと試行錯誤をしているうちに、コードは崩壊していきます。おかしな振る舞いをするオブジェクトを扱うとき、プログラマーはオブジェクトの癖を知らなければなりません。このような知識への依存はできればなくしたいものです。

サブクラスでメソッドをオーバーライドして「実装していない（does not implement）」というような例外を投げる実装があれば、この問題が起きていると言えます。その場しのぎの実装で十分間に合うこともあるのも事実です。また、そのようにコードを構成することが最も費用対効果に優れた方法である場合も確かにあるでしょう。しかし、やるとしても自ら進んでやるべきではありません。サブクラスがメソッドをオーバーライドして、このサブクラスでは「そんなことはやらない」と宣言するのは、自ら「そのサブクラスではない」と宣言しているようなものです。何も良い結果は生まれません。

抽象を正しく1つに絞り込めなかったり、抽象化できる共通のコードが存在しなかったりするときは、継承を使っても設計の問題は解決できないでしょう。

契約を守る

サブクラスは「契約」に同意します。スーパークラスと置換できることを約束するのです。置換できる場合は限られています。オブジェクトが期待どおりに振る舞うときで、かつ、サブクラスがスーパークラスのインターフェースに一致するように「期待される」ときのみです。サブクラスはスーパークラスのインターフェースに含まれるどのメッセージが来ても応えられるべきであり、同じ種類の入力を取り、同じ種類の出力を行わなければなりません。ほかのオブジェクトに自身の型を識別させ、自身の扱いや何が期待できるのかを決めさせることは、どんなことであっても許されないのです。

受け付ける引数と戻り値にスーパークラスが制約を設けている場合、サブクラスで多少独自のことをしても契約は守られます。すべてがスーパークラスと置換可能であり続けたままで、より制約の緩いパラメーターを受け取り、より制約のきつい戻り値を返すというようなこともできるでしょう。

契約を守っていないサブクラスはかんたんには使えません。それらは「特別」なので、スーパークラスと単純には置き換えられません。これは、スーパークラスの型かどうかは疑わしいと、自ら宣言しているようなものです。当然、こうなると階層構造全体が正しいのかどうかも疑わしくなります。

Column

リスコフの置換原則（LSP）

契約を守ると、おのずとリスコフの置換原則に従っていることになります。リスコフとは、原則の提唱者Barbara Liskovを指します。設計原則集であるSOLIDの「L」にあたるものです。

原則は次のように表せます。

型がTであるオブジェクトxについて証明できる属性を$q(x)$と表す。このとき、型がSであるオブジェクトyについて$q(y)$が真となる。

ただし、型Sは型Tの派生型であるとする。

数学者は容易に上記の文を解釈できますが、そうでなければ「システムが正常であるためには、派生型は、上位型と置換可能でなければならない」と言っていると理解すればよいでしょう。

この原則に従うことで、スーパークラスが使えるところではサブクラスが使えるアプリケーションをつくれます。また、モジュールをインクルードするオブジェクト同士であれば、互いに入れ替えてもモジュールのロールを担えると信頼できます。

テンプレートメソッドパターンを使う

継承可能なコードを書くための最も基本的なコーディングの手法は、テンプレートメソッドパターンを使うことです。テンプレートメソッドパターンを使うと、抽象を具象から分けることができます。抽象コードでアルゴリズムを定義し、抽象を継承する具象では、テンプレート化されたメソッドをオーバーライドすることで特化を行います。

テンプレートメソッドは、アルゴリズムのうち変化する場所を表します。したがって、テンプレートメソッドを使うことで、何が変化するもので何が変化しないものなのかを明確に決めざるを得なくなるのです。

前もって疎結合にする

継承する側でsuperを呼び出すようなコードを書くのは避けましょう。代わりにフックメッセージを使います。そうすれば、抽象クラスのアルゴリズムを知っておく責任からは解放されながらも、アルゴリズムに加わることはできます。継承は、その仕組みからして、構造とコードの構成に強力な依存を持ち込みます。サブクラスがsuperを送らなければならないようなコードを書くと、さらに依存が追加されます。ですから、できれば避けましょう。

フックメソッドは、superを送る問題は解決しますが、残念ながら、階層構造の階層が隣接していなければ役に立ちません。たとえば第6章では、MountainBikeがオーバーライドすることで、特化を行うフックメソッドである、local_sparesをBicycleが送っていました。このフックメソッドは見事に目的を果たしますが、階層構造に新たな階層を追加するとまた同じ問題が生じます。MountainBikeの下にMonsterMountainBikeサブクラスをつくるような場合です。自身と親のスペアパーツを組み合わせるためには、local_sparesをオーバーライドし、その中でsuperを呼び出さねばなりません。

階層構造は浅くする

フックメソッドが使えなくなるという理由のほかにも、階層構造を浅く保つべき理由はたくさんあります。

階層構造はどれも深さと幅を持つピラミッドのように考えることができます。オブジェクトの深さは、オブジェクトから頂点までの間にあるスーパークラスの数です。幅は直下のサブクラスの数で決まります。階層構造のかたちは、全体の幅と深さで決まり、このかたちによって使いやすさ・メンテナンス性・拡張性が決まるのです。図7.8に、考えられるかたちをいくつか示しましょう。

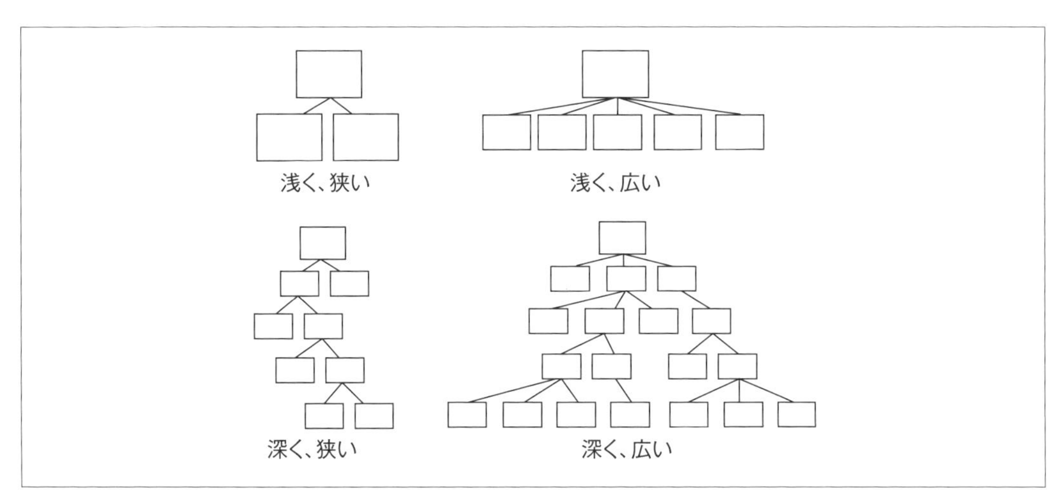

▲図7.8　階層構造はさまざまなかたちをとる

浅く狭い階層構造はかんたんに理解できます。浅く広い階層構造はそれよりは若干複雑です。深く狭い階層構造はもう少し難しくなり、残念ながら幅も自然と広くなりがちです。これはひとえに階層構造の深さがもたらす副作用と言えます。深く広くなると、階層構造の理解は困難になります。メンテナンスにもコストがかかるので、避けなければなりません。

深い階層構造が抱える問題は、メッセージを解決するための探索パスがとても長くなることです。探索パス上にオブジェクトが多いとメッセージが通過するオブジェクトも増えます。すると、振る舞いが追加される機会も格段に増えます。オブジェクトは自身より上に位置するオブジェクト「すべて」に依存するので、階層構造が深ければ、その分だけ大量の依存をはじめから持つことになります。しかも、依存先のオブジェクトはそれぞれいつか変わる可能性があることでしょう。

階層構造が深いことによって起こる問題はそれだけではありません。階層構造が深いとプログラマーはその頂点と底辺のクラスばかりを理解しがちです。つまり、理解しているのは探索パス上の境界にある振る舞いだけ、ということがよく起こります。中間層のクラスは軽くあしらわれます。何となくしか理解されていない中間層のクラスへの変更では、当然エラーが起きやすくなります。

7.3 まとめ

オブジェクトが共通のロールを担うためには、振る舞いを共有する必要があり、そのためにはRubyのモジュールが役立ちます。モジュールに定義されたコードは、どんなオブジェクトにも追加できます。追加する先はクラスのインスタンスということもありますし、クラス自身、あるいはほかのモジュールということもあるでしょう。

クラスがモジュールをインクルードすると、モジュール内のメソッドはメソッド探索パスに追加されます。継承によって獲得するメソッドが追加される探索パスと同じものです。モジュールのメソッドと継承されたメソッドは同じ探索パス上に置かれるので、モジュールを使うときのコードの書き方は、継承を使うときのコードの書き方をそっくり写し取ったものになります。したがって、モジュールでもテンプレートメソッドパターンを使い、includeする側のオブジェクトが自然と特化を行うように仕向けるべきです。また、includeする側にsuperの送信（アルゴリズムを知ること）を強制することを避けるためにも、フックメソッドを実装しましょう。

オブジェクトがどこか別のところに定義された振る舞いを取り込むときは、その「どこか別のところ」がスーパークラスやインクルードしたモジュールであれ、暗黙の契約を守らなければなりません。この契約はリスコフの置換原則により定義されます。数学的な言い方をすれば「派生型は上位型と置換可能であるべき」です。Rubyらしく言い換えれば、「オブジェクトは自身が主張するとおりに振る舞うべき」、となるでしょう。

第8章

コンポジションでオブジェクトを組み合わせる

コンポジションとは、組み合わされた全体が、単なる部品の集合以上となるように、個別の部品を複雑な全体へと組み合わせる（コンポーズする）行為です。たとえば、音楽は、コンポーズされたものの一例です。

自身が書いたソフトウェアを、音楽のようだと思ったことはないかもしれません。しかし、たとえにはぴったりです。たとえば、ベートーヴェンの『交響曲第5番』注1の楽譜は、特徴的な音符の羅列です。しかし、一度聞けば、それは音符であるにもかかわらず、単なる音符の集まり以上のものだと十分にわかるでしょう。

ソフトウェアも同じ方法でつくることができます。オブジェクト指向のコンポジションを使うことによって、シンプルで独立したオブジェクトを、より大きく、より複雑な全体へと組み合わせるのです。コンポジションにおいては、より大きいオブジェクトとその部品が、「has-a」の関係によって繋げられます。自転車にはパーツ（parts）があります。包含するほうのオブジェクトが自転車であり、パーツは自転車に包含されます。コンポジションの定義と切り離せないのは、自転車はただパーツを持つだけでなく、インターフェースを介してパーツと情報交換をするということです。個々の部品（part）は「ロール（役割）」であり、自転車自体は、そのロールを果たすほかのどんなオブジェクトとも喜んで協力します。

注1：訳注 日本では一般に『運命』と呼ばれています。

この章では、オブジェクト指向コンポジションのテクニックについて説明します。まず例を1つ紹介し、その後、コンポジションと継承を比較し、それぞれの長所と短所について議論します。それから、どのように設計テクニックを選ぶかについて助言を述べて終わります。

8.1 自転車をパーツからコンポーズする

この節では、「第6章　継承によって振る舞いを獲得する」の、Bicycleの例が終わったところからはじめます。もしすでにそのコードが頭の中から消えてしまっているならば、6章の終わり(P175)に戻り、記憶を呼び戻すとよいでしょう。この節では、そこで用いた例を使い、リファクタリングをいくつか施しながら、次第に継承をコンポジションに置き換えていきます。

Bicycleクラスを更新する

Bicycleクラスは、現在、継承の階層構造における抽象スーパークラスです。これを、コンポジションを使うように変更したいとしましょう。最初のステップは、まずいまあるコードのことを忘れることです。そして、自転車はどのようにコンポーズされるべきか、考えてみましょう。

Bicycleクラスは、sparesメッセージに応える責任があります。このsparesメッセージはスペアパーツの一覧を返すべきです。自転車はパーツを持ちます。「自転車－パーツ」といった関係がコンポジションであることは、とても自然なことのように思えます。自転車のパーツをすべて持つオブジェクトをつくれば、スペアパーツに関するメッセージはその新しいオブジェクトに委譲できるでしょう。

この新しいクラスをPartsクラスと名付けるのは妥当です。Partsオブジェクトは、自転車のパーツ一覧を保持しておくこと、また、どのパーツがスペアを必要とするのかを知っておく責任を負えます。このオブジェクトは部品の集合（parts）を表すのであり、単一の部品（part）を表すのではないという点には注意してください。

図8.1のシーケンス図は、この概念を描いています。ここで、Bicycleは、sparesメッセージを自身の持つPartsオブジェクトに送っています。

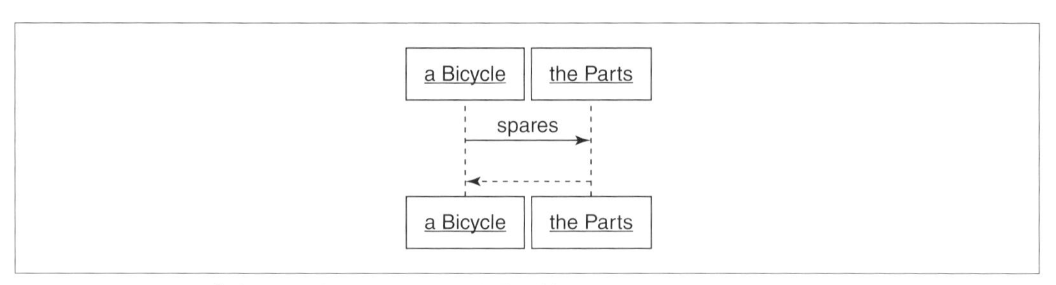

▲図8.1　BicycleオブジェクトがPartsにsparesを「聞く」

すべてのBicycleがPartsオブジェクトを必要とします。Bicycleであるということは、Partsを持つ（Bicycle have-a Partsである）ことを意味するのです。図8.2のクラス図は、この関係を表しています。

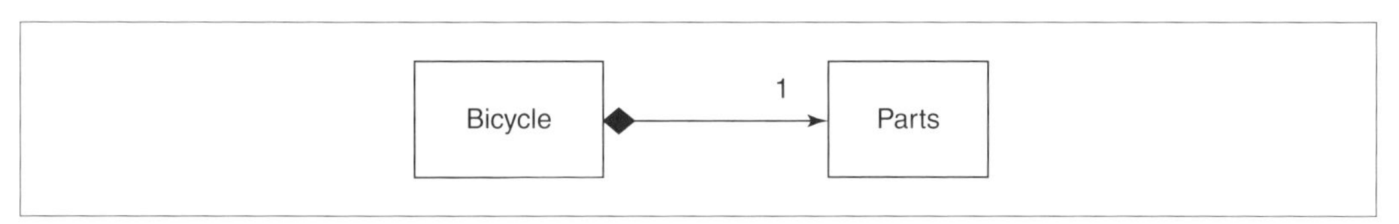

▲図8.2　BicycleはPartsを「has-a」の関係で持つ

この図では、BicycleとPartsクラスは線で繋がっています。Bicycleには、黒いひし形が付いています。この黒いひし形は、「コンポジション」を示し、BicycleがPartsからコンポーズされるものであることを意味します。線のParts側には、数字の「1」が振ってあります。これが意味するのは、Bicycle1つにつきPartsがただ1つある、ということです。

いまあるBicycleクラスをこの新しい設計に変換するのはかんたんです。コードをあらかた取り除いてしまい、Partsオブジェクトを保持するparts変数を追加します。そして、sparesをpartsに委譲します。新しいBicycleクラスは次のようになるでしょう。

```
1 class Bicycle
2   attr_reader :size, :parts
3
4   def initialize(args={})
5     @size       = args[:size]
6     @parts      = args[:parts]
7   end
8
9   def spares
```

```
10      parts.spares
11    end
12  end
```

Bicycleの責任は3つになりました。sizeを知っておくこと、自身のPartsを保持すること、そしてsparesに応えることです。

Parts階層構造をつくる

いまの例はかんたんでした。しかし、これは自転車に関係する振る舞いがBicycleクラスにもともとあまりなかったからにすぎません。Bicycleのコードの大部分は、パーツを取り扱っていました。いましがたBicycleから取り除いた振る舞いは、依然として必要なものです。このコードが再度動くようにするための一番単純な方法は、次のコードのように、単純にPartsの新しい階層構造に対象のコードを移動することです。

```
 1  class Parts
 2    attr_reader :chain, :tire_size
 3
 4    def initialize(args={})
 5      @chain      = args[:chain]     || default_chain
 6      @tire_size  = args[:tire_size] || default_tire_size
 7      post_initialize(args)
 8    end
 9
10    def spares
11      { tire_size: tire_size,
12        chain:     chain}.merge(local_spares)
13    end
14
15    def default_tire_size
16      raise NotImplementedError
17    end
18
19    # subclasses may override
20    def post_initialize(args)
21      nil
22    end
23
24    def local_spares
```

```
25     {}
26   end
27
28   def default_chain
29     '10-speed'
30   end
31 end
32
33 class RoadBikeParts < Parts
34   attr_reader :tape_color
35
36   def post_initialize(args)
37     @tape_color = args[:tape_color]
38   end
39
40   def local_spares
41     {tape_color: tape_color}
42   end
43
44   def default_tire_size
45     '23'
46   end
47 end
48
49 class MountainBikeParts < Parts
50   attr_reader :front_shock, :rear_shock
51
52   def post_initialize(args)
53     @front_shock = args[:front_shock]
54     @rear_shock =  args[:rear_shock]
55   end
56
57   def local_spares
58     {rear_shock:  rear_shock}
59   end
60
61   def default_tire_size
62     '2.1'
63   end
64 end
```

このコードはほぼ完全に第6章のBicycle階層構造をコピーしたものです。違いは2つです。クラス名が変えられ、size変数が取り除かれています。

図8.3のクラス図は、この遷移を描いています。ここには抽象Partsクラスがあります。BicycleはPartsから構成されます。PartsはRoadBikePartsとMountainBikePartsという2つのサブクラスを持ちます。

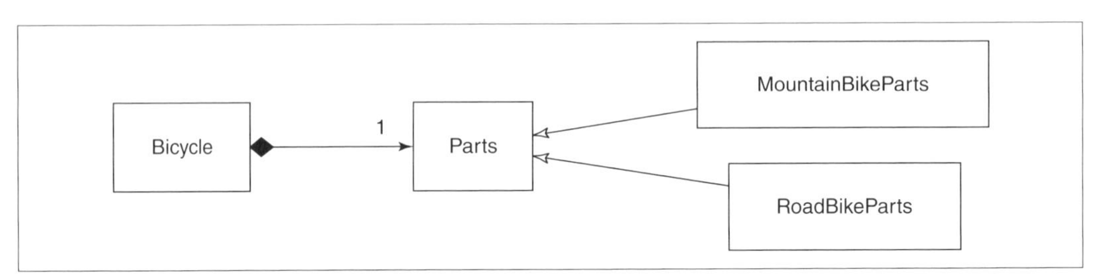

▲図8.3　Partsの階層構造

このリファクタリングを経ても、すべてこれまでどおり動きます。次のコードからもわかるように、RoadBikePartsかMountainBikePartsのどちらを持とうが、自転車は依然として自身のsizeとsparesを正確に答えられるのです。

```
 1 road_bike =
 2   Bicycle.new(
 3     size:  'L',
 4     parts: RoadBikeParts.new(tape_color: 'red'))
 5
 6 road_bike.size     # -> 'L'
 7
 8 road_bike.spares
 9 # -> {:tire_size=>"23",
10 #      :chain=>"10-speed",
11 #      :tape_color=>"red"}
12
13 mountain_bike =
14   Bicycle.new(
15     size:  'L',
16     parts: MountainBikeParts.new(rear_shock: 'Fox'))
17
18 mountain_bike.size    # -> 'L'
```

```
19
20 mountain_bike.spares
21 # -> {:tire_size=>"2.1",
22 #     :chain=>"10-speed",
23 #     :rear_shock=>"Fox"}
```

これは大きな変更でもなく、大きな改善でもありません。しかし、このリファクタリングによって、有益なことが1つ明らかになりました。そもそも、必要だったBicycle特有のコードがいかに少なかったのか、明々白々です。上のコードのうち、大部分は個々のパーツを扱うものです。Parts階層構造は、また別のリファクタリングを必要としています。

8.2 Partsオブジェクトをコンポーズする

定義に基づけば、パーツのリストは、個々の部品を持ちます。単一の部品を表すクラスを追加するときが来ました。個々の部品を表すクラスの名前がPartであるべきということは明らかでしょう。しかし、すでにPartsクラスがあるところにPartクラスを導入すると、会話が難しくなります。すでに単一のPartsオブジェクトを参照するために「parts」という語が使われているところで、複数のPartオブジェクトの集まりに言及するために「parts」を使うのは混乱のもとです。しかし、先ほどの言い回しに、このコミュニケーションの問題を迂回する方法が表れています。PartとPartsについて議論するとき、クラス名に続けて「オブジェクト」と付け、必要に応じて「複数の」と前置きしましょう[注2]。

最初から別のクラス名を選んでこのコミュニケーションの問題を避けることもできます。しかし、ほかの名前にこれほど表現力のあるものがあるとも思えませんし、それはそれで問題が生じそうです。このParts／Partという状況は、十分一般的な問題であり、正面から向き合う価値があります。それらのクラス名を選ぶことには、意思伝達の正確さが求められます。それ自体が十分目的となるものです。

したがって、いまはPartsオブジェクトがあり、それがPartオブジェクトを複数保持できるだけ、として進めましょう。

注2：訳注 名詞の複数形がある英語特有の問題に関するトピックですので、日本語ではピンとこない段落かもしれません。原文では、単体のPartsオブジェクトを表すときは「parts object」、複数のpartオブジェクトを表すときは「part objects」、というように、objectの複数形単数形で区別するよう説明されています。訳については、原則、partsに関しては「パーツ」、partについては「部品」を用いています。

Partをつくる

図8.4のシーケンス図に表されているのは、Bicycleとその Parts オブジェクト間の会話、そしてPartsオブジェクトとそのPartオブジェクト間の会話です。BicycleはPartsにsparesを送ります。そして、Partsオブジェクトはneeds_spareをそれぞれのPartに送ります。

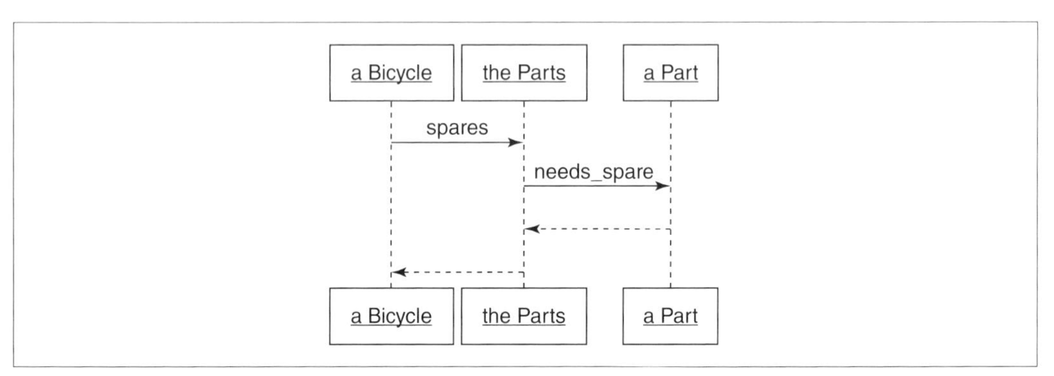

▲図8.4　BicycleはPartsにsparesを送り、Partsはneeds_spareをそれぞれのPartに送る

設計をこのように変更すると、新たにPartオブジェクトをつくる必要が出てきます。Partsオブジェクトは、いまや複数のPartオブジェクトからコンポーズされるようになっています。図8.5のクラス図に描かれているとおりです。Part付近の「1..*」という表記は、PartsはPartオブジェクトを、1つ以上持つことを示します。

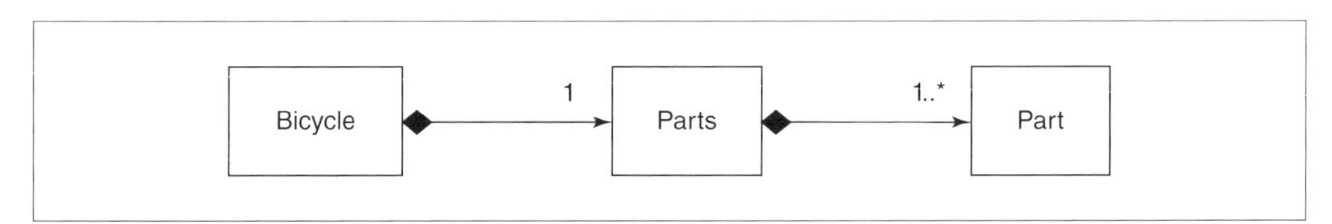

▲図8.5　BicycleはPartsオブジェクトを1つ持ち、Partsは複数のPartオブジェクトを持つ

このPartオブジェクトを新たに導入したことにより、既存のPartsクラスは簡潔化され、Partオブジェクトの配列を包む簡潔なラッパーとなりました。Partsは自身のPartオブジェクトのリストを選別し、スペアが必要なものだけ返すことができます。次のコードは3つのクラスを表します。既存のBicycleクラス、更新されたPartsクラス、そして新たに導入されたPartクラスです。

```
1  class Bicycle
2    attr_reader :size, :parts
3
4    def initialize(args={})
5      @size       = args[:size]
6      @parts      = args[:parts]
7    end
8
9    def spares
10     parts.spares
11   end
12 end
13
14 class Parts
15   attr_reader :parts
16
17   def initialize(parts)
18     @parts = parts
19   end
20
21   def spares
22     parts.select {|part| part.needs_spare}
23   end
24 end
25
26 class Part
27   attr_reader :name, :description, :needs_spare
28
29   def initialize(args)
30     @name          = args[:name]
31     @description   = args[:description]
32     @needs_spare   = args.fetch(:needs_spare, true)
33   end
34 end
```

これら3つのクラスが存在するようになったので、個々のPartオブジェクトをつくれます。次のコードでは、さまざまな部品をいくつもつくり、それぞれをインスタンス変数内に保存しています。

```
chain =
  Part.new(name: 'chain', description: '10-speed')

road_tire =
  Part.new(name: 'tire_size',  description: '23')

tape =
  Part.new(name: 'tape_color', description: 'red')

mountain_tire =
  Part.new(name: 'tire_size',  description: '2.1')

rear_shock =
  Part.new(name: 'rear_shock', description: 'Fox')

front_shock =
  Part.new(
    name: 'front_shock',
    description: 'Manitou',
    needs_spare: false)
```

個々のPartオブジェクトは、Partsオブジェクトにひとまとめにしてグループ化できます。以下のコードは、ロードバイクのPartオブジェクトを組み合わせ、ロードバイクに最適なPartsにしています。

```
road_bike_parts =
  Parts.new([chain, road_tire, tape])
```

もちろん、次の4行目～6行目と22行目～25行目に示されるとおり、この中間のステップを飛ばして、Bicycleをつくる際に単純にその場でPartsオブジェクトをつくることも可能です。

```
road_bike =
  Bicycle.new(
    size:  'L',
    parts: Parts.new([chain,
                      road_tire,
                      tape]))

road_bike.size    # -> 'L'
```

```
 9
10 road_bike.spares
11 # -> [#<Part:0x00000101036770
12 #         @name="chain",
13 #         @description="10-speed",
14 #         @needs_spare=true>,
15 #   #<Part:0x0000010102dc60
16 #         @name="tire_size",
17 #         etc ...
18
19 mountain_bike =
20   Bicycle.new(
21     size:  'L',
22     parts: Parts.new([chain,
23                       mountain_tire,
24                       front_shock,
25                       rear_shock]))
26
27 mountain_bike.size    # -> 'L'
28
29 mountain_bike.spares
30 # -> [#<Part:0x00000101036770
31 #         @name="chain",
32 #         @description="10-speed",
33 #         @needs_spare=true>,
34 #     #<Part:0x0000010101b678
35 #         @name="tire_size",
36 #         etc ...
```

上の8行目～17行目、27行目～34行目から見てとれるように、この新たなコード構成は何の問題もなく動いています。以前のBicycle階層構造と「ほぼ」変わりなく振る舞います。違いは1つだけです。Bicycleの以前のsparesメソッドはハッシュを返しましたが、この変更後のsparesメソッドは、Partオブジェクトの配列を返します。

これらのオブジェクトをPartクラスのインスタンスだと考えたくなるかもしれません。しかし、コンポジションの教えによれば、これらはPartのロールを担うオブジェクトと考えるべきです。これらのオブジェクトは「Partクラスの種類」である必要もありません。その1つであるかのように振る舞う必要があるだけです。つまり、name、description、needs_spareに応答できる必要があります。

 Partsオブジェクトをもっと配列のようにする

このコードは動きますが、改善の余地があるのもまた事実です。1分ほど本から顔を上げて、Bicycleのpartsとsparesメソッドについて考えてみてください。これらのメッセージは、同じ種類のものを返すべきな感じがします。しかし、いまの時点では、戻ってくるオブジェクトは同じようには振る舞いません。それぞれのメソッドにsizeを聞いたときに、何が起こるかを見てみましょう。

次の1行目では、sparesは自身のsizeは3であると喜んで答えます。しかし、2行目～4行目からわかるように、同じ質問をpartsにしても、そのようにうまくはいきません。

```
1 mountain_bike.spares.size # -> 3
2 mountain_bike.parts.size
3 # -> NoMethodError:
4 #      undefined method 'size' for #<Parts:...>
```

1行目が動作するのは、sparesは（Partオブジェクトの）配列（array）を返し、Arrayはsizeを理解できるからです。一方、2行目が動かないのは、partsはPartsのインスタンスを返すためです。こちらはsizeを理解しません。

このような失敗は、このようなコードを持つ限りずっとついてまわります。この2つは、両方とも配列のように「見えます」。ですから、必然的に両方が配列であるかのように扱ってしまいます。片方は完全に、それこそ庭でレーキを踏む[注3]という結果になってしまうのですが。

直近の問題は、Partsにsizeメソッドを追加することで修正できます。単純に、実際の配列にsizeを委譲するメソッドをこのように実装するだけです。

```
1   def size
2     parts.size
3   end
```

しかし、この変更は、Partsクラスを滑りやすい下り坂に置くようなものです。この変更を加え

注3：訳注 レーキとは歯が平らな熊手のようなものです。「レーキを踏む」は、アメリカのカートゥーンなどに登場するモチーフです。レーキの歯の部分を踏み込むと、てこのように柄の部分が起き上がり、それで自分の顔を強打してしまうといった様子です。「step on a rake」で動画等を検索してみるとおもしろいかもしれません。

ると、それほど時間が経たないうちに、Partsに対して、今度はeach、次はsort、ついにはArrayとすべてのメソッドに応答してほしくなります。これに終わりはありません。Partsを配列のようなものにすればするほど、より配列のように振る舞うことを期待するようになるのです。

もしかするとPartsは、たとえ少しばかり余計な振る舞いがあったとしても、Array「である」のかもしれません。ArrayであるPartsをつくることだってできます。次の例は、新たなバージョンのPartsクラスを表しています。ここでは、Arrayのサブクラスになっています。

```
1 class Parts < Array
2   def spares
3     select {|part| part.needs_spare}
4   end
5 end
```


上のコードは、かなりストレートな方法で、PartsはArrayを特化したものである、という考えをかたちにしたものです。完璧なオブジェクト指向言語では、この解決法はまったく正しいでしょう。しかし、あいにく、Rubyはそこまでの完璧さには到達していません。そのため、この設計には欠陥が隠れています。

次の例で問題を明らかにしましょう。PartsがArrayのサブクラスであるとき、PartsはArrayのすべての振る舞いを継承しています。この振る舞いの中には、+といったメソッドもあります。2つの配列を足し合わせ、その結果できる配列を返すメソッドです。次の3行目と4行目を見てみましょう。ここでは、+を使い、既存のPartsインスタンスを組み合わせ、その結果をcombo_parts変数に保存しています。

一見うまくいってそうです。combo_partsは、正しい数のpartsを持っています（7行目）。しかし、明らかに何かよくないところがあります。12行目を見てみましょう。combo_partsはsparesに応えられません。

この問題の根本原因は、15行目～17行目で明らかにされています。+されたオブジェクトはどちらもPartsのインスタンスでしたが、+が返したのはArrayのインスタンスです。そして、Arrayはsparesを理解できません。

```
1 #  Parts は '+' を Arrayから継承するため、
2 #  2つの Parts は加え合わせられる
3 combo_parts =
4   (mountain_bike.parts + road_bike.parts)
```

```
5
6  # '+' は間違いなく Parts を組み合わせる
7  combo_parts.size             # -> 7
8
9  # しかし '+' が返すオブジェクトは
10 # 'spares' を理解しない
11 combo_parts.spares
12 # -> NoMethodError: undefined method 'spares'
13 #        for #<Array:...>
14
15 mountain_bike.parts.class    # -> Parts
16 road_bike.parts.class        # -> Parts
17 combo_parts.class            # -> Array !!!
```

実のところ、Arrayには新しい配列を返すメソッドはたくさんあります。あいにく、これらのメソッドはArrayクラスのインスタンスを返すのであり、こちらで定義したサブクラスのインスタンスを返すのではありません。Partsクラスはいまだ誤解を招きやすいままです。問題は、単に別の問題へとすり替わっただけでした。Partsがsizeメソッドを実装していないことを知ってがっかりし、Parts同士を足し合わせたものの、今度はその結果がsparesを理解しないことを知って驚いたことでしょう。

ここまで、それぞれ異なるPartsの実装を3つ見てきました。最初の実装が応えるのはsparesとpartsメッセージのみでした。配列のようには振る舞いません。ただ配列を持っているだけです。2つ目のPartsの実装では、sizeを追加しました。小さな改善です。内部配列のsizeを返すようにしただけでした。最後のPartsの実装では、Arrayのサブクラスにしました。したがって見かけ上は、最大限配列オブジェクトのように振る舞うようになりました。しかし、上記の例に見てとれるように、Partsのインスタンスはまだ期待外れの振る舞いをします。

以上から、完璧な解決法などないことが明らかになりました。ですから、難しい決断が迫られています。sizeに応答できないとしても、もとのPartsの実装で十分だったかもしれません。その場合、配列のように振る舞わないことは受け入れ、そのバージョンに戻せばよいでしょう。では、sizeだけが必要な場合はどうでしょうか。sizeメソッドを1つだけ追加することがおそらく最善です。これは、2つ目の実装になります。そしてもし、混乱するようなエラーが起きる可能性が許容できるか、もしくは絶対にそのようなエラーには遭遇しないと言えるならば、Arrayのサブクラスにして終わらせてしまうのがよいでしょう。

複雑さと利便性のおおよそ中間に、次の解決法があります。次のPartsクラスはsizeとeach

を自身の@parts配列に委譲し、走査と検索のための共通のメソッドを得るために、Enumerableをインクルードしています。このバージョンのPartsはArrayの振る舞いをすべて持つわけではありません。しかし、少なくとも、Partsができると主張することはすべて実際に動作します。

```
1  require 'forwardable'
2  class Parts
3    extend Forwardable
4    def_delegators :@parts, :size, :each
5    include Enumerable
6
7    def initialize(parts)
8      @parts = parts
9    end
10
11   def spares
12     select {|part| part.needs_spare}
13   end
14 end
```

「この」Partsのインスタンスに+を送ると、NoMethodError例外が起きます。しかし、Partsは現在、size、each、そしてEnumerableのすべてに応答するようになっていて、間違って実際のArrayのように扱ったときにのみエラーを発生するようになっています。したがって、このコードは十分に良いと言えるでしょう。次の例は、sparesとpartsの両方がsizeに応答できるようになった様子です。

```
1  mountain_bike =
2    Bicycle.new(
3      size:  'L',
4      parts: Parts.new([chain,
5                        mountain_tire,
6                        front_shock,
7                        rear_shock]))
8
9  mountain_bike.spares.size    # -> 3
10 mountain_bike.parts.size     # -> 4
```

再度、動くバージョンのBicycle、Parts、Partクラスを手に入れました。では、設計を再評価することにしましょう。

8.3 Partsを製造する

直前のコードの、4行目～7行目を見返してください。Partオブジェクトは「chain, mountain_tire」などのように保持されています。変数がつくられたのはかなり前なので、忘れてしまったかもしれません。この4行に表される知識体系について考えてみましょう。まず、アプリケーションのどこかで、何らかのオブジェクトがPartオブジェクトのつくり方を知っていなければなりません。そして上の4行目～7行目では、この特定の4つのオブジェクトがマウンテンバイク用だと知っている必要があります。

この知識量はかなり多く、また、アプリケーションのあちこちにかんたんに漏れるでしょう。この漏えいは、残念であり、不必要なものです。個別のパーツは多岐にわたり、いくつもあるものの、有効なパーツの組み合わせはほんの一部だけです。ですから、さまざまな自転車を記述し、その記述をもとに何らかの方法で、正確なPartsオブジェクトをどの自転車にも製造できれば、すべてはよりかんたんになるのではないでしょうか。

特定の自転車を構成するパーツの組み合わせを記述するのはかんたんです。次のコードは、単純な2次元配列で組み合わせを記述しています。それぞれの行は、考えられる列を3つ持ちます。1列目は、パーツの名前（'chain'、'tire_size'など）を持ち、2列目は、パーツの説明（'10-speed'、'23'など）を持ちます。3列目（これはオプションの要素です）は、真偽値を持ち、このパーツにスペアが必要かどうかを示します。9行目の'front_shock'のみが、3列目に値を持ちます。ほかのパーツは、デフォルトでtrueとするのがよいでしょう。すべてスペアを必要とするからです。

```
1  road_config =
2    [['chain',        '10-speed'],
3     ['tire_size',    '23'],
4     ['tape_color',   'red']]
5
6  mountain_config =
7    [['chain',        '10-speed'],
8     ['tire_size',    '2.1'],
9     ['front_shock',  'Manitou', false],
10    ['rear_shock',   'Fox']]
```

ハッシュと異なり、このシンプルな2次元配列は、構造に関する情報は何も持ちません。しかし、この構造がどのように構成されているかをみなさんは理解できるでしょうし、その知識をコードにし、Partsを製造する新しいオブジェクトに組み込むこともできるでしょう。

 PartsFactoryをつくる

「第3章　依存関係を管理する」で議論したように、ほかのオブジェクトを製造するオブジェクトはファクトリーです。過去にほかの言語での経験があるプログラマーであれば、この言葉を聞いて身をすくめたくなるかもしれません。しかし、今回は、それを克服する機会だと思ってください。「ファクトリー」という語句は、難しいとか、現実的でないとか、過度に複雑だ、ということを意味するのではありません。単に、オブジェクト指向の設計者が、ほかのオブジェクトをつくるオブジェクト、という概念を簡潔に共有するために用いている語句にすぎないのです。Rubyでのファクトリーは単純なので、このように明確な意図を表す語句を避ける理由はどこにもありません。

次のコードは、新たに導入するPartsFactoryモジュールです。これの仕事は、上で挙げられていたような配列を1つとって、Partsオブジェクトを製造することです。途中、Partオブジェクトの作成もあると思いますが、そのアクションはプライベートなものです。外に示す責任は、Partsをつくることです。

このPartsFactoryの最初のバージョンは、引数を3つとります。configが1つと、あとはPartとPartsに使われるクラス名です。このコードの6行目では、Partsの新しいインスタンスをつくっています。configの情報をもとにつくられたPartオブジェクトの配列を用いて、初期化しています。

```
 1 module PartsFactory
 2   def self.build(config,
 3                  part_class  = Part,
 4                  parts_class = Parts)
 5
 6     parts_class.new(
 7       config.collect {|part_config|
 8         part_class.new(
 9           name:         part_config[0],
10           description:  part_config[1],
11           needs_spare:  part_config.fetch(2, true))})
12   end
13 end
```

このファクトリーはconfig配列の構造を知っています。上の9行目～11行目では、nameが1番目の列に、descriptionが2番目の列に、needs_spareが3番目の列にくることが想定されています。

configの構造に関する知識をファクトリー内に置くことによってもたらされる影響は2つあります。1つ目は、configをとても短く簡潔に表現できることです。PartsFactoryがconfigの内部構造を理解しているので、configを、ハッシュではなく配列で指定できます。2つ目は、一度configを配列に入れると決めたのですから、Partsオブジェクトをつくるときは「常に」このファクトリーを使うことが当然になることです。ほかの仕組みでPartsオブジェクトを新しくつくろうとすると、上の9行目～11行目に示された知識を重複しなければなりません。

PartsFactoryが導入されたので、上記で定義した設定用の配列を使い、かんたんにPartsオブジェクトをつくれるようになりました。次に示すとおりです。

```
1  road_parts = PartsFactory.build(road_config)
2  # -> [#<Part:0x00000101825b70
3  #        @name="chain",
4  #        @description="10-speed",
5  #        @needs_spare=true>,
6  #      #<Part:0x00000101825b20
7  #        @name="tire_size",
8  #           etc ...
9
10 mountain_parts = PartsFactory.build(mountain_config)
11 # -> [#<Part:0x0000010181ea28
12 #         @name="chain",
13 #         @description="10-speed",
14 #         @needs_spare=true>,
15 #      #<Part:0x0000010181e9d8
16 #         @name="tire_size",
17 #         etc ...
```

PartsFactoryは、設定用の配列と組み合わされ、有効なPartsをつくるために必要な知識を隔離します。この情報は、以前はアプリケーション全体に分散していたものでした。しかし、いまはこのクラス1つと、配列2つにおさまっています。

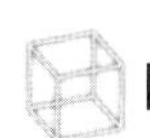 PartsFactoryを活用する

PartsFactoryが導入され、稼働しはじめたので、Partクラスに再度焦点を当ててみましょう。Partはシンプルです。それだけでなく、「わずかに」複雑なコードの行（次のコード、7行目のfetch）でさえ、PartsFactory内で重複しています。PartsFactoryがすべてのPartをつくるのであれば、Partでこのコードを持つ必要はありません。また、Partからこのコードを取り除いてしまえば、残るものはほとんど何もありません。Partクラス全体は、単純なOpenStructで置き換えられるのです。

```
1 class Part
2   attr_reader :name, :description, :needs_spare
3
4   def initialize(args)
5     @name         = args[:name]
6     @description  = args[:description]
7     @needs_spare  = args.fetch(:needs_spare, true)
8   end
9 end
```


RubyのOpenStructクラスは、これまでに登場したStructクラスとかなり似通っています。OpenStructはいくつもの属性を1つのオブジェクトにまとめるための、便利な方法を提供してくれます。2つの違いは、Structは、初期化時に順番を指定して引数を渡す必要がある一方、OpenStructでは初期化時にハッシュをとり、そこから属性を引き出すことにあります。

Partクラスを取り除くことにはもっともな理由があります。それによりコードが簡潔になり、いま持っているほど複雑なものが今後一切必要なくなるのです。Partの痕跡を一切取り除くためには、まずPartクラスを消し、そしてPartsFactoryを変え、OpenStructを使うことで、Part「ロール」を担うオブジェクトをつくるようにします。次のコードは、新しいバージョンのPartsFactoryを示しています。ここでは、部品（part）の作成はリファクタリングされ、自身のメソッドになっています（9行目）。

```
1 require 'ostruct'
2 module PartsFactory
3   def self.build(config, parts_class = Parts)
4     parts_class.new(
```

```
 5       config.collect {|part_config|
 6         create_part(part_config)})
 7     end
 8
 9     def self.create_part(part_config)
10       OpenStruct.new(
11         name:        part_config[0],
12         description: part_config[1],
13         needs_spare: part_config.fetch(2, true))
14     end
15   end
```

13行目は、アプリケーション内で唯一needs_spareのデフォルト値をtrueに設定する箇所になりました。そのため、Partsを製造する責任は、PartsFactoryが単独で負わなければなりません。

この新しいバージョンのPartsFactoryは動作します。 次のコードに見られるように、PartsFactoryはPartsを返します。PartsはOpenStructオブジェクトから成る配列を持ち、そしてそれぞれのオブジェクトがPartの役割を果たすのです。

```
1 mountain_parts = PartsFactory.build(mountain_config)
2 # -> <Parts:0x000001009ad8b8 @parts=
3 #       [#<OpenStruct name="chain",
4 #                       description="10-speed",
5 #                       needs_spare=true>,
6 #        #<OpenStruct name="tire_size",
7 #                       description="2.1",
8 #                       etc ...
```

8.4 コンポーズされたBicycle

次のコードは、コンポジションを使うようになったBicycleを示しています。Bicycle、Parts、PartsFactory、そしてロードバイクとマウンテンバイクの設定用の配列が示されています。

BicycleとPartsは「has-a」の関係です。そしてそのPartsも、「has-a」の関係でPartオブジェクトの集まりを持ちます。PartsオブジェクトとPartオブジェクトはクラスとして存在することもあるかもしれませんが、それらを包含しているオブジェクトは、それらをロールとしてとらえています。PartsはPartsの役割を果たすクラスです。つまり、sparesを実装します。Partの役割はOpenStructが担っていて、それはname、description、そしてneeds_spareを実装します。

次の54行のコードは、第6章での66行におよぶ継承の階層構造を、完全に置き換えます。

```
 1 class Bicycle
 2   attr_reader :size, :parts
 3 
 4   def initialize(args={})
 5     @size       = args[:size]
 6     @parts      = args[:parts]
 7   end
 8 
 9   def spares
10     parts.spares
11   end
12 end
13 
14 require 'forwardable'
15 class Part
16   extend Forwardable
17   def_delegators :@parts, :size, :each
18   include Enumerable
19 
20   def initialize(parts)
21     @parts = parts
22   end
23 
24   def spares
25     select {|part| part.needs_spare}
26   end
27 end
28 
29 require 'ostruct'
30 module PartsFactory
31   def self.build(config, parts_class = Parts)
32     parts_class.new(
33       config.collect {|part_config|
34         create_part(part_config)})
35   end
36 
37   def self.create_part(part_config)
38     OpenStruct.new(
```

```
39        name:        part_config[0],
40        description: part_config[1],
41        needs_spare: part_config.fetch(2, true))
42    end
43  end
44
45  road_config =
46    [['chain',        '10-speed'],
47     ['tire_size',    '23'],
48     ['tape_color',   'red']]
49
50  mountain_config =
51    [['chain',        '10-speed'],
52     ['tire_size',    '2.1'],
53     ['front_shock',  'Manitou', false],
54     ['rear_shock',   'Fox']]
```

この新しいコードは、以前のBicycle階層構造とほとんど同じように動作します。唯一の違いは、sparesメッセージがハッシュではなく、Part同様のオブジェクトから成る配列を返すことです。下のコードの7行目～15行目がその部分です。

```
1  road_bike =
2    Bicycle.new(
3      size: 'L',
4      parts: PartsFactory.build(road_config))
5
6  road_bike.spares
7  # -> [#<OpenStruct name="chain", etc ...
8
9  mountain_bike =
10   Bicycle.new(
11     size: 'L',
12     parts: PartsFactory.build(mountain_config))
13
14 mountain_bike.spares
15 # -> [#<OpenStruct name="chain", etc ...
```

これらのクラスがつくられたことによって、ずいぶんとかんたんに新たな種類の自転車をつくれるようになりました。

第6章において、リカンベントバイクをサポートするためには、新たに19行のコードを追加する必要がありました（P177参照）。しかし、いまや3行の設定を書くだけで達成できます（2行目～4行目）。

```
1  recumbent_config =
2    [['chain',        '9-speed'],
3     ['tire_size',    '28'],
4     ['flag',         'tall and orange']]
5
6  recumbent_bike =
7    Bicycle.new(
8      size: 'L',
9      parts: PartsFactory.build(recumbent_config))
10
11 recumbent_bike.spares
12 # -> [#<OpenStruct
13 #        name="chain",
14 #        description="9-speed",
15 #        needs_spare=true>,
16 #      #<OpenStruct
17 #        name="tire_size",
18 #        description="28",
19 #        needs_spare=true>,
20 #      #<OpenStruct
21 #        name="flag",
22 #        description="tall and orange",
23 #        needs_spare=true>]
```

上の11行目～23行目にあるように、単純にそのパーツを記述するだけで新しい自転車を追加できます。

Column

集約──特殊なコンポジション

「デリゲーション（委譲）」という用語については、すでに知っていると思います。委譲は、単にメッセージを受け取り、それをどこかほかに転送することです。委譲は依存をつくります。メッセージを受け取るオブジェクトは必ずメッセージを認識しなければならないうえ、それをどこに送るかを知っていなければなりません。

「コンポジション」はしばしば委譲を伴いますが、コンポジションという用語はそれ以上の意味を持ちます。「コンポーズされた」オブジェクトはパーツから成ります。これらのパーツは、明確に定義されたインターフェースを介して、コンポーズされたオブジェクトと相互作用することが想定されるものです。

コンポジションが記述するのは「has-a」の関係です。食事には前菜があり、大学には学部、そして自転車にはパーツがあります。食事も、大学も、自転車も、コンポーズされたオブジェクトです。それに対し、前菜、学部、パーツは、ロールです。コンポーズされたオブジェクトは、ロールを担うオブジェクトのインターフェースに依存します。

食事はインターフェースを介し前菜と相互作用をするので、前菜の役割を果たしたい新たなオブジェクトは、このインターフェースを実装するだけで済みます。予期していなかった前菜であっても、円滑に、交換可能なかたちで既存の食事に適応するでしょう。

「コンポジション」という用語は、少し混乱を招くこともあります。微妙に異なる2つの意味で使われることがあるからです。上の定義は、用語の持つ最も広義の意味のものです。「コンポジション」という語を目にするとき、ほとんどの場合において、この一般的な、2つのオブジェクト間の「has-a」関係以上のことを意味することはありません。

しかし、正式な定義によると、もう少し限定された意味になります。コンポジションは、「has-a」関係を持ち、かつ、包含される側のオブジェクトが包含する側のオブジェクトから独立して存在し得ないものを指します。この、より厳格な意味で用語が使われている場合には、料理が前菜を持つだけでなく、一度料理が食べられてしまえば、前菜も同様になくなってしまうということがわかります。

この定義の差は、「集約」という用語によって埋められます。集約は、まったくもってコンポジションのようなものですが、一点、包含される側のオブジェクトの存在が独立していることが異なります。大学は学部を持ち、学部には教授がいます。あるアプリケーションにおいて、いくつもの大学を管理し、何千人もの教授の情報を持っているとしましょう。その際、ある学部が完全に消えてしまった（大学が消えて学部も消えた）として、それでもその教授たちが存在しつづけると想定するのは、まったく妥当なことです。

大学ー学部間の関係は、（厳格な意味で）1つのコンポジションです。そして、学部ー教授間の関連は、集約です。学部を削除しても、その教授までは削除されません。教授には教授独自のあり方と生命があります。

この、コンポジションと集約の違いが、少しばかり実用的な影響をコードに及ぼすことがあります。これで両方の用語を知ったのですから、いまは「コンポジション」と言って両方の種類の関係に言及することもできますし、必要に応じてより正確にすることもできるでしょう。

8.5 コンポジションと継承の選択

クラスによる継承は、「コード構成のテクニック」であることを思い出してください。クラスによる継承において、振る舞いは複数のオブジェクトに分散されます。そしてそれらのオブジェクトは、メッセージの自動的な委譲によって正しい振る舞いが実行される、というようなクラスの関係に構成されます。「オブジェクトを階層構造に構成するコストを払う代わりに、メッセージの委譲は無料で手に入れられる」と考えてみましょう。

コンポジションは、それらのコストと利点を逆転させる代替案です。コンポジションでは、オブジェクト間の関係をクラスの階層構造としてコードに落とし込むことはしません。コンポジションでは、オブジェクトは独立して存在します。そしてその結果、オブジェクトはお互いについて明示的に知識を持ち、明示的にメッセージを委譲する必要があるのです。コンポジションによって、オブジェクトは構造的に独立して存在できるようになります。しかし、それは明示的なメッセージ委譲のコストを払ってのことなのです。

これまでに継承と委譲の例を見てきましたので、これで、それらをいつ使うかを検討するための準備が整いました。一般的なルールとしては、直面した問題がコンポジションによって解決できるものであれば、まずはコンポジションで解決することを優先するべきです。継承のほうがより良い解決法であるとはっきり言い切れないときは、コンポジションを使いましょう。コンポジションが持つ依存は、継承が持つ依存よりもはるかに少ないものです。ですから、コンポジションが一番の選択肢であるということは、頻繁にあります。

継承がより良い選択肢であるのは、継承が低いリスクで高い利益を生み出してくれるときです。この節では、継承とコンポジションのコストと利点を検討します。そして、一番良い関係を選ぶためのガイドラインを提供します。

継承による影響を認める

継承を使うための賢い決断をするためには、そのコストと利点の明確な理解が求められます。

◉継承の利点

「第2章　単一責任のクラスを設計する」において、目指すべきコードのあり方として次の4点を挙げました。「見通しが良いこと」、「合理的であること」、「利用性が高いこと」、そして、「模範的であること」です。継承が正しく適用されれば、このうち、2番目と3番目と4番目において優れた結果をもたらします。

継承階層の頂点に近いところで定義されたメソッドの影響力は広範囲に及びます。階層の高さがてこの役割を果たし、その影響を何倍にも高めるからです。そのようなメソッドへ加えられた変更は、継承ツリーを波及していきます。したがって、正しくモデル化された階層構造はきわめて「合理的」です。振る舞いの大きな変更を、コードの小さな変更で成し遂げられるのです。

継承を使った結果得られるコードは、「オープン・クローズド(Open-Closed)」と特徴付けられるものとなります。階層構造は、拡張には開いており(open)、修正には閉じています(closed)。新たなサブクラスを既存の階層構造へ追加するとき、既存のコードへの変更はまったく必要ありません。したがって、階層構造は「利用性が高い」のです。かんたんに新しくサブクラスをつくって、新しい変種に適応できます。

正しく書かれた階層構造はかんたんに拡張できます。階層構造は、抽象を明らかにし、すべての新しいサブクラスは、少しの具象的な違いを差し込みます。その階層構造における既存のパターンはかんたんに倣うことができるものであり、そのパターンを踏襲するのは、新しいサブクラスをつくる責任を負ったプログラマーの自然な選択です。したがって、階層構造は「模範的」でもあります。本質的に、その階層構造自体が、階層構造を拡張するコードを書くためのガイドとなるのです。

継承を使ってコードを構成することの価値は、オブジェクト指向言語のソースコード自体に十分に表れています。Rubyでは、Numericクラスがとてもよい例です。IntegerとFloatはNumericのサブクラスとしてモデル化されています。この「is-a」の関係はまったく正しいものです。整数と浮動小数点数は、どちらとも根本的には「数字」です。これら2つのクラスが共通の抽象を共有できるようにすることが、最も倹約的にコードを構成する方法なのです。

◉継承のコスト

継承を使う際の懸念事項は次の2つの領域に分けられます。1つ目の懸念事項は、継承が適さない問題に対して、誤って継承を選択してしまうことです。この間違いを犯した先に待っているのは、新たに振る舞いを追加したいのに、かんたんに追加できる方法がまったくない未来です。そもそもモデルが間違っているので、振る舞いが適合できる余地はありません。この場合、コードを複製するか、再構成せざるを得ないでしょう。

2つ目は、問題に対して継承の適用が妥当であったとしても、自分が書いているコードがほかのプログラマーによって、まったく予期していなかった目的のために使われるかもしれないことです。ほかのプログラマーたちは、みなさんが書いた振る舞いを使いたくても、継承が要求する依存を許容できない可能性があります。

継承の利点を述べていた前の節では、その主張の条件について慎重になり、「正しくモデル化された階層構造」のみに当てはまると述べていました。「合理的」、「利用性が高い」、「模範的」、というものを、それぞれ2つの側面があるコインとして考えてみてください。利点のある表面は、継承がもたらす素晴らしい恩恵を表しています。適さない問題に継承を適用すると、これらのコインを実質的にひっくり返すことになります。そして、同時に複数の障害に遭遇することにもなるのです。

「合理的」コインの裏面は、間違ってモデル化された階層構造の頂点近くの変更にかかる、莫大なコストです。この場合、てこの作用は不利益の方向に働きます。つまり、小さな変更がすべてを破壊します。

「利用性が高い」コインの裏面は、サブクラスが複数の型を混合したものの表現であるときの、振る舞いの追加の不可能さです。第6章でのBicycle階層構造は、リカンベントマウンテンバイクの必要性が生まれたときに対応できませんでした。階層構造には、すでにMountainBikeとRecumbentBikeのサブクラスが含まれています。これら2つのクラスの性質を組み合わせ、単一のオブジェクトにするのは、そのままの階層構造では不可能です。その階層構造に変更を加えずに既存の振る舞いを再利用することはできません。

「模範的」コインの裏面は、混沌です。この混沌は、不適切にモデル化された階層構造を初級プログラマーが拡張しようとした結果もたらされます。これらの不適切な階層構造は、拡張されるべきではありません。リファクタリングされるべきです。しかし初心者はリファクタリングをするためのスキルを持ち合わせていないので、既存のコードを複製するか、クラス名に対する依存を追加せざるを得なくなります。このどちらも、設計の問題の悪化に役立つだけです。

したがって、継承では、「自分が間違っているとき、何が起こるだろう」という問いかけが特別に重要な意味を帯びてきます。継承は、その定義からして深く埋め込まれた依存の集まりを伴うものです。サブクラスは、そのスーパークラスに定義されたメソッドに依存し、それらのスーパークラスへの自動的な委譲にも依存しています。これはクラスによる継承の一番の強さであると同時に、一番の弱さでもあります。サブクラスは変更不可のかたちで、計画的に、それより上の階層構造内のクラスに結合されているのです。これらの備え付けの依存が、スーパークラスへ加えられた修正の影響を増幅します。そして、莫大で、広範囲に及ぶ振る舞いの変更が、ほんの少しのコードの変更で達成されます。

良くも悪くも、後悔するしないに関わらず、これが事実なのです。

最後になりますが、継承を使うかどうかの判断は、書いたコードをどのような人たちが使うかという予想に基づいて調整されるべきです。たとえば社内向けのアプリケーションのコードを書くとしましょう。しかも、それは自分にとって本当に慣れ親しんだ問題領域のアプリケーションだとします。この場合、抱える設計課題にとって、継承が費用対効果の高い解決法であると自信を持てるぐらい、未来を十分に予測できるかもしれません。しかし、より幅広い人たちにコードを書くほど、将来の要求を予期する能力は必然的に下がっていきます。そして、インターフェースの一部として継承を必要とすることの適切さも下がっていくでしょう。

次のようなフレームワークを書くのは避けねばなりません。ユーザーがその振る舞いを手に入れるために、フレームワークのオブジェクトを継承しなければならないようなフレームワークです。ユーザーのアプリケーションのオブジェクトは、すでにそれ自体の階層構造で構成されているかもしれません。みなさんが書いたフレームワークからは継承できない可能性があるでしょう。

コンポジションの影響を認める

コンポジションによってつくられたオブジェクトは、継承によってつくられたオブジェクトと、次の2つの基本的な点で異なります。コンポジションによってつくられたオブジェクトは、クラス階層の構造には依存しません。そして、自身のメッセージは自身で委譲します。これらの違いが、異なるコストと利点をもたらします。

◉コンポジションの利点

コンポジションを使うと、次のような小さなオブジェクトが自然といくつもつくられる傾向があります。それは、責任が単純明快であり、明確に定義されたインターフェースを介してアクセス可能な小さなオブジェクトです。これらのうまくコンポーズされたオブジェクトは、第2章で挙げたコードの目標のいくつかに照らして評価をしたとき、優れた結果を出します。

これらの小さなオブジェクトは単一の責任を持ち、自身の振る舞いを限定しています。それらは「見通しが良い」ものです。つまりコードはかんたんに理解でき、変更が起きた場合に何が起こるかが明確ということです。また、コンポーズされたオブジェクトが階層構造から独立しているということは、コンポーズされたオブジェクトはほんのわずかなコードしか継承せず、それゆえ、それより上の階層構造にあるクラスへの変更によって生じる副作用に悩まされることは一般的にないということを意味しているのです。

コンポーズされたオブジェクトは、自身のパーツと、インターフェースを介して関わります。ですから、新しい種類の部品の追加は、単純にそのインターフェースを守る新しいオブジェクトを差し込むだけのことです。コンポーズされたオブジェクトの視点に立てば、既存の部品の亜種を追加するのは、「合理的」なことです。自身のコードを変更する必要は一切ありません。

本質的に、コンポジションに参加するオブジェクトは小さく、構造的に独立しており、そして適切に定義されたインターフェースを持ちます。そのため、それらは、抜き差し可能で、入れ替え可能なコンポーネントへと円滑に移行できます。したがって、適切にコンポーズされたオブジェクトは「利用性が高く」、想定していなかった新たなコンテキストでもかんたんに利用できるのです。

コンポジションを最大限に活用できれば、結果として、単純で、抜き差し可能であり、しかも拡張性が高く、変更にも寛容なオブジェクトからつくられるアプリケーションができあがります。

◉コンポジションのコスト

コンポジションの強みは、人生にまつわる物事のほとんどのものがそうであるように、その弱さの一因でもあります。

コンポーズされたオブジェクトは、多くのパーツに依存します。それぞれの部品は小さく、かんたんに理解できるものであったとしても、組み合わせられた全体の動作は、理解しやすいとはいえないでしょう。個々の部品はすべて「見通しが良い」ものであったとしても、全体はそうでないかもしれません。

構造的な独立性の利点は、メッセージの自動的な委譲を犠牲にすることで得られています。コンポーズされたオブジェクトは、明示的にどのメッセージをだれに委譲するかを必ず知っていなければなりません。まったく同一の委譲のコードが、いくつもの多岐にわたるオブジェクトによって必要とされる可能性もあります。コンポジションはこのコードを共有するための手段は何も提供してくれません。

これらのコストと利点が示すように、コンポジションは、パーツから成るオブジェクトの、組み立て方のルールを規定するにはとても優れています。しかし、ほぼ同一なパーツが集まっているコードを構成する問題に対しては、そこまでの助けになりません。

関係の選択

クラスによる継承（第6章）、モジュールによる振る舞いの共有（第7章）、そしてコンポジションは、それぞれが解決の対象とする問題に対しては、完璧な解決法です。アプリケーションのコストを下げるための秘訣は、それぞれのテクニックを正しい問題に適用することでしょう。

オブジェクト指向設計の先人には、継承とコンポジションの利用について、アドバイスを残してくれた人たちがいます。

- 継承とは、特殊化です（Bertrand Meyer, *Touch of Class: Learning to Program Well with Objects and Contracts*）

- 継承が最も適しているのは、過去のコードの大部分を使いつつ、新たなコードの追加が比較的少量のときに、既存のクラスに機能を追加する場合です（Erich Gamma, Richard Helm, Ralph Johnson, and John Vlissides, *Design Patterns: Elements of Reusable Object-Oriented Software*）
- 振る舞いが、それを構成するパーツの総和を上回るのなら、コンポジションを使いましょう（Grady Booch, *Object-Oriented Analysis and Design*、意訳）

◉is-a関係に継承を使う

コンポジションよりも継承を優先して選択するときは、それによって生じる利益がコストを上回ることに賭けているのです。同じ賭けでも、配当を得やすいものもあります。現実世界のオブジェクトから成る小さな集まりのうち、安定した、とても明白で見通しの良い特化が行われる階層構造に自然と分類されるものは、クラスによる継承によってモデル化される候補となります。

プレイヤーが自転車でレースをするゲームを想像してみてください。プレイヤーは、パーツを「買う」ことで自転車を組み立てます。買えるパーツの1つが、ショック（Shock）です。ゲームにはほぼ同一のショックが6つあります。それぞれ、コストと振る舞いにおいて若干の違いがあります。

これらのショックは、当たり前ですが、どれをとっても「ショック」です。その「ショックさ」こそがショックたるゆえんなのです。ショックには、さらなる分類はありません。ショックのバリエーションは、違いよりも共通点のほうがはるかに多いものです。バリエーションのうち、どの1つをとっても、最も正確で最も説明的な記述は「それは（is-a）ショックである」です。

継承は、この問題に対しては完璧です。ショックは、浅くて狭い階層構造としてモデル化できます。階層構造の小ささが、階層構造を理解可能にし、意図を明確にし、そしてその拡張を容易にします。また、これらのオブジェクトは、継承を成功裏に使うための基準を満たしているので、間違っているリスクもあまりありません。しかし、万が一間違って「いた」としても、方針を変えるコストも低いものです。継承の利点を、ほんの少しのそのリスクに自身をさらすだけで得ることができます。

この章で使用した例での用語を用いれば、ショックはそれぞれPartのロールを担います。ショックに共通する振る舞いと、Partの役割とを、ショックの抽象的なShockスーパークラスから継承するのです。PartsFactoryは、いまのところ、どの部品（part）もPart OpenStructで表現できることを想定しています。しかし、部品の設定のための配列を拡張して、特定のショックのためのクラス名を用意することもかんたんにできます。たとえその部品が、いくつかの振る舞いを獲得するために継承を使っていたとしても、みなさんはすでにPartをインターフェースとして理解しているでしょうから、新たな種類の部品を差し込むのは容易なことです。

要件が変わり、ショックの種類が爆発的に増えた場合、この設計の決断を再評価しましょう。設計はまだ持ちこたえるかもしれませんし、限界かもしれません。新たなショックの一群をモデル化するために、階層構造の大幅な拡張が求められるのであれば、もしくは新しいショックが既存の行動に都合良く当てはまらないのであれば、「その時点で」代替案を再考してください。

◉behaves-like-a関係にダックタイプを使う

問題によっては、いくつものさまざまなオブジェクトが共通のロールを担うことが求められます。それぞれ核となる責任に加え、オブジェクトは「schedulable」や「preparable」、「printable」、「persistable」といったロールを担うことがあります。

ロールの存在を認識するための、鍵となる状況が2つあります。1つは、あるオブジェクトが何かロールを担っているにもかかわらず、そのロールがそのオブジェクトの主な責任ではないときです。自転車（a bicycle）が、スケジュール可能「であるかのように振る舞う（behaves-like-a schedulable）」としても、それは（is-a）自転車です。もう1つは、必要性が幅広いときです。つまり、いくつもの、ともすると互いに関係しないオブジェクトが、同じロールを担いたいという欲求を共有するときです。

最も理解を助けるロールについての考え方は、外から考えることです。ロールを担うオブジェクト側の視点ではなく、そのロールを担うオブジェクトを保持する側の視点から考えます。「スケジュール可能なオブジェクト（schedulable）」を保持するものは、それが`Schedulable`のインターフェースを実装し、`Schedulable`の契約を守ることを期待します。すべての「schedulable」は、これらの期待を満たさなければならないという意味で、すべて似通っているのです。

設計においてすべきことは、ロールが存在することを認識し、そのダックタイプのインターフェースを定義すること、そして、そのインターフェースの実装を可能性のあるすべての担い手に提供することの2つです。一口にロールと言っても、そのインターフェースのみから構成されるロールもあれば、共通の振る舞いを共有するロールもあります。共通の振る舞いはRubyのモジュールに定義し、コードを複製せずともオブジェクトがロールを担えるようにしましょう。

◉has-a関係にコンポジションを使う

多くのオブジェクトが、いくつものパーツを含みますが、それらのオブジェクトはそれらのパーツの総和を上回ります。`Bicycle`は`Parts`を持ちます（`Bicycles` have-a `Parts`）。しかし、自転車自体は何かそれ以上のものです。自転車は、そのパーツの振る舞いだけでなく、そこに追加の振る舞いと、そのパーツの振る舞いとは独立した振る舞いを持ちます。自転車の例の要件を考えるに、最も費用対効果の高い`Bicycle`オブジェクトをモデル化する方法は、コンポジションの適用です。

このis-aとhas-aの違いが、継承とコンポジションの選択を決断する際の核心になります。オブジェクトがパーツを持てば持つほど、コンポジションでモデル化されるべきであるという可能性が高まります。個々のパーツを深く掘り下げるほど、特化したバリアントを少しだけ持つ具体的な部品を見つける可能性が高まり、継承を適用する妥当な候補となるのです。すべての問題に対して、異なる設計テクニックの利点とコストを評価し、そして経験と判断力を活かすことで、最良の選択をすることを目指しましょう。

8.6 まとめ

コンポジションによって、小さなパーツを組み合わせて、パーツの総和を上回るようなより複雑なオブジェクトをつくることができます。コンポーズされたオブジェクトは、新たな組み合わせへとかんたんに再編成できる、シンプルで分離したエンティティから構成される傾向にあります。これらの単純なオブジェクトは、容易に理解でき、再利用やテストを行うのもかんたんです。しかし、これらはより複雑な全体へと組み合わせられます。ですから、より大きなアプリケーションの動作は、個々のパーツの動作ほど理解しやすいものでなくなる可能性があるでしょう。

コンポジション、クラスによる継承、そしてモジュールを使った振る舞いの共有は、コード構成のための互いに競合するテクニックです。それぞれに違ったコストと利点があります。それらの違いが、わずかに異なる問題を解決するにあたり、テクニック間の得手不得手となるのです。

これらのテクニックは道具にすぎず、それ以上のものではありません。それぞれのテクニックを練習すれば、より良い設計者になれるでしょう。これらのテクニックを適切に使えるようになるための学習は、経験と判断の問題です。そしてその経験を得るための最善の方法は、自身の失敗から学ぶことです。自身の設計技術を改善していくための鍵は、これらのテクニックを試し、自身の失敗を快く受け入れ、過去の設計の決断にはとらわれないようにし、そして容赦なくリファクタリングをしていくことです。

経験を積めば積むほど、最初から適切なテクニックを選択するのがうまくなっていくでしょう。そして、必要な労力も減っていき、アプリケーションも改善していきます。

第9章 費用対効果の高いテストを設計する

変更可能なコードを書くことは1つの技巧であり、その実践には3つのスキルが欠かせません。

1つ目は、オブジェクト指向設計の理解です。下手に設計されたコードは、必然的に変更が難しくなります。実践的な立場から見ると、変更可能性こそが設計時に唯一問題となる指標です。つまり、変更が容易なコードは適切に設計されていると言えます。ここまでずっと読み進めてきたみなさんですから、その努力は報われていると思っても問題ないでしょう。つまり、変更可能なコード設計を実践していくための土台はできたと言えます。

2つ目は、コードのリファクタリングに長けていることです。ここで言うリファクタリングとは、「アプリケーションの内部をあちこちに動かす」というようなうわべだけのリファクタリングではなく、マーチン・ファウラー著『新装版 リファクタリング—既存のコードを安全に改善する』に定義されているような、本当に成熟して万全な方法で行うリファクタリングです。

> リファクタリングとは、ソフトウェアの外部の振る舞いを保ったままで、内部の構造を改善していく作業を指します。
>
> Martin Fowler『新装版 リファクタリング— 既存のコードを安全に改善する』(児玉公信・友野晶夫・平澤章・梅澤真史 共訳、オーム社、2014)

「ソフトウェアの外部の振る舞いを保ったままで」というフレーズに注目してください。リファクタリングは、正式に定義されるように、新たな振る舞いを追加することはありません。既存の構造を改善するのです。リファクタリングは、小さく、蟹のような歩みで、インクリメンタルに、慎重に、コードを変えていく厳密なプロセスです。そして、設計を正確に別のものへと変えていきます。

良い設計は、あらゆる機会で決定を遅らせ、より具体的な要件が現れるまで待つことによって、最大限の柔軟性を最小限のコストで保ちます。より具体的な要件が現れた日には、「リファクタリング」こそが、現在のコード構成を新たな要件を受け入れられるコード構成へとモーフィングする方法なのです。新たな機能は、成功裏にコードをリファクタリングできたあとにだけ追加されます。

リファクタリングのスキルに乏しい場合は、向上させましょう。継続的なリファクタリングの必要性は、良い設計が自然ともたらすものです。自身の設計努力は、かんたんにリファクタリングができるときにのみ完全に実を結ぶでしょう。

そして3つ目です。変更可能なコードを書くという技巧には、価値の高いテストを書く能力が求められます。テストにより、自信を持って絶えず継続的にリファクタリングができます。効果的なテストは、変更されたコードが継続して正しく振る舞うことを、全体のコストを上げることなく証明します。良いテストは、落ち着いてコードのリファクタリングを乗り越えます。コードへの変更によってテストの書き直しが強制されないように書かれているのです。

このような芸当をやりのけるテストを書くことは、設計の問題であり、この章の主題です。

オブジェクト指向設計の理解、優れたリファクタリングのスキル、そして効果的なテストを書く能力が3本の柱となり、変更可能なコードを支えます。適切に設計されたコードは容易に変更できます。リファクタリングは設計を次のものへと変えるための手段となり、そしてテストは、まったく危険なく、自由にリファクタリングをできるようにしてくれるのです。

9.1 意図を持ったテスト

テストを持つことの根拠として、最も一般的に言われていることは、テストはバグを減らすとか、文書になるだとか、テストを「最初」に書くことでアプリケーションの設計がより良いものになる、といったことでしょう。

これらの利点は、どれほど有効であったとしても、より深層にある目的の代理でしかありません。テストをすることの真の目的は、設計の真の目的がまさにそうであるように、コストの削減です。テストがなかった場合にかかるバグの修正に必要な時間や文書を書く時間、アプリケーションを設計する時間などに比べて、テストの記述、メンテナンス、実行に多くの時間がかかるのであれば、テストを書く価値はありません。また、そうであれば合理的な人はだれも支持しないでしょう。

よくあるのは、テストを書きはじめたばかりのプログラマーが、書いたテストから得られる価値よりも、自身がテストを書くのにかかるコストのほうが高い、という満足のいかない状況に置かれていることに気づくことです。そして、それゆえにテストの価値について議論をしたがります。これらのプログラマーは、テストがない以前の生活では、自身の生産性は高かったと信じているものの、テストファーストの壁にぶつかり、つまづいて止まることを余儀なくされたのです。テストファーストでのプログラミングの試みが成果の減少という結果になり、生産性を取り戻したいという欲求が彼らを昔の習慣へと逆戻りさせます。そして、テストを書かなくなるのです。

しかし、テストにコストがかかることの解決方法は、テストをやめることではありません。うまくなることです。テストから優れた価値を得るには、意図の明確さが求められます。そして、何を、いつ、どのようにテストするかも知らなければなりません。

テストの意図を知る

テストの実施には、潜在的な利益がいくつもあります。明白なものもあれば、明白でないものもあります。それらの利益を徹底して理解することで、よりその利益を手にしたいという思いが強くなるでしょう。

◉バグを見つける

欠陥やバグを開発プロセスの初期段階で見つけることは、大きな利益となって返ってきます。バグの発見と修正は、それがつくられた時間に近ければ近いほどよりかんたんです。しかしそれだけではありません。より早い段階でコードを正しくすることによって、できあがる設計に対して予期せぬ良い効果が得られます。できること（もしくはできないこと）を初期段階で知ることは、将来利用可能な設計の選択肢を変えるために、いまの案ではないほかの案を選択し直すきっかけとなることもあるでしょう。また、コードは蓄積されていくので、埋め込まれたバグに依存するコードも出てきます。これらのバグをあとになって修正しようとすると、そこに依存する大量のコードを修正しなければならないかもしれません。バグの初期段階での修正は、いつでもコストの削減になります。

◉仕様書となる

テストは、唯一信用できる設計の仕様書となります。テストが伝える説明は、紙の文書が過去のものとなり、人間の記憶がなくなってずっと経ったあとでも、真でありつづけます。将来の自分は記憶喪失になっているとでも思ってテストを書きましょう。忘れてしまうということを覚えておいてください。一度は把握していた説明を思い出させてくれるようなテストを書きましょう。

◉設計の決定を遅らせる

テストによって、設計の決定を安全に遅らせることができます。自身の設計スキルが磨かれるにつれ、ここの設計には「何か」が必要だけど、それが正確に何なのかを知るためにはまだ十分な情報がない、というような箇所が散見されるアプリケーションを書くようになります。それらは、追加の情報を待つべき箇所であり、具体的な設計にしなければならないという押しつけには勇気を持って抵抗すべきです。

このように、決断が「ペンディング」された箇所のコードが若干恥ずかしいものであることはたびたびあります。全体としては外にさらせるインターフェースの後ろに、極度に具象的なハックが隠されていたりするのです。こういった状況が生じるのは、現時点ではただ1つの具象的なケースにのみ気づいているものの、複数の具象的なケースが近い将来新たに現れることを十分に予期しているときです。それらのいくつもの具象的なケースを単一の抽象として扱うコードによって、いつか報われるときが来ることは知っているものの、現時点では、その抽象がどんなものになるか予測するための十分な情報がないのです。

テストがインターフェースに依存している場合、その根底にあるコードは、奔放にリファクタリングできます。テストは、そのインターフェースが正しく振る舞い続けることを証明するので、根底にあるコードを変更しても、テストの書き直しが求められることはありません。意図的にインターフェースに依存することによって、テストを使い、設計の決定を安全に、かつ代償もなく、遅らせることができます。

◉抽象を支える

ついに、さらなる情報が現れ、次なる設計の決断をするときは、その抽象度を上げるかたちでコードを修正します。ここにもまた、テストが設計にもたらす恩恵が眠っています。

良い設計は自然と、抽象[注1]に依存する、独立した小さなオブジェクトの集まりになっていきます。適切に設計されたアプリケーションの振る舞いは、徐々にそれらの抽象が相互作用した結果

注1：訳注 これまでもたびたび登場してきましたが、この本において、「抽象」という名詞は「abstraction (s)」の訳です。abstractionは「抽象化」という作業、手法を指すこともあれば、「抽象化されたもの（コード）」を指すこともあります。抽象化されたクラスも、抽象化されたメソッドもabstraction、すなわち抽象と言えます。

となっていきます。抽象的なコードは、素晴らしく柔軟性に富む設計のコンポーネントですが、それらがもたらす改善は、わずかにコストを伴います。個々の抽象は理解しやすいものの、全体の振る舞いを明らかにする箇所は、1つとしてないのです。

コードベースが拡大し、いくつもの抽象が育っていくと、テストの重要性もいっそう増していきます。設計の抽象度合によっては、どんな変更であっても、テストなしで安全に行うことがほぼ不可能になります。テストは、あらゆる抽象のインターフェースを記録するものであり、したがって、背後を守ってくれる壁のようなものです。テストによって、設計の決定を遅らせることができ、任意の有益な度合いの抽象をつくることができます。

◉設計の欠陥を明らかにする

次に紹介するテストがもたらす恩恵は、対象のコードの、設計の欠陥をあらわにすることです。テストのセットアップに苦痛が伴うのであれば、コードはコンテキストを要求しすぎています。1つのオブジェクトをテストするために、ほかのオブジェクトをいくつも引き込まなければならないのであれば、そのコードは依存関係を持ちすぎています。テストを書くのが大変なのであれば、ほかのオブジェクトから見ても再利用が難しいでしょう。

テストとは、炭鉱のカナリアのようなものです。つまり、設計がまずければ、テストも難しいのです。

しかし、その逆は必ずしも真ではありません。テストにコストがかかるからといって、必ずしもアプリケーションの設計がまずいわけではないのです。適切に設計されたコードに、できの悪いテストを書くことは、技術上十分にあり得ます。したがって、コストを下げるテストを実現するためには、対象のアプリケーションとテストの、両方を適切に設計する必要があります。

目標は、可能な限り低いコストでテストの恩恵をすべて得ることです。この目標を達成するための最適な方法は、問題となることのみをテストする、疎結合のテストを書くことです。

何をテストするかを知る

ほとんどのプログラマーはテストを書きすぎています。これは常に明らかなわけではありません。多くの場合、これらの不必要なテストにかかるコストはとても高く、関わっているプログラマーが、テストそのものをあきらめてしまうほどだからです。テストがないのではありません。彼らの手元には、巨大だけれども日付の切れた一連のテストがあるのです。そういったテストが動作することはありません。テストからより良い価値を得るための1つの単純な方法は、より少ないテストを書くことです。最も安全にこれを実現するには、どのテストも一度だけ、それも適切な場所で行うようにしましょう。

テストから重複を取り除くことで、アプリケーションの変更に伴うテストの変更コストが下がります。また、テストを適切な場所に配置することで、間違いなく必要なときにのみ、テストが変更されることが保証されます。テストをその本質へと抽出するには、何をテストしようとしているのかについて、明確な考えを持っていなければなりません。それは、すでに知っている設計原則から導くことができます。

オブジェクト指向のアプリケーションを、ブラックボックスの集まりの間を飛び回る一連のメッセージだと考えてみましょう。どのオブジェクトもブラックボックスであるかのように扱うことで、ほかのオブジェクトが知ることを許される知識について制約が課されます。そして、公開される（パブリックな）知識についても、その境界を突き通すメッセージのみへと制限されます。

適切に設計されたオブジェクトはとても強固な境界を持ちます。それぞれが図9.1に示される宇宙船のようです。外部にいるだれも内部を覗くことができず、内部にいるだれも決して外部を見ることができません。わずかばかりある明示的に合意されたメッセージのみが、あらかじめ定められた気密室を通ることができます。

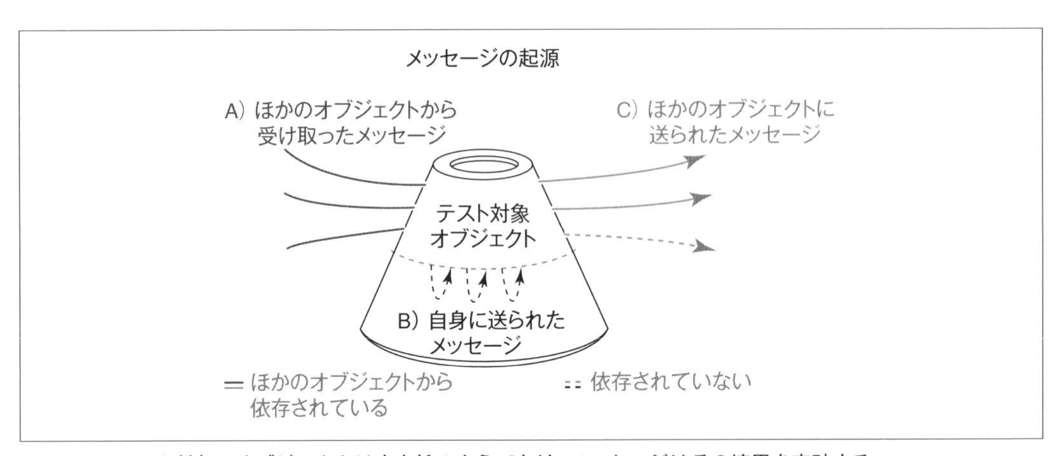

▲図9.1　テスト対象のオブジェクトは宇宙船のようであり、メッセージはその境界を突破する

この、ほかのあらゆるオブジェクトの内部を意図的に無視することが、設計の核心にあります。オブジェクトを、オブジェクトが応答するメッセージそのもの、かつそれだけであるかのように扱うことで、変更可能なアプリケーションを設計することができます。そして、この観点の重要性を理解してはじめて、最低限のコストで最大限の利益を生むテストを書けるようになるのです。

アプリケーションに守らせる設計原則は、テストにも適用されます。それぞれのテストは、既存のクラスを使う必要があるアプリケーションのオブジェクトの1つにすぎません。テストがそのクラスに結合すればするほど、2つはより絡まり合い、不必要な変更をより受けやすくなります。

結合は数を制限するだけでは十分ではありません。数をわずかにとどめたうえで、安定したものにすべきです。どのオブジェクトでも、最も安定しているのはそのパブリックインターフェースです。論理的に考えれば、パブリックインターフェースに定義されるメッセージを対象としたものを書くべきということがわかります。最もコストが高く最も利用性の低いテストは、不安定な内部の実装に結合することで、オブジェクトの格納壁に穴を開けます。それらの貪欲すぎるテストは、アプリケーション全体の正しさについて何も証明しないどころか、対象のクラスをリファクタリングするたびに毎回壊れるせいで、コストを高めてしまいます。

テストは、オブジェクトの境界に入ってくる（受信する）か、出ていく（送信する）メッセージに集中すべきです。受信メッセージは、それを受け取るメッセージのパブリックインターフェースをつくります。送信メッセージは、その定義上当然、ほかのオブジェクトに入っていきます。ですから、図9.2に示されるとおり、それはほかのオブジェクトのインターフェースの一部です。

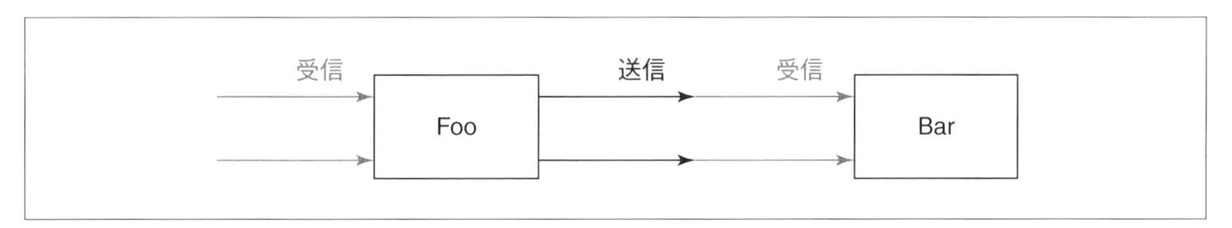

▲図9.2　あるオブジェクトの送信メッセージは、他方のオブジェクトからすれば受信メッセージ

図9.2では、Fooの受信メッセージがFooのパブリックインターフェースをつくっています。Fooは自身のインターフェースをテストする責任があり、メッセージの戻り値について表明（アサーション）をすることでそれを行っています。メッセージの戻り値について表明をするテストは、状態のテストです。このようなテストは、一般的に、メッセージが戻す結果が、期待する値と等しくなることを表明します。

図9.2には、FooがBarにメッセージを送ることも示されています。FooからBarに送られるメッセージは、Fooにとっては送信メッセージですが、Barにとっては受信メッセージです。このメッセージはBarのパブリックインターフェースの一部であるため、状態のテストはすべてBarにとどめられるべきです。Fooはそれらの送信メッセージを、状態のためにテストする必要はなく、また、するべきでもありません。一般規則として、オブジェクトは、自身のパブリックインターフェースを構成するメッセージに対して「のみ」、状態についての表明を行うべきです。この

規則に従うことで、メッセージの戻り値に対するテストを1カ所にとどめておくことができ、不必要な重複を取り除けます。また、テストもDRYにでき、メンテナンスのコストも下げることができるでしょう。

送信メッセージの状態をテストする必要がないからといって、それらのテストをまったくしなくてよいというわけではありません。送信メッセージには、2種類あります。そのうちの1つは、別の種類のテストを必要とします。

送信メッセージには、副作用がまったくないものもあります。そのため、そういったメッセージは送り手だけにとって問題となります。送り手は、もちろんその戻り値を気にします（でなければ、どうしてメッセージを送るのでしょう）。しかし、アプリケーションのほかのところでは、そのメッセージが送られたかなど気にしません。このような送信メッセージは、「クエリ（質問）」として知られていて、送り手のオブジェクトでテストされる必要はありません。クエリメッセージは、受け手のパブリックインターフェースの一部であり、必要な状態テストはすべてそちらで実装していることでしょう。

しかし、多くの送信メッセージは、アプリケーションが依存するものに対して副作用（ファイルの書き込みや、データベースへの記録の保存、オブザーバーによってアクションが起こされるなど）を持ちます。これらのメッセージは「コマンド（命令）」であり、それらが適切に送られたことを証明するのは送り手のオブジェクトの責任です。メッセージが送られたことの証明は、振る舞いのテストであり、状態のテストではありません。振る舞いのテストには、メッセージが送られた回数と、使われた引数についての表明が含まれます。

何をテストすべきかのガイドラインは次のようになります。受信メッセージは、その戻り値の状態がテストされるべきです。送信コマンドメッセージは、送られたことがテストされるべきです。送信クエリメッセージは、テストするべきではありません。

アプリケーションのオブジェクトが、互いに厳しくパブリックインターフェースのみを介して対処する限り、テストは上記のこと以上を把握する必要はありません。メッセージの最小限の集合に対してテストをするならば、どのオブジェクトのプライベートな振る舞いを変更してもテストに影響を与えることはないでしょう。送信コマンドメッセージをテストするとき、送られることのみを証明するためにテストを行うのであれば、結合が緩いテストとなります。そしてその疎結合のテストは、アプリケーションの変更に対しても、テストが変更されることなく、耐えることができるでしょう。パブリックインターフェースが安定している限り、テストを一度書けば、書いた人はテストにより永遠に安心していられます。

いつテストをするかを知る

テストを最初に書く意味があるのならば、いつでもそうしましょう。

残念なことに、そうすることに意味があると判断するのは、初級プログラマーにとっては難しいこともあります。この助言を与えたところで、助けになるとは言えないでしょう。初級者は、結合されすぎなコードを書きます。関係のない責任を束ね、多量の依存をあらゆるオブジェクトに結びつけます。彼らのアプリケーションはまるで絡み合ったコードから成る、固く編み上げられたタペストリーのようであり、そこに独立して存在するオブジェクトは1つとしてありません。そういったアプリケーションをさかのぼってテストするのはとても大変です。「テストとは再利用」であり、このコードの再利用はできないからです。

テストを最初に書くと、オブジェクトにはじめから多少の再利用性を持たせることになります。というよりも、そうでもしないとテストはまったく書けないのです。そのため、初級の設計者はテストファーストでコードを書くことが最も有益です。設計スキルがないままそれを行うのは大変で悩ましいことかもしれませんが、あきらめずに実装すれば、少なくともテスト可能なコードはできるのです。これがテストファーストでなかった場合、同じようにできるとは限りません。

しかし、気をつけなくてはならないこともあります。テストを最初に書いても、適切に設計されたアプリケーションの代替にも保証にもなりません。テストファーストにより再利用性を得たとしても、それは何の改善でもありませんし、最終的なアプリケーションは依然として良い設計とは到底言えないものになり得ます。適切な意図を持った初級者はしばしば、コストが高く重複のあるテストを、散らかって、強固に結合されたコードの周辺に書きます。これは残念な事実ですが、最も複雑なコードは、たいてい最もスキルのない人によって書かれています。その複雑なコードには、対象のタスクが持つ複雑さではなく、プログラマーの経験不足が反映されているのです。初級のプログラマーは、シンプルなコードを書くスキルをまだ持ち合わせていません。

そういった初級者がつくった複雑すぎるアプリケーションは、不屈の努力のたまものとして見られるべきです。なぜならそのアプリケーションがちゃんと動いていること自体が1つの奇跡なのです。そのコードは「つらい」ものです。そのアプリケーションは変更しづらく、どんなリファクタリングでもテストを壊します。この、変更に伴う高いコストが、かんたんに生産性を負のスパイラルに落とし込みます。これは関係者全員を落胆させることです。変更がアプリケーション内部を次々と伝わっていき、そして、テストのメンテナンスにかかるコストによって、テストの価値は相対的に高いように思えてきます。

もし自身が初級者であり、この状況にいるのであれば、テストの価値を信じ続けることが大事です。適切な時間に、適切な量で終われば、テストをすることと、テストファーストでコードを書くことは、全体的なコストを下げます。これらの利益を得るためには、オブジェクト指向設計の原則をあらゆるところに適用し、アプリケーションのコードとテストコードの両方に適用する必要があります。新たに築かれた設計の知識により、テスト可能なコードを書くことは、みなさんにとってすでにかんたんなことでしょう。この章の大半は、テストを構築するにあたってそれらの設計原則をどう適用するかを説明します。適切に設計されたアプリケーションの変更はかんたんであり、適切に設計されたテストはその変更とともに自身も変わってしまうことをとてもうまく避けます。ですから、これらの全体的な設計の改善は、とても大きな利益となって返ってくるはずです。

経験を積んだ設計者がテストファーストから得る改善は、より目立たないものです。これは、テストファーストから何も恩恵を得られないとか、その指示に従うことで何か想定外の発見をすることは絶対ないと言っているのではありません。強制的な再利用から生じる利益は、すでに持っているという意味です。こういったプログラマーは、すでに疎結合で、再利用性のあるコードを書いています。つまり、テストは別の方法で価値をもたらします。

経験を積んだ設計者は、問題に対し「スパイクを打つ」ということを知っています。スパイクを打つとは、コードだけを書き、実験をすることです。こういった実験は予備的なもので、解決法が不確かな問題のときに実施されます。問題が明確になり、設計がその姿を現せば、経験を積んだプログラマーはテストファーストに戻り、プロダクションコードを書きます。

全体としての目標は、許容できるテストカバレッジを持つ、適切に設計されたアプリケーションをつくることです。この目標を達成するための最適な方法は、プログラマーの強みと経験によって異なります。

自身の判断力を使えるという自由は、テストをスキップしてもよいということではありません。テストがないお粗末な設計のコードは、テストのできないただのレガシーコードです。自身の強みを過大評価し、肥大した自己像をもって、テストをしないことの言い訳にしてはいけません。古めかしい方法でちょっとしたコードを書くことは、ときには確かに有効ですが、テストファーストであるに越したことはないでしょう。

テストの方法を知る

だれでも新しいRubyのテスティングフレームワークをつくれますし、実際、あらゆる人がすでにつくったかのように思えるときもあります。次のピカピカに新しいフレームワークは、それがないことが考えられないような機能を持っているかもしれません。コストと利益を理解できるのであれば、自身に合うどんなフレームワークでも自由に選びましょう。

しかし、テスティングのメインストリームに居ることには多くのメリットがあります。最も使われているフレームワークには、最も良いサポートがあります。Ruby（とRails）の最新のリリースとの互換性を保証するために、素早くアップデートされます。そのため、最新の状態を保つことに何の障害もありません。巨大なユーザーベースにより、後方互換性を保つ傾向もあります。つまり、手元のテストをすべて書き直さなくてはならないようなかたちで変更されることはまずないでしょう。広く採用されているので、すでに使ったことのあるプログラマーもかんたんに見つけられます。

これを書いている時点[注2]では、メインストリームのフレームワークはMiniTest（Ryan Davisとseattle.rbによりつくられ、Rubyのversion1.9にバンドルされています）と、RSpec（David ChelimskyとRSpecチームによりつくられています）があります。これらのフレームワークはどちらも異なる設計思想を持ちます。自然とどちらかを好むようになると思いますが、どちらも素晴らしい選択です。

フレームワークを選ばなければならないだけではなく、異なる様式のテスティングにも取り組まなければなりません。テスト駆動開発（TDD：Test Driven Development）と振る舞い駆動開発（BDD：Behavior Driven Development）があります。ここの決定は、それほど明快にできません。TDDとBDDは対立するものであるように見えるかもしれませんが、図9.3に示されるように、連続体として見るのが最もよいでしょう。ここでは、自身の価値観と経験がおのずと自身の立ち位置を決めます。

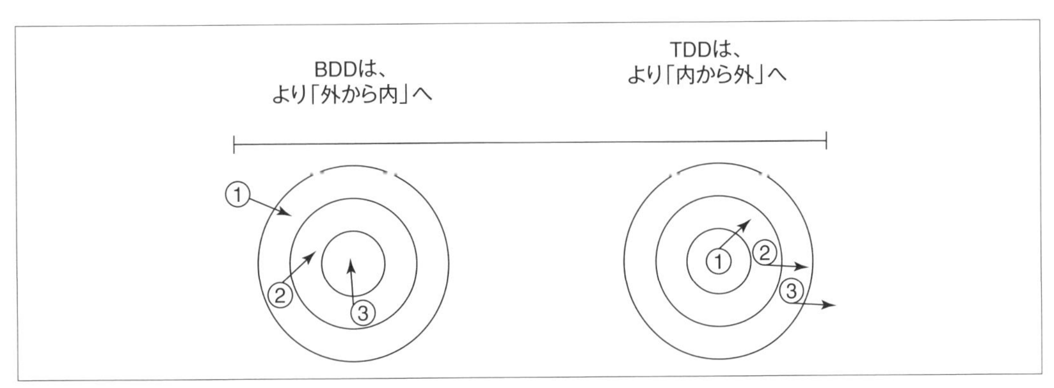

▲図9.3　BDDとTDDは連続体として見なされるべき

注2：訳注 原著の出版年は2012年です。

どちらの様式も、テストファーストによってコードを書いていきます。BDDは外から内へのアプローチをとり、アプリケーションの境界でオブジェクトをつくり、内向きに入っていきます。まだ書かれていないオブジェクトを用意するために、モックが必要となります。TDDは、内から外へのアプローチをとります。通常、ドメインオブジェクトのテストからはじまり、それらの新しくつくられたドメインオブジェクトをコードの隣接するレイヤーのテストで再利用していきます。

過去の経験や好みによって、どちらかの様式が自身にとってより最適なものとなるでしょう。しかし、どちらにせよ十分に満足のいく決断です。どちらにもコストと利点があり、そのうちのいくつかは、テストを書くことについて述べた次節で取り上げます。

テストをするときには、アプリケーションのオブジェクトを大きく2つのカテゴリーに分けて考えることが役立ちます。1つ目のカテゴリーは、自身がテストをするオブジェクトです。以降、これを「テスト対象オブジェクト」と呼びましょう。2つ目のカテゴリーは、そのほかのものすべてです。

テストは、1つ目のカテゴリーに従事するもの、つまり、テスト対象オブジェクトを知っている必要があります。しかし、2つ目のカテゴリーのものについては、テストは可能な限り無知であり続けるべきです。アプリケーションのほかの部分はまるで見えないかのように装いましょう。テスト中に利用可能な情報は、テスト対象オブジェクトを見ることによってのみ得ることができるものだけであると考えるのです。

テストの焦点を具体的なテスト対象オブジェクトにまで絞り込んだら、次はテストをする視点を選ばなければなりません。テストは、完全にテスト対象オブジェクト内に立つこともできます。そのとき、内部のどこにでも事実上アクセスすることもできます。しかし、これは良くない考えです。オブジェクトに閉じているべき（プライベートであるべき）知識が、テスト内に漏れることを許してしまっています。これらの間の結合度を高め、コードの変更がテストの変更まで要求することになる可能性を高めています。テストにとってより良いのは、テスト対象オブジェクトの縁沿いをとらえる視点を仮定することです。そこでは、テストは出入りするメッセージのみを知ることができます。

Column

MiniTestフレームワーク

この章のテストは、MiniTestを使って書かれています。これは、特定のフレームワークに肩入れするものではありません。MiniTestで書かれたテスト例は、Ruby1.9以上がインストールされている環境であればどこでも動作するから、という理由に基づいています[注a]。追加のソフトウェアをインストールすることなく、この章の例を複製し実験できるのです。

この章がみなさんに読まれるころには、MiniTestは変わっているかもしれません。おそらく、見知らぬ完璧な人が改善をほどこし、それらを無償で与えてくれたのでしょう。オープンソース開発者とはそういうものです。たとえMiniTestがどのように進化したとしても、次の原則が変わることはありません。文法の変更に取り乱さないことです。テストの根底にある目的を理解することに集中しましょう。それらの目的を一旦理解してしまえば、どんなテスティングフレームワークを使っても目的を達成できるはずです。

注a：訳注 原著執筆時

9.2 受信メッセージをテストする

受信メッセージは、オブジェクトのパブリックインターフェースを構成します。外の世界へ示す顔（face）です。アプリケーションのほかのオブジェクトが、そのシグネチャと戻り値に依存しているため、これらのメッセージはテストを必要とします。

これらの最初のテストは、「第3章　依存関係を管理する」の例からのコードを用いています。以下に、第3章で扱った、絡み合った状態のころのWheelとGearクラスを再掲します。Gearは自身の奥深く、gear_inchesメソッド内でWheelのインスタンスをつくっています（24行目）。

-Note-

この章では、以前の章で取り扱ったコードに対するテストが登場します。以前、それらのコード例はオブジェクト指向設計の原則を説明する役目を果たしました。ここでは、設計の異なるコンポーネントをどのようにテストするかを説明するために使われます。ここからのテストでは、これまでに見たコードのすべての行を網羅することはしませんが、この本で学んだ概念は、すべてテストされます。

```
1  class Wheel
2    attr_reader :rim, :tire
3    def initialize(rim, tire)
4      @rim       = rim
5      @tire      = tire
6    end
7
8    def diameter
9      rim + (tire * 2)
10   end
11 # ...
12 end
13
14 class Gear
15   attr_reader :chainring, :cog, :rim, :tire
16   def initialize(args)
17     @chainring = args[:chainring]
18     @cog       = args[:cog]
19     @rim       = args[:rim]
20     @tire      = args[:tire]
21   end
22
23   def gear_inches
24     ratio * Wheel.new(rim, tire).diameter
25   end
26
27   def ratio
28     chainring / cog.to_f
29   end
30 # ...
31 end
```

表9.1に、オブジェクトの境界を通るメッセージ（単純な属性を返すものを除く）を示します。Wheelは1つの受信メッセージ、diameterに応答します（裏を返せば、Gearの送信メッセージ）。そして、Gearは2つの受信メッセージに応答します。gear_inchesとratioです。

▼表9.1　オブジェクトの受信メッセージと送信メッセージ

オブジェクト	受信メッセージ	送信メッセージ	依存されているか？
Wheel	diameter		Yes
Gear		diameter	No
	gear_inches		Yes
	ratio		Yes

この節の導入段落では、受信メッセージはすべてオブジェクトのパブリックインターフェースの一部であるので、テストされなければならないと述べました。ここで、このルールについてちょっとした注意を補足しておきましょう。

使われていないインターフェースを削除する

受信メッセージには、必ずそこに依存するものがあります。表9.1に見て取れるように、これはdiameter、gear_inches、ratioについて成り立っています。(ただしそれらが受信メッセージであるところで)。

テスト対象オブジェクトに対してこの表をつくってみたとき、依存されてなさそうな受信メッセージが見つかったならば、そのメッセージに対して厳しく疑いの目を向けるべきです。だれも送りもしないメッセージを実装していることによって達成される目的は何かあるでしょうか。「受信する」ことが本当にまったくないのであれば、それは推測による実装です。未来を推測した臭いが漂う実装であり、明らかに、存在していない要件を予期したものです。

依存されていない受信メッセージのテストをしてはいけません。そのメッセージは削除しましょう。活発に使われていないコードを容赦なく排除していくことで、アプリケーションは改善されます。そのようなコードは、資金を浪費するうえに、テストとメンテナンスの負荷になるだけで、何の価値も提供しません。使われていないコードの削除は、ただちに資金の保全になります。消さないのであれば、必ずテストをしなければなりません。

どんなに気が進まなくても、乗り越えましょう。この刈り込みは、実践することでその価値を教えてくれます。この戦略の正しさに完全に確信するまでは、その非常手段として、バージョンコントロールシステムから削除したコードを復旧できるという知識で自身を慰めることもできます。消すことが嬉しいにしろつらいにしろ、使われていないコードは削除しましょう。使われていないコードは、復旧するより残し続けるコストのほうが高いのです。

パブリックインターフェースを証明する

受信メッセージは、その実行によって戻される値や状態を表明することでテストされます。受信メッセージをテストするにあたり、第一に求められることは、考えられ得るすべての状況において正しい値を返すことを証明することです。

次のコードは、Wheelのdiameterメソッドのテストです。4行目でWheelのインスタンスを作成し、6行目でWheelのdiameter（直径）が29であることを表明（assert）しています。

```
 1 class WheelTest < MiniTest::Unit::TestCase
 2
 3   def test_calculates_diameter
 4     wheel = Wheel.new(26, 1.5)
 5
 6     assert_in_delta(29,
 7                     wheel.diameter,
 8                     0.01)
 9   end
10 end
```

このテストは極度に単純なもので、実行するのはとても小さなコードです。Wheelは、隠された依存は何も持たないので、このテストを実行しても、その副作用によってこのほかにアプリケーションのオブジェクトがつくられることはありません。Wheelの設計によって、アプリケーションに存在するほかのすべてのクラスから独立してWheelをテストできるようになっています。

Gearのテストはさらにもう少し興味深いものです。GearはWheelよりもわずかに多くの引数を要求します。しかし、そうであるにもかかわらず、これら2つのテストの全体的な構造は、とても似通っているのです。次のgear_inchesのテストでは、4行目にてGearの新しいインスタンスを作成し、10行目にてメソッドの戻り値について表明をしています。

```
 1 class GearTest < MiniTest::Unit::TestCase
 2
 3   def test_calculates_gear_inches
 4     gear =  Gear.new(
 5               chainring: 52,
 6               cog:       11,
 7               rim:       26,
 8               tire:      1.5 )
```

```
 9
10     assert_in_delta(137.1,
11                     gear.gear_inches,
12                     0.01)
13   end
14 end
```

この新しいgear_inchesのテストは、Wheelのdiameterのテストにそっくりです。しかし、見た目に騙されてはいけません。このテストには、diameterテストにはなかった絡まりがあります。Gearのgear_inchesの実装は無条件に別のオブジェクト（Wheel）をつくり、それを使うようになっています。GearとWheelはコードとテストの両方で結合されていますが、ここでは明らかではありません。

Gearのgear_inchesメソッドがほかのオブジェクトを作成し、使用するという事実は、2つに影響を及ぼします。1つはテストの実行時間です。もう1つは、アプリケーションに関連しない箇所の変更によって生じる予想外の結果に苦しむことになる可能性です。しかし、この問題を生み出す結合はGearの内部に隠されています。それゆえ、このテストではまったく見ることができません。このテストが目的とすることは、gear_inchesが正しい値を返すことと、それが確かに要件を満たすことの証明です。しかし、対象のコードの構成によって、隠れたリスクも追加されています。

Wheelの作成コストが高い場合、Gearのテストは、たとえWheelに関心がなくてもそのコストを払うことになります。Gearは正しいけれど、Wheelが壊れている場合、Gearのテストは誤解を招くようなかたちで、テストをしようとしているコードから遠く離れたところで失敗するかもしれません。

テストは、最低限のコードを実行する場合に、最速で終わります。そして、テストが実行する外部のコードの量は、設計に直接関係します。密に結合され、依存でいっぱいのオブジェクトから構成されるアプリケーションは、まるでタペストリーのようであり、一本の糸を引っ張ると全体が引きずられる絨毯のようです。密に結合されたオブジェクトのテストでは、1つのオブジェクトのテストによって、たくさんのオブジェクトのコードが実行されます。Wheelのコードもほかのオブジェクトに結合しているようであれば、問題はさらに拡大されることでしょう。Gearのテストを実行すると、いくつものオブジェクトから成る巨大なネットワークがつくられ、どのオブジェクトも、壊れるときは酷く混乱を招くようにして壊れるのです。

これらの問題はテストで現れましたが、テスト固有の問題ではありません。テストはコードの最初の再利用です。ですからこの問題は、アプリケーション全体として起きることの予兆なのです。

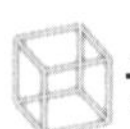テスト対象のオブジェクトを隔離する

Gearは簡素なオブジェクトですが、gear_inchesメソッドのテストを試みたことで、隠れた複雑さが明らかになりました。このテストの目的はgear_inchesが正しく計算されることの保証でしたが、ふたを開けてみれば、そのgear_inchesメソッドの実行は、Gear以外のオブジェクトのコードに頼っていたのです。

これは広範囲に及ぶ設計の問題をあらわにしています。Gearを独立してテストできないときは、未来への悪い前兆が示されています。Gearを独立してテストすることの難しさによって、Gearが特定のコンテキストに結びつけられており、しかも制限を強要し、再利用の妨げとなるコンテキストに結びつけられていることがわかるのです。

第3章では、Wheelの作成をGearから取り除くことによってこの結合をほどきました。次のコードは、その遷移をしたときのコードをそのままコピーしたものです。これで、Gearはdiameterを理解するオブジェクトが注入されることを想定するようになりました。

```
1  class Gear
2    attr_reader :chainring, :cog, :wheel
3    def initialize(args)
4      @chainring = args[:chainring]
5      @cog       = args[:cog]
6      @wheel     = args[:wheel]
7    end
8
9    def gear_inches
10       # 'wheel'変数内のオブジェクトが
11       # 'Diameterizable' ロールを担う
12     ratio * wheel.diameter
13   end
14
15   def ratio
16     chainring / cog.to_f
17   end
18 # ...
19 end
```

このコードの遷移は、思考の遷移と平行しています。Gearは、もはや注入されるオブジェクトのクラスについて気にしなくなり、単にdiameterが実装されていることのみを想定しています。

このdiameterメソッドは、Diameterizableと呼ぶのがふさわしいであろう「ロール」のパブリックインターフェースの一部となったのです。

Gearがwheelから切り離されたので、Gearをつくるときは毎回Diameterizableを注入する必要があります。しかし、Wheelはアプリケーションにおいてこのロールを担う唯一のクラスなので、実行時の選択肢は著しく限られています。現実には、現在のコードがそうであるように、Gearをつくるときにはいつでもwheelのインスタンスを注入する必要があるでしょう。

一周回って戻ってきたように見えますが、GearへWheelを注入するか、Diameterizableを注入するかは、見かけほど同じではありません。アプリケーションのコードは、確かにまったく同じように見えますが、その論理的な意味は異なります。打ち込む文字が違うというのではありません。それが何を意味するのかという、プログラマーの考えに違いが表れます。受信オブジェクトのクラスに縛りつけられた想像力を自由にすることで、設計と「テスト」における、それまでになかった可能性が開かれるのです。注入されるオブジェクトがそのロールのインスタンスだと考えることによって、テスト中にGearへ注入するDiameterizableの種類について、より多くの選択肢を考えられるようになります。

考えられるDiameterizableの1つは、言うまでもなく、Wheelです。正しいインターフェースを明確に実装しているからです。次の例では、その何の変哲もない選択をしています。Wheelのインスタンスをテスト中に注入するように設定する（6行目）ことで、コードへの変更を受け入れられるようになるよう、既存のテストを更新しています。

```
 1 class GearTest < MiniTest::Unit::TestCase
 2   def test_calculates_gear_inches
 3     gear =  Gear.new(
 4               chainring: 52,
 5               cog:       11,
 6               wheel:     Wheel.new(26, 1.5))
 7
 8     assert_in_delta(137.1,
 9                     gear.gear_inches,
10                     0.01)
11   end
12 end
```

注入されるDiameterizableとしてWheelを使うと、実際のアプリケーションを正確に反映したテストコードができます。GearがWheelを使っていることは、アプリケーションとテストにおいて、いまや明白になっています。これら2つのクラス間の、目には見えなかった結合が、白日のもとにさらされたのです。

このテストは十分に速いものですが、その速さは偶然の産物です。決して、gear_inchesのテストが注意深く隔離され、それによりほかのコードとの結合が解かれたといった理由からではありません。まったくもって異なります。単に、このテストに結合されたすべてのコードも、同じように速いというだけのことです。

また、同じように気づいて欲しいことがあります。ここ（もしくは関係あるほかの場所）では明確になっていないことがあります。WheelがDiameterizableのロールを担っていることです。このロールは仮想的なもので、設計者の脳内にしかありません。コードのどこをとっても、将来メンテナンスする人に向けて、WheelをDiameterizableとして考えるよう案内するものはありません。

しかし、このロールの見えなさと、Wheelへの結合があるにもかかわらずテストをこのように構成することには、極めて実利的な利点が1つあります。それについては、「9.3　プライベートメソッドをテストする」に示しましょう。

クラスを使って依存オブジェクトを注入する

テストコードでもアプリケーションコードでも、同じオブジェクトと協力していれば、テストはいつでも壊れるべきときに壊れます。この価値を甘く見ることはできません。

次にシンプルな例を示します。Diameterizableのパブリックインターフェースが変わることを考えてみましょう。あるプログラマーがWheelクラスを触りにいき、diameterメソッドの名前をwidthに変えます。8行目に示すとおりです。

```
1  class Wheel
2    attr_reader :rim, :tire
3    def initialize(rim, tire)
4      @rim       = rim
5      @tire      = tire
6    end
7
8    def width    # <-- 以前は 'diameter' だった
9      rim + (tire * 2)
10   end
11 # ...
12 end
```

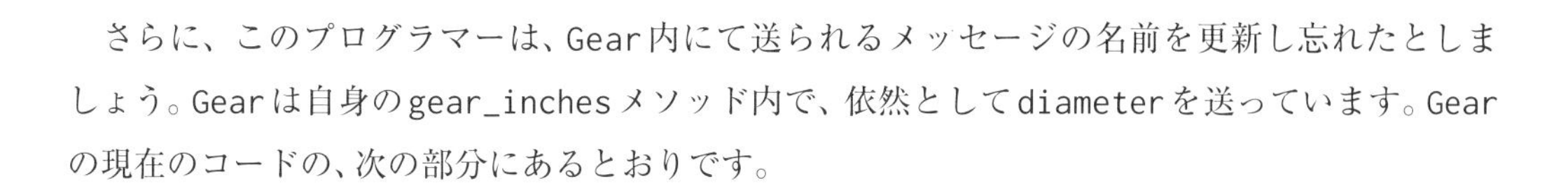

さらに、このプログラマーは、Gear内にて送られるメッセージの名前を更新し忘れたとしましょう。Gearは自身のgear_inchesメソッド内で、依然としてdiameterを送っています。Gearの現在のコードの、次の部分にあるとおりです。

```
1 class Gear
2   # ...
3   def gear_inches
4     ratio * wheel.diameter # <-- 古くなっている
5   end
6 end
```

GearのテストはWheelのインスタンスを注入しています。Wheelが実装するのはwidthですが、Gearはdiameterを送るので、テストは失敗するようになります。

```
1 Gear
2   ERROR test_calculates_gear_inches
3         undefined method 'diameter'
```

この失敗は驚くものではありません。これはまさしく、2つの具象的なオブジェクトが協力しているときに、メッセージの受け手が変わったのに送り手が変わっていないときに起こることです。Wheelが変わったので、Gearも変わる必要があります。このテストは、失敗するべくして失敗しています。

このテストはコードがとても具象的であるため、単純で、失敗も明確です。しかし、すべての具象がそうであるように、これはこの特定の場合にしか動作しません。ここの、このコードにとっては、上記のテストは十分な出来です。しかし、当然ほかの状況も考えられます。抽象を用意し、そのテストをしたほうがより効果を得られる場合も当然あるでしょう。

より極端な例では、問題が浮き彫りになります。何百ものDiameterizableがあったとしましょう。テストで注入するには、最も意図を明確に伝えられるのはどれなのかを、どのように決めればよいのでしょうか。Diameterizableのコストが極めて高い場合、どのようにして、大量の、不必要で時間を浪費するコードの実行を避けることができるでしょうか。常識的には、Wheelが唯一のDiameterizableで、それも十分に速いのであれば、テストは単にWheelを注入すべきです。しかし、その判断が明確にできない場合はどうすればよいのでしょう。

ロールとして依存オブジェクトを注入する

WheelクラスとDiameterizableというロールは、それぞれが独立した概念だととらえることが難しいほど、とても近くに並んでいます。しかし、前のテストで起きたことを理解するには、区別を付けなければなりません。GearとWheelは両方とも第三のものと関連しています。Diameterizableというロールです。図9.4に見られるように、DiameterizableはGearから依存され、Wheelによって実装されています。

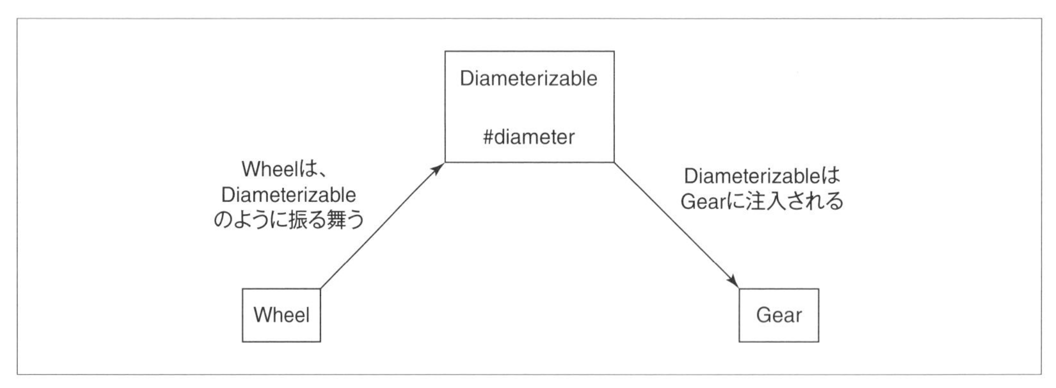

▲図9.4　GearはDiameterizableに依存し、WheelはDiameterizableを実装する

このロールは、まったく異種のオブジェクトも直径（diameter）を持てるという概念の抽象化です。すべての抽象と同じように、この抽象的なロールも、もととなった具象よりも安定していると期待するのは理にかなっています。しかし、上記に示した特定の場合では、その逆が真となります。

コード中には、2カ所、オブジェクトがDiameterizableの知識に依存している場所があります。1つ目は、Gearです。Gearは、自身がDiameterizableのインターフェースを知っていると思っています。Gearは注入されたオブジェクトにdiameterを送れると信じているのです。2つ目は、注入されるオブジェクトをつくった箇所のコードです。ここでは、Wheelがこのインターフェースを実装していると信じています。つまり、Wheelがdiameterを実装していることを想定しています。さて、ここでDiameterizableに変更が加わると、問題が発生します。Wheelは新しいインターフェースを実装するように更新されたのですが、残念なことに、Gearは依然として古いインターフェースを想定したままなのです。

「依存オブジェクトの注入」の本質は、それにより、既存のコードを変更することなく異なる具象クラスへの差し替えができるようになることです。既存のロールを担う新しいオブジェクトをつくり、ロールが求められるところへそれらのオブジェクトを注入することによって、新たな振る舞いを組み立てられます。オブジェクト指向設計が依存オブジェクトの注入を勧めるのは、具体的な具象クラスは一連のロールよりも多様になると信じているからです。逆の言い方をすれば、ロールは、抽象化のもととなったクラスよりも安定したものになると信じているのです。

残念なことに、たったいま、真逆のことが起こりました。この例で変わったのは、注入されたオブジェクトのクラスではありません。ロールのインターフェースです。Wheelを注入するのは依然として正しいことですが、そのWheelにdiameterメッセージを送ることはもはや正しくはないでしょう。

ロールの担い手が1つしかない場合、その1つの具象的な担い手と抽象的なロールは、その境界がかんたんにぼやけるほどに近接しています。このぼやけが問題ないこともあります。ここでは、WheelはDiameterizableの唯一の担い手であり、現時点ではほかのものを想定していません。Wheelのコストが低ければ、実際のWheelを注入してもテストに対する負の影響は小さなものです。

アプリケーションコードがただ1つの方法でしか書かれないのであれば、その構成をそのまま反映することが、最も効果的にテストを書く方法である場合もあるでしょう。こうすることによって、具象（Wheelクラスの名前）、抽象（diameterメソッドへのインターフェース）にかかわらず、どちらへの変更にも正しくテストが失敗します。

しかし、いつでもこのようにはできません。ときには、テスト内でWheelの使用を控えたくなるようなこともあるでしょう。アプリケーションにいくつもの異なるDiameterizableがあれば、理想的なものを1つつくり、テストがロールの概念を明確に伝えるようにしたくなるかもしれません。Diameterizableのどれもが高コストなのであれば、コストの低いフェイクを1つつくって、テストの実行を速くしたくなるでしょう。BDDに取り組んでいれば、ロールを担うオブジェクトをまだ実装していないこともあります。その場合はテストを書くためだけに「何か」をつくらなければならないでしょう。

◉テストダブルをつくる

次の例では、Diameterizableのロールを担うフェイクオブジェクト、すなわち「テストダブル」をつくるという案を検討していきます。このテストでは、Diameterizableのインターフェースはもともとのdiameterメソッドに戻されたとしましょう。diameterメソッドは再度正しくWheelによって実装され、Gearによって送られます。2行目でつくっているのが、フェイクであるDiameterDoubleです。13行目にて、このフェイクをGearへ注入しています。

```
1  # 'Diameterizable'ロールの担い手をつくる
2  class DiameterDouble
3    def diameter
4      10
5    end
6  end
7
8  class GearTest < MiniTest::Unit::TestCase
9    def test_calculates_gear_inches
10     gear =  Gear.new(
11               chainring: 52,
12               cog:       11,
13               wheel:     DiameterDouble.new)
14
15     assert_in_delta(47.27,
16                     gear.gear_inches,
17                     0.01)
18   end
19 end
```

テストダブルとは、ロールの担い手を様式化したインスタンスであり、テストでのみ使われるものです。このようなダブルはとてもかんたんにつくれます。考えられるすべての状況に対してこのようなダブルをつくろうとも、それを阻害するものは何もありません。それぞれのバリエーションは芸術家のスケッチのようなものです。関心のある機能を1つ強調し、オブジェクトのほかの詳細は背景へと減退させます。

このダブルは、diameterを「スタブ」します。つまり、あらかじめ詰められた答えを返すdiameterを実装します。DiameterDoubleはかなり限定的ですが、それこそが肝心な点です。diameterがいつでも10を返すという事実が、まさにうってつけなのです。このスタブされた戻り値は、テストをその上に構築するための、依存可能な基礎を提供してくれます。

多くのテストフレームワークが、ダブルをつくる方法、そして戻り値をスタブする方法を備えています。これらに特化したメカニズムは便利なこともあります。しかし、簡素なテストダブルならば、昔ながらの素朴なRubyオブジェクトを使うのでも十分でしょう。上の例ではそのようにしています。

DiameterDoubleはモックではありません。気を抜くと「モック」という言葉でこのダブルを表現しがちになりますが、実際はまったく別のものです。これについては「9.4　送信メッセージをテストする」で取り扱います。

このダブルを注入することでGearのテストをWheelクラスから切り離せます。DiameterDoubleは常に速いので、もはやWheelが遅いかどうかは問題となりません。テストは、次の実行結果に示されるように、まったく問題なく動作します。

```
1  GearTest
2      PASS test_calculates_gear_inches
```

このテストはテストダブルを使っています。それゆえ簡潔で、速く、隔離されているうえに、意図を明確に表します。では、何か間違いが起こることなどあるのでしょうか。

◉夢の世界に生きる

いま一度、前と同じ変更がコードに加わるとしましょう。Diameterizableのインターフェースはdiameterからwidthに変わり、Wheelは更新されましたが、Gearはそのままです。この変更は、再度アプリケーションを壊します。以前のGearの（ダブルではなくWheelを注入していた）テストは、この問題にすぐに気づき、undefined method diameterエラーを出して失敗するようになりました。

しかし、いまはDiameterDoubleを注入しているので、テストを再実行したときには、次のようなことが起こります。

```
1  GearTest
2      PASS test_calculates_gear_inches
```

該当のテストは、アプリケーションが壊れているにもかかわらず「通り続け」ます。このアプリケーションは動くはずがありません。Gearはdiameterを送りますが、Wheelが実装しているのはwidthです。

異なる世界をつくってしまいました。アプリケーションがはっきりと間違っているにもかかわらず、テストはのんきに、すべてうまくいっていると報告します。このような世界をつくってしまう可能性があるゆえに、スタブ（とモック）はテストを脆くすると警告する人がいるのです。しかし、いつものように、ここでの失敗はプログラマーの問題です。ツールのせいではありません。より良いコードを書くには、この問題の根本原因を理解する必要があります。そのためにも、コードのコンポーネントをさらに見ていく必要があるでしょう。

このアプリケーションはDiameterizableというロールを含みます。このロールの担い手は、もともとWheel1つだけでした。GearTestがDiameterDoubleをつくったときに、「ロールの2つ目の担い手」が導入されました。あるロールのインターフェースが変更されると、そのロールの担い手は例外なくその新しいインターフェースに適応する必要があります。しかし、テスト用に特別につくられたロールの担い手は実にかんたんに見過ごされてしまいます。ここで起こったことは、まさにそれです。Wheelは新しいインターフェースに更新されましたが、DiameterDoubleは更新されませんでした。

◉テストを使ってロールを文書化する

この問題が生じることに驚きはありません。このロールはほとんど目に見えないのです。指をさして「ここでDiameterizableを定義しているよ」と示せる場所はアプリケーションのどこにもありません。このロールが存在することさえ覚えておくのが難しければ、そのテストダブルを忘れてしまうことは避けられないでしょう。

このロールの可視性を高める方法の1つは、Wheelがそれを担うことを表明することです。次のコードの6行目では、まさにそうしています。ロールを文書化し、Wheelが正しくインターフェースを実装していることを証明しています。

```
 1 class WheelTest < MiniTest::Unit::TestCase
 2   def setup
 3     @wheel = Wheel.new(26, 1.5)
 4   end
 5
 6   def test_implements_the_diameterizable_interface
 7     assert_respond_to(@wheel, :diameter)
 8   end
 9
10   def test_calculates_diameter
11     wheel = Wheel.new(26, 1.5)
12
13     assert_in_delta(29,
14                     wheel.diameter,
15                     0.01)
16   end
17 end
```

test_implements_the_diameterizable_interfaceテストは、ロールに対するテストという案を導入してはいますが、完全に満足のいく解決法ではありません。これは実際、悲痛なほどに不完全です。まず、このテストはほかのDiameterizableと共有できません。このロールのほかの担い手は、このテストを複製しなければならないでしょう。次に、Gearテストの、「夢の世界に生きる」問題に対しては何の助けにもなりません。Wheelがこのロールを担うということを表明しても、GearのDiameterDoubleが過去のものになってしまい、gear_inchesテストが間違って通ってしまうことは防げないのです。

幸いにも、ロールをテストし、文書化することの問題にはかんたんな解決策があります。それは「9.5　ダックタイプをテストする」にて細かく見ていきます。ここでは、ロールにはそれ自体のテストが必要だと認識するだけで十分です。

この節の目的は、受信メッセージをテストすることによってパブリックインターフェースの証明をすることでした。Wheelのテストは低コストでした。もともとのGearテストはもっと高コストで、それはWheelへの隠れた結合に依存していたためです。この結合を、Diameterizableに依存するオブジェクトの注入へと置き換えることによって、テスト対象のオブジェクトを隔離させました。しかし、同時に、実際のオブジェクトを注入するかフェイクのオブジェクトを注入するかというジレンマを生み出してしまったのです。

この、現実のオブジェクトかフェイクのオブジェクトを注入するという選択は、広範囲に影響を及ぼします。テストと実行環境で同じオブジェクトを注入することで、テストが正しく壊れることは保証されます。しかし、テストの実行時間は長くなるかもしれません。あるいは、ダブルを注入することによってテストは速くできますが、今度はテストが動作しても実際のアプリケーションは動作しないという、夢の世界を構築してしまうという問題に弱くなってしまいます。

テストをする行為自体は、設計の改善を強制しなかったことに注目してください。テストをしたからといって、結合を取り除いたり、依存オブジェクトを注入したくなったりはしません。外から内へ向かうBDDのアプローチは、TDDよりも案内となってくれることが多いのは事実ですが、どちらの手法にしても、純朴な設計者がWheelを用意し、Wheelの生成をGearの奥深くに埋め込んでしまうことを防げはしないのです。この結合によってテストができなくなることはありませんが、コストは上がります。結合を減らすことは実装者次第であり、実装者の、設計原則の理解にかかっています。

9.3 プライベートメソッドをテストする

ときどき、テスト対象オブジェクトは自分自身にメッセージを送ります。selfに送られるメッセージは、受け手のプライベートインターフェースに定義されているメソッドを実行します。プライベートメッセージは、だれもいない森で木が倒れたら音はするのか、という有名な話のようなものです[注3]。それらは存在しません。ただし、少なくとも、アプリケーションのほかのところに関する限りですが。なぜなら、プライベートメッセージが送られてくるところを、テスト対象オブジェクトというブラックボックスの外からは見ることができないからです。理想的な設計の、汚れのない世界では、それらをテストする必要はありません。

しかし、実世界はそこまで整理されておらず、この単純なルールは文句なしに十分とは言えません。プライベートメッセージを扱うには、判断力と柔軟性が求められます。

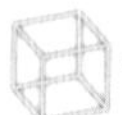テスト中ではプライベートメソッドを無視する

プライベートメソッドのテストをしないことを支持するもっともな理由はたくさんあります。

1つ目に、そのようなテストは冗長です。プライベートメソッドはテスト対象オブジェクト内に隠されていて、その結果はほかのオブジェクトから見ることができません。プライベートメソッドはパブリックメソッドによって実行され、パブリックメソッドは「すでにテストされています」。プライベートメソッド内のバグは確かにアプリケーション全体を壊すかもしれませんが、この失敗はいつでも既存のテストによってあらわになります。プライベートメソッドのテストが必要なことなどないのです。

2つ目に、プライベートメソッドは不安定です。そのため、プライベートメソッドのテストは、アプリケーションコードの変わりやすいところへの結合なのです。アプリケーションが変更されると、同様にテストも変更しなければなりません。不必要なテストの継続的なメンテナンスをするために貴重な時間を費やす、という状況をかんたんにつくれてしまいます。

3つ目に、プライベートメソッドのテストをすることで、ほかのメソッドがそれらを間違って使ってしまうことになりかねません。テストは、テスト対象オブジェクトの文書となります。それらが伝えるのは、テスト対象オブジェクトがどのように世界全体と共同作業をしようと想定しているかのストーリーです。このストーリーにプライベートメソッドを含めることは、本来の目的から読み手の意識をそらすことなります。さらにカプセル化を破壊することや、それらのメソッドに依存することを読み手に促すことになります。テストはプライベートメソッドを隠すべきです。さらすべきではありません。

注3：訳注 https://en.wikipedia.org/wiki/If_a_tree_falls_in_a_forest

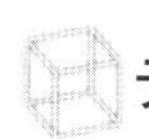

テスト対象クラスからプライベートメソッドを取り除く

この問題を丸ごと避ける方法の1つは、プライベートメソッド自体もつくらないようにすることです。プライベートメソッドが1つもなければ、そのテストの心配をする必要もありません。

プライベートメソッドを大量に持つオブジェクトからは、責任を大量に持ちすぎた設計の臭いが漂ってきます。オブジェクトに大量のプライベートメソッドがあり、テストをしないでおく勇気がないのであれば、それらのメソッドを新しいオブジェクトに切り出すことを考えましょう。切り出されたメソッドは、新しいオブジェクトが負う責任の中核となり、そのパブリックインターフェースを形成します。これは、(理論的には)安定しているので、依存しても安全です。

この戦略はなかなかのものです。しかし、あいにく、これが本当に役立つのは新しいインターフェースが確かに安定しているときだけです。ときには、新しいインターフェースが安定していないことがあります。ここが、理論と実践の分かれるところです。新しいパブリックインターフェースの安定性（と不安定性）はもともとプライベートインターフェースであったころとまったく変わりません。場所が移動されたからといって、不思議な力でメソッドの信頼性が増すことはないのです。不安定なメソッドへの結合はコストがかかることであり、パブリックやプライベートといった表現には左右されません。

プライベートメソッドのテストをするという選択

不確かなことがたくさんあるときには大胆な手法が求められます。なので、大量の責任の臭いがするコードをどこかに投げ入れ、より良い情報を得られるまで雑然さを隠しておくことも、ときには正当な方法となるでしょう。雑然さはかんたんに隠せます。単に、問題のコードをプライベートメソッド内に包んでしまえば終わりです。

めちゃくちゃなコードを書いて直さずにいれば、コストは次第に上がっていきます。しかし短い期間で、かつ、そうするのが適切な問題であれば、恥ずかしいコードを書くことに自信を持つことで、資金を節約できます。設計の決定を遅らせることが目的であるときは、いまある問題を解くために一番シンプルなことをやりましょう。めちゃくちゃなコードは、考えられ得る限り最善のインターフェースの背後に隔離し、あとはもっと情報が来るまで、じっと待ちましょう。

この作戦をとった結果、著しく不安定なプライベートメソッドができることがあります。一度この跳躍をすると、不安定なメソッドをテストすることで、その罪を埋め合わせようと考えるようになるのは当然のことです。そのアプリケーションコードは醜く、頻繁に変わることでしょう。つまり、何かを壊してしまうリスクが常に存在します。これらのテストのコストは高く、対象のコードが変化するたびに変わっていかねばならない可能性が高いのですが、物事を動かし続けるためのほかの選択肢は、おそらくどれもコストのかかるものでしょう。

これらのプライベートメソッドのテストは、変更によって何かを壊してしまったことを検知するためには必要ありません。パブリックインターフェースのテストが、いまでも素晴らしくその目的を果たしています。プライベートメソッドのテストが生み出すエラーは、プライベートなコードの失敗箇所をピンポイントで示します。こういったより詳細なエラーは固い結合であり、メンテナンスコストを上げます。しかし、変更が及ぼす影響をよりかんたんに理解できるようにしてくれるので、複雑なプライベートコードをリファクタリングする際の痛みをいくらか取り除いてくれるでしょう。

リファクタリングは行われるものですから、リファクタリングの障壁を減らすことは重要です。これが本質です。雑然さは一時的なものであり、そのリファクタリングは予定されたものです。より多くの設計に関わる情報が現れるにつれ、それらのプライベートメソッドは改善されていきます。いったん霧が晴れて、設計がおのずと明らかになれば、メソッドはより安定します。安定性が増すと、メンテナンスのコストとテストの必要性は下がります。ゆくゆくはプライベートメソッドを1つのクラスに切り出すことが可能になり、安全に外にさらせるようになるでしょう。

したがって、プライベートメソッドをテストする際の大まかなルールは次のようになります。「プライベートメソッドは決して書かないこと。書くとすれば、絶対にそれらのテストをしないこと。ただし、当然のことながら、そうすることに意味がある場合を除く」です。したがって、テストを書くことに対しては偏った見方をしましょう。しかし、現状が改善されるならば、書くことを恐れてはいけません。

9.4 送信メッセージをテストする

送信メッセージは「何をテストするかを知る」(P241)で知ったとおり「クエリ」か「コマンド」のどちらかです。クエリメッセージは、それらを送るオブジェクトにのみ問題となります。一方、コマンドメッセージは、アプリケーション内のほかのオブジェクトから見える影響を及ぼします。

クエリメッセージを無視する

副作用のないメッセージはクエリメッセージとして知られます。以下に単純な例を示します。ここでは`Gear`の`gear_inches`メソッドが`diameter`を送っています。

```
1 class Gear
2   # ...
3   def gear_inches
4     ratio * wheel.diameter
5   end
6 end
```

gear_inchesメソッドのほかに、diameterが送られたことを気にするメソッドはありません。diameterメソッドには副作用がなく、実行しても目に見える痕跡は残しません。また、この実行に依存するほかのオブジェクトもありません。

同じように、テストではselfに送られたメッセージは無視されるべきです。外に出て行くクエリメッセージもまた、無視されるべきです。diameterを送ることによる影響はGear内部に隠されています。アプリケーション全体としてはこのメッセージが送られる必要はないので、テストでは気にする必要がありません。

Gearのgear_inchesメソッドはdiameterの戻り値に依存しますが、diameterの正しさを証明するテストはWheelに属するものです。Gear内に属するものではありません。Gearにてこれらのテストを重複するのは冗長であり、メンテナンスコストを上げます。Gearの唯一の責任は、gear_inchesが正しく動くことの証明です。これは、単純にgear_inchesがいつも適切な値を返すことをテストすればおしまいです。

コマンドメッセージを証明する

しかし、ときおり、メッセージが送られたことが問題になることがあります。アプリケーションの一部が、その結果として生じる何かに依存する場合です。この場合、テスト対象オブジェクトは、メッセージを送ることに責任を持ち、テストではそれを証明しなければなりません。

この問題を説明するには、新たな例が必要です。あるゲームがあるとしましょう。プレイヤーは仮想の自転車でレースをします。自転車は、当然ながら、ギアを持ちます。Gearクラスはプレイヤーがギアを変えたことをアプリケーションに知らせる責任を負います。そうすることで、アプリケーションは自転車の振る舞いを更新できます。

次のコードでは、Gearはobserverを追加することで、この要件を満たしています。プレイヤーがギアを変えると、set_cogやset_chainringメソッドが実行されます。これらのメソッドは新しい値を保存し、そしてGearのchangedメソッドを実行します（20行目）。するとこのメソッドはchangedをobserverに送ります。その際、現在のチェーンリングとコグも合わせて送ります。

```
1  class Gear
2    attr_reader :chainring, :cog, :wheel, :observer
3    def initialize(args)
4      # ...
5      @observer  = args[:observer]
6    end
7
8    # ...
9
10   def set_cog(new_cog)
11     @cog = new_cog
12     changed
13   end
14
15   def set_chainring(new_chainring)
16     @chainring = new_chainring
17     changed
18   end
19
20   def changed
21     observer.changed(chainring, cog)
22   end
23 # ...
24 end
```

Gearに新しい責任が増えました。コグやチェーンリングが変わったときは、必ずobserverに通知する必要があります。この新しい責任は、ギアインチを計算するという以前の責任と同じくらい重要です。プレイヤーがギアを変えたとき、アプリケーションが正しくあるためには、Gearがobserverにchangedを送る必要があります。テストは、このメッセージが送られたことを証明すべきです。

その際、ただ証明するだけではいけません。observerのchangedメソッドの戻り値についての表明はせずに、証明すべきです。Wheelのテストが、自身の唯一の責任はそのdiameterメソッドの戻り値について表明することだと主張したように、observerのテストが、そのchangedメソッドの結果を明らかにする責任を負います。メッセージの戻り値に対するテストを行う責任は、その受け手にあります。それ以外のところでそのテストをすれば重複になり、コストを上げてしまいます。

重複を避けるには、戻り値の確認をせずともGearがchangedをobserverに送ることを証明できる方法が必要です。幸いにも、これはかんたんです。ここで「モック」が必要となります。状態のテストとは対照的に、モックは、振る舞いのテストです。メッセージが何を戻すかの表明をするのではなく、メッセージが送られるという期待を定義します。

下のテストは、Gearが自身の責任を果たすこと、および、その際observerの振る舞い方の詳細に結びついていないこと、を証明します。テストではモックをつくり（4行目）observerの代わりに挿入しています（8行目）。それぞれのテストメソッドではモックにchangedメッセージを受け取ることを期待するように伝え（12行目と18行目）、確かに受け取ったことを確認します（14行目と20行目）。

```
 1 class GearTest < MiniTest::Unit::TestCase
 2
 3   def setup
 4     @observer = MiniTest::Mock.new
 5     @gear     = Gear.new(
 6                   chainring: 52,
 7                   cog:       11,
 8                   observer:  @observer)
 9   end
10
11   def test_notifies_observers_when_cogs_change
12     @observer.expect(:changed, true, [52, 27])
13     @gear.set_cog(27)
14     @observer.verify
15   end
16
17   def test_notifies_observers_when_chainrings_change
18     @observer.expect(:changed, true, [42, 11])
19     @gear.set_chainring(42)
20     @observer.verify
21   end
22 end
```

これはモックの典型的な使い方です。上記のtest_notifies_observers_when_cogs_changeテストでは、12行目でモックにどのメッセージを期待するかを伝え、13行目でこの期待が満たされるべき振る舞いを実行しています。そして14行目で、本当に満たされたかをモックに確認するよう伝えています。テストがパスするのは、set_cogをgearに送ることで、与えられた引数でobserverがchangedを受け取る何かが実行されるときのみです。

モックはメッセージに対して、それを受け取ったことの記憶しかしていないことに気づいてください。テスト対象のオブジェクトが、observerがchangedを受け取ったときの戻り値に依存しているときは、適切な値を返すようにモックを設定できます。しかし、この戻り値は重要ではありません。モックはメッセージが送られたことを証明するためのものであり、結果を返すのはテストの進行に必要なときのみです。

observerのchangedメソッドを（完全に何もしないようなかたちで）モックしてもGearはまったく問題なく動作する、という事実によって証明されるのは、Gearはchangedメソッドが実際に何をするかを気にしないことです。Gearの唯一の責任は該当のメッセージを送ることだけです。したがって、このテストはGearがそうすることを証明するだけにとどまるべきです。

適切に設計されたアプリケーションでは、送信メッセージのテストは簡潔です。前もって依存オブジェクトを注入していれば、かんたんにモックに置き換えられます。モックに期待を設定することによって、テスト対象オブジェクトがその責任を果たすことを、ほかのどこかに属する表明を複製することなく証明できます。

9.5 ダックタイプをテストする

「9.2　受信メッセージをテストする」では、テストの役割という領域まで入り込みました。そこでは問題を提起したものの、満足のいく解決法は提示しませんでした。ここで、再度そのトピックに戻り、ダックタイプをテストする方法を探っていきましょう。この節では、「ロールの担い手が共有できるテスト」の書き方を示します。その後、もとの問題に戻り、テストダブルが古くなってしまうことを防ぐために、共有可能なテストを使います。

ロールをテストする

この最初のコードは、「第5章　ダックタイピングでコストを削減する」のPreparerダックタイプのものです。最初のいくつかのコード例は、第5章での学びを反復します。問題をはっきりと覚えていれば、最初のテストまでさっと読み飛ばしてしまって構いません。

記憶を再起するために、ここにもとのMechanic、TripCoordinator、Driverクラスを示しておきましょう。

```
1 class Mechanic
2   def prepare_bicycle(bicycle)
```

```
 3      #...
 4    end
 5  end
 6
 7  class TripCoordinator
 8    def buy_food(customers)
 9      #...
10    end
11  end
12
13  class Driver
14    def gas_up(vehicle)
15      #...
16    end
17    def fill_water_tank(vehicle)
18      #...
19    end
20  end
```

これらのクラスはそれぞれ、理にかなったパブリックインターフェースを持ちます。しかし、下に示すとおり、旅行の準備をするためにTripがそれらのインターフェースを使うときは、それぞれのオブジェクトのクラスを確認し、どのメッセージを送るかを確認しなければなりませんでした。

```
 1  class Trip
 2    attr_reader :bicycles, :customers, :vehicle
 3
 4    def prepare(preparers)
 5      preparers.each {|preparer|
 6        case preparer
 7        when Mechanic
 8          preparer.prepare_bicycles(bicycles)
 9        when TripCoordinator
10          preparer.buy_food(customers)
11        when Driver
12          preparer.gas_up(vehicle)
13          preparer.fill_water_tank(vehicle)
14        end
15      }
```

```
16     end
17   end
```

上記のcase文が、いま存在する3つの具象クラスにprepareを結合しています。prepareメソッドをテストしたり、新しいpreparerをこの混在に追加したりした場合の影響について考えてみましょう。このメソッドのテストはつらく、メンテナンスコストも高くつきます。

このアンチパターンを使いつつもテストがないコードに遭遇した場合、テストを書く前にリファクタリングをして、より良い設計にすることを考えましょう。テストなしの変更は常に危険を伴いますが、この危ういコードの山はとても壊れやすいので、最初にリファクタリングをすることこそ、おそらく最も費用対効果の高い戦略です。この問題を修正するリファクタリングは簡潔であるうえに、その後のすべての変更を、よりかんたんなものにします。

リファクタリングの第一歩は、Preparerのインターフェースを決め、そのインターフェースをロールの担い手すべてに実装することです。Preparerのパブリックインターフェースがprepare_tripであれば、以下の変更によりMechanic、TripCoordinator、Driverがロールを担えるようになります。

```
 1  class Mechanic
 2    def prepare_trip(trip)
 3      trip.bicycles.each {|bicycle|
 4        prepare_bicycle(bicycle)}
 5    end
 6
 7    # ...
 8  end
 9
10  class TripCoordinator
11    def prepare_trip(trip)
12      buy_food(trip.customers)
13    end
14
15    # ...
16  end
17
18  class Driver
19    def prepare_trip(trip)
```

```
20      vehicle = trip.vehicle
21      gas_up(vehicle)
22      fill_water_tank(vehicle)
23    end
24    # ...
25  end
```

これでPreparers（Preparerの集まり）が存在するようになったので、Tripのprepareメソッドは、はるかに簡潔にできます。次のリファクタリングでは、固有のクラスのそれぞれに固有のメッセージを送る代わりに、Tripのprepareメソッドが Preparersと協力するようになります。

```
1  class Trip
2    attr_reader :bicycles, :customers, :vehicle
3
4    def prepare(preparers)
5      preparers.each {|preparer|
6        preparer.prepare_trip(self)}
7    end
8  end
```

リファクタリングを完了したので、次はテストを書かねばなりません。上記のコードで協力しているのは、Preparerと（現在はPreparableの1つと考えられる）Tripです。テストで記述すべきことはPreparerロールの存在であり、証明するべきことは、ロールの担い手がそれぞれが正しく振る舞い、Tripがそれらと適切に協力することです。

Preparerとして振る舞うクラスはいくつかあります。ロールのテストは一度だけ書き、すべての担い手間で共有されるようにすべきでしょう。MiniTestは形式張らないテスティングフレームワークであり、テストの共有は考えられ得る最も単純な方法、つまり、Rubyのモジュールでサポートしています。

次のコードが、Preparerのインターフェースをテストし、記述するモジュールです。

```
1  module PreparerInterfaceTest
2    def test_implements_the_preparer_interface
3      assert_respond_to(@object, :prepare_trip)
4    end
5  end
```

このモジュールが証明するのは@objectがprepare_tripへ応答することです。次のテストでは、このモジュールをMechanicがPreparerであることを証明するために使っています。モジュールをインクルードし（2行目）、セットアップ中に@object変数を経由してMechanicを用意します（5行目）。

```
1  class MechanicTest < MiniTest::Unit::TestCase
2    include PreparerInterfaceTest
3
4    def setup
5      @mechanic = @object = Mechanic.new
6    end
7
8    # @mechanic に依存するほかのテスト
9  end
```

TripCoordinatorとDriverテストも同じパターンに従っています。同じようにモジュールをインクルードして（下の2行目と10行目）、@objectをsetupメソッド内で初期化しています（5行目と13行目）。

```
1  class TripCoordinatorTest < MiniTest::Unit::TestCase
2    include PreparerInterfaceTest
3
4    def setup
5      @trip_coordinator = @object = TripCoordinator.new
6    end
7  end
8
9  class DriverTest < MiniTest::Unit::TestCase
10   include PreparerInterfaceTest
11
12   def setup
13     @driver = @object =  Driver.new
14   end
15 end
```

これら3つのテストを実行すると、満足のいく結果が得られるはずです。

```
1  DriverTest
2    PASS test_implements_the_preparer_interface
3
4  MechanicTest
5    PASS test_implements_the_preparer_interface
6
7  TripCoordinatorTest
8    PASS test_implements_the_preparer_interface
```

PreparerInterfaceTestをモジュールとして定義することで、テストを一度だけ書けば、ロールを担うすべてのオブジェクトで再利用できます。モジュールはテストとドキュメントの両方の役割を果たします。ロールの可視性を高め、新たにつくられたPreparerのどれもが、その責任を首尾良く満たすことをかんたんに証明できるようにしてくれます。

このtest_implements_the_preparer_interfaceメソッドがテストするのは、受信メッセージ、つまり受信オブジェクトのテストに属するメッセージです。そのため、Mechanic、TripCoordinator、Driverのテストにモジュールがインクルードされます。しかし、受信メッセージは送信メッセージと互いに連携しているので、この両方をテストするべきです。今証明したのは、すべての受け手がprepare_tripを正しく実装していることです。次はTripが正しくそれを送っていることを同様に証明せねばなりません。

ご存じのように、送信メッセージが送られたことの証明は、モックに期待を設定すれば終わりです。次のテストではモックをつくり（4行目）、prepare_tripを期待（expect）するように伝えています（6行目）。その後Tripのprepareメソッドを実行し（8行目）、そしてモックが適切なメッセージを受け取ったことを確認しています（9行目）。

```
1  class TripTest < MiniTest::Unit::TestCase
2
3    def test_requests_trip_preparation
4      @preparer = MiniTest::Mock.new
5      @trip     = Trip.new
6      @preparer.expect(:prepare_trip, nil, [@trip])
7
8      @trip.prepare([@preparer])
9      @preparer.verify
10   end
11 end
```

このtest_requests_trip_preparationテストは、モジュールを経由することなくTripTest内に直接存在します。Tripはアプリケーションに存在する唯一のPreparableなので、テストを共有するオブジェクトはありません。ほかのPreparableが増えたときは、テストをモジュールに切り出し、Preparable間で共有すべきです。

このテストを実行することで、TripがPreparerと協力し、その際正しいインターフェースが使われていることが証明されます。

```
1  TripTest
2     PASS test_requests_trip_preparation
```

これでPreparerのロールテスト（役割のテスト）は完了です。これにより以前の問題を再度扱えるようになりました。テスト内でロールの担い手にダブルを使うときの壊れやすさです。

ロールテストを使ったダブルのバリデーション

オブジェクトが正しくロールを担うことを証明できる、再利用可能なテストの書き方がわかりました。このテクニックを、スタブすることで生じる壊れやすさを減らすために使いましょう。

この節のはじめのほうで「夢の世界に生きる」問題が登場しました（P261）。その節の最後のテストでは、誤解を招く誤った結果が生じました。テストが失敗するべきところで、成功してしまったのです。使われなくなったメソッドをスタブしたテストダブルが原因でした。ここに、誤りによって成功するテストを再掲します。

```
1  class DiameterDouble
2
3    def diameter  # インターフェースは 'width' に変わった
4      10          # けれど、この double と Gear は両方とも
5    end           # いまだに 'diameter' を使っている
6  end
7
8  class GearTest < MiniTest::Unit::TestCase
9    def test_calculates_gear_inches
10     gear =  Gear.new(
11               chainring: 52,
12               cog:       11,
13               wheel:     DiameterDouble.new)
14
```

```
15     assert_in_delta(47.27,
16                     gear.gear_inches,
17                     0.01)
18   end
19 end
```

このテストの問題は、DiameterDoubleがDiameterizableロールを担うと主張するものの、実際はその主張は間違っていることにあります。Diameterizableのインターフェースが変わったので、DiameterDoubleはもう過去のものです。この古いダブルによって、テストは、Gearが正しく動くという間違った信念のもとで頼りなく動きます。このとき、実際にはGearTestは同じように間違っているテストダブルと組み合わされたときのみ動きます。アプリケーションは壊れていますが、テストを実行するだけではわからないのです。

最後にWheelTestを見たのは「テストを使ってロールを文書化する」(P262) でした。Diameterizableインターフェースの可視性を高めることで、この問題に立ち向かおうとしたところです。ここに1つ例を示します。6行目にてWheelがwitdhを実装するDiameterizableのように振る舞うことを証明しています。

```
1  class WheelTest < MiniTest::Unit::TestCase
2    def setup
3      @wheel = Wheel.new(26, 1.5)
4    end
5
6    def test_implements_the_diameterizable_interface
7      assert_respond_to(@wheel, :width)
8    end
9
10   def test_calculates_diameter
11     # ...
12   end
13 end
```

このテストには、壊れやすい問題を解決するために必要なピースがすべてそろっています。ロールの担い手の間でテストを共有する方法はわかっていますし、Diameterizableロールの担い手が2つあることも認識しています。そして手元には、どのオブジェクトにも使える、ロールを正しく担っているかの証明に使えるテストがあります。

この問題を解く最初のステップは、test_implements_the_diameterizable_interfaceをWheelからそれ自身のモジュールに切り出すことです。

```
1 module DiameterizableInterfaceTest
2   def test_implements_the_diameterizable_interface
3     assert_respond_to(@object, :width)
4   end
5 end
```

一度このモジュールができれば、切り出された振る舞いを再度WheelTestに導入するのは単純なことです。モジュールをインクルードし（2行目）、@objectをWheelで初期化するだけです（5行目）。

```
1 class WheelTest < MiniTest::Unit::TestCase
2   include DiameterizableInterfaceTest
3 
4   def setup
5     @wheel = @object = Wheel.new(26, 1.5)
6   end
7 
8   def test_calculates_diameter
9     # ...
10  end
11 end
```

この時点でWheelTestは、振る舞いの切り出しを行う以前とまったく同様に動作します。テストを実行するとわかるでしょう。

```
1 WheelTest
2   PASS test_implements_the_diameterizable_interface
3   PASS test_calculates_diameter
```

WheelTestがいまだ成功するのは嬉しいことです。しかし、このリファクタリングは単にコードを再構成するだけでなく、より多くの目的にかないます。Diameterizableが正しく振る舞うことを証明する独立したモジュールを手に入れたので、今度はそのモジュールを、テストダブルがひっそりと古くなってしまうことを防ぐために使えます。

次のGearTestは、この新しいモジュールを使うようにしたものです。9行目から15行目で新しいテストクラスであるDiameterDoubleTestを定義しています。DiameterDoubleTestはGear自体に限られません。その目的は、ダブルの継続的な正しさを保証することで、テストが壊れやすくなるのを防ぐことです。

```
 1  class DiameterDouble
 2    def diameter
 3      10
 4    end
 5  end
 6
 7  # 該当の test double が、このテストが期待する
 8  # インターフェースを守ることを証明する
 9  class DiameterDoubleTest < MiniTest::Unit::TestCase
10    include DiameterizableInterfaceTest
11
12    def setup
13      @object = DiameterDouble.new
14    end
15  end
16
17  class GearTest < MiniTest::Unit::TestCase
18    def test_calculates_gear_inches
19      gear =  Gear.new(
20                chainring: 52,
21                cog:       11,
22                wheel:     DiameterDouble.new)
23
24      assert_in_delta(47.27,
25                      gear.gear_inches,
26                      0.01)
27    end
28  end
```

DiameterDoubleとGearの両方が間違っているという事実によって、このテストの以前のバージョンではテストを通すことができました。現在は、ダブルは正直にそのロールを担うことが証明されていることから、テストの実行によって、ついにエラーが生じるようになりました。

```
1 DiameterDoubleTest
2   FAIL test_implements_the_diameterizable_interface
3         Expected #<DiameterDouble:...> (DiameterDouble)
4           to respond to #width.
5 GearTest
6   PASS test_calculates_gear_inches
```

GearTestは依然として間違ったまま成功しますが、 ここでは問題ではありません。DiameterDoubleTestが、DiameterDoubleが間違いであると通知するからです。この失敗がDiameterDoubleを修正し、widthを実装することを促してくれます。次の2行目に示すとおりです。

```
1 class DiameterDouble
2   def width
3     10
4   end
5 end
```

この変更後にテストを再実行すると、テストはGearTestで失敗します。

```
1 DiameterDoubleTest
2    PASS test_implements_the_diameterizable_interface
3
4 GearTest
5   ERROR test_calculates_gear_inches
6         undefined method 'diameter'
7           for #<DiameterDouble:0x0000010090a7f8>
8             gear_test.rb:35:in 'gear_inches'
9             gear_test.rb:86:in 'test_calculates_gear_inches'
10
```

DiameterDoubleTestは成功し、GearTestは失敗します。この失敗はGear内の問題を起こしているコード行をはっきりと示します。これでようやく、次の例にあるように、diameterの代わりにwidthを送るために、Gearのgear_inchesメソッドを変えるようテストが伝えるようになりました。

```
1 class Gear
2
```

```
3    def gear_inches
4                    # ついに、'diameter' ではなく 'width' に
5      ratio * wheel.width
6    end
7
8  # ...
9  end
```

この最終の変更を加えてしまえば、アプリケーションは正しくなり、すべてのテストは正しく通ります。

```
1  DiameterDoubleTest
2     PASS test_implements_the_diameterizable_interface
3
4  GearTest
5     PASS test_calculates_gear_inches
```


このテストはただ通るだけではありません。これは、Diameterizableのインターフェースに何が起ころうとも、適切に成功（もしくは失敗）し続けます。テストダブルをロールのほかの担い手と同じように扱い、テストでその正しさを証明するのであれば、テストの壊れやすさは回避でき、影響を気にすることなくスタブができるでしょう。

ダックタイプのテストをしたいという要望によって、ロールに対する共有可能なテストの必要性が生まれました。そして、一度このロールに基づいた視点を獲得してしまえば、さまざまな状況でそれを活用できます。テスト対象オブジェクトから見れば、ほかのオブジェクトはすべてロールです。そして、オブジェクトをそのロールの表現であるように扱うことで結合は緩くなり、柔軟性は高まります。これは、アプリケーションとテストの両方で言えることです。

9.6 継承されたコードをテストする

ついに最後の挑戦にたどり着きました。継承されたコードのテストです。この節では、これまでの節と同じように、以前目にした例を手短に再掲し、そのテストをしていきます。ここでの例は、「第6章　継承によって振る舞いを獲得する」で登場した、最後のBicycle階層構造を使います。その階層構造はのちほど継承には適さないと証明されたものの、用いられたコードに問題はなく、テストの土台として使うには申し分ないでしょう。

継承されたインターフェースを規定する

このBicycleクラスは、第6章のものです。

```
1  class Bicycle
2    attr_reader :size, :chain, :tire_size
3
4    def initialize(args={})
5      @size       = args[:size]
6      @chain      = args[:chain]     || default_chain
7      @tire_size  = args[:tire_size] || default_tire_size
8      post_initialize(args)
9    end
10
11   def spares
12     { tire_size: tire_size,
13       chain:     chain}.merge(local_spares)
14   end
15
16   def default_tire_size
17     raise NotImplementedError
18   end
19
20   # subclasses may override
21   def post_initialize(args)
22     nil
23   end
24
25   def local_spares
26     {}
27   end
28
29   def default_chain
30     '10-speed'
31   end
32 end
```

次のコードはRoadBikeのものです。Bicycleのサブクラスの1つでした。

```
1  class RoadBike < Bicycle
2    attr_reader :tape_color
3
4    def post_initialize(args)
5      @tape_color = args[:tape_color]
6    end
7
8    def local_spares
9      {tape_color: tape_color}
10   end
11
12   def default_tire_size
13     '23'
14   end
15 end
```


テストの最初の目標は、この階層構造に属するすべてのオブジェクトが、その契約を守っていることを証明することです。リスコフの置換原則は、派生型はその上位型と置換可能であるべき、と言っています。この原則に違反すると、期待どおりに振る舞わない、信頼のできないオブジェクトが生まれます。階層内のすべてのオブジェクトがリスコフの原則に従っていることを証明する最もかんたんな方法は、その共通の契約に共有されるテストを書き、すべてのオブジェクトにそのテストをインクルードすることです。

契約は、共通のインターフェースに備わっています。次のテストは、インターフェースを明確に示し、Bicycleとは何かを定義しています。

```
1  module BicycleInterfaceTest
2    def test_responds_to_default_tire_size
3      assert_respond_to(@object, :default_tire_size)
4    end
5
6    def test_responds_to_default_chain
7      assert_respond_to(@object, :default_chain)
8    end
9
10   def test_responds_to_chain
11     assert_respond_to(@object, :chain)
12   end
13
```

```
14    def test_responds_to_size
15      assert_respond_to(@object, :size)
16    end
17
18    def test_responds_to_tire_size
19      assert_respond_to(@object, :tire_size)
20    end
21
22    def test_responds_to_spares
23      assert_respond_to(@object, :spares)
24    end
25  end
```

BicycleInterfaceTestを通るオブジェクトであれば、どれでもBicycleのように振る舞うと信頼できます。Bicycle階層構造内のすべてのクラスは、このインターフェースに応答しなければならず、またこのテストが通るようになっているべきです。次の例では、このインターフェーステストを抽象スーパークラスのBicycleTestにインクルードし（2行目）、RoadBikeTestにもインクルードしています（10行目）。

```
1   class BicycleTest < MiniTest::Unit::TestCase
2     include BicycleInterfaceTest
3
4     def setup
5       @bike = @object = Bicycle.new({tire_size: 0})
6     end
7   end
8
9   class RoadBikeTest < MiniTest::Unit::TestCase
10    include BicycleInterfaceTest
11
12    def setup
13      @bike = @object = RoadBike.new
14    end
15  end
```

テストを実行すると説明が表示されます。

```
BicycleTest
  PASS test_responds_to_default_chain
  PASS test_responds_to_size
  PASS test_responds_to_tire_size
  PASS test_responds_to_chain
  PASS test_responds_to_spares
  PASS test_responds_to_default_tire_size

RoadBikeTest
  PASS test_responds_to_chain
  PASS test_responds_to_tire_size
  PASS test_responds_to_default_chain
  PASS test_responds_to_spares
  PASS test_responds_to_default_tire_size
  PASS test_responds_to_size
```


-Note-

BicycleTestとRoadBikeTestの内容が異なる順番で実行されることに驚かないでください。テストのランダムな実行はMiniTestの機能です。

BicycleInterfaceTestはどんな種類のBicycleでも動作し、新たに作成されたどんなサブクラスにもかんたんにインクルードできます。これによりインターフェースは文書化され、意図しない不具合も防止されます。

サブクラスの責任を規定する

Bicycleはすべて共通のインターフェースを持ちますが、それだけではありません。スーパークラスのBicycleによって、サブクラスには要件が課されます。

◉サブクラスの振る舞いを確認する

サブクラスがたくさんあるので、それぞれが要件を満たすことを証明するためには、テストを共有するべきでしょう。ここに、サブクラスに課される要件を文書化するテストを示します。

```
module BicycleSubclassTest
  def test_responds_to_post_initialize
    assert_respond_to(@object, :post_initialize)
  end
```

```
 5
 6    def test_responds_to_local_spares
 7      assert_respond_to(@object, :local_spares)
 8    end
 9
10    def test_responds_to_default_tire_size
11      assert_respond_to(@object, :default_tire_size)
12    end
13  end
```

このテストは、Bicycleのサブクラスに求められる要件をコードに落とし込んでいます。これらのメソッドをサブクラスが実装することは強制しません。実際、サブクラスのpost_initializeとlocal_sparesの継承は自由です。このテストは単に、サブクラスが何か突拍子もないことをして、これらのメッセージを壊すようなことをしていないかを証明するだけです。サブクラスによって実装されなければならないメソッドは、default_tire_sizeのみです。スーパークラスのdefault_tire_sizeはエラーを起こします。つまり、サブクラスが自分用のバージョンを実装しない限り、このテストは失敗するのです。

RoadBikeはBicycleのように振る舞うので、すでにそのテストではBicycleInterfaceTestをインクルードしています。次のテストは新しくBicycleSubclassTestをインクルードするように変更したものです。RoadBikeは、Bicycleのサブクラスのようにも振る舞うべきでしょう。

```
1  class RoadBikeTest < MiniTest::Unit::TestCase
2    include BicycleInterfaceTest
3    include BicycleSubclassTest
4
5    def setup
6      @bike = @object = RoadBike.new
7    end
8  end
```

この変更されたテストを実行すると、追加の説明がされます。

```
1  RoadBikeTest
2     PASS test_responds_to_default_tire_size
3     PASS test_responds_to_spares
```

```
4     PASS test_responds_to_chain
5     PASS test_responds_to_post_initialize
6     PASS test_responds_to_local_spares
7     PASS test_responds_to_size
8     PASS test_responds_to_tire_size
9     PASS test_responds_to_default_chain
```

Bicycleのサブクラスはどれも、これらの同じ2つのモジュールを共有できます。どのサブクラスもBicycleとBicycleのサブクラスのように振る舞うべきだからです。たとえMountainBikeをしばらく目にしていなくとも、これら2つのモジュールをそのテストに加えることで、MountainBikeがサブクラスのまっとうな一員であると保証できる価値は、十分にわかっていただけるでしょう。

```
1 class MountainBikeTest < MiniTest::Unit::TestCase
2   include BicycleInterfaceTest
3   include BicycleSubclassTest
4
5   def setup
6     @bike = @object = MountainBike.new
7   end
8 end
```


BicycleInterfaceTestとBicycleSubclassTestが組み合わさり、サブクラスに共通する振る舞いをテストする際の苦痛をすべて取り去ってくれます。これらのテストにより、サブクラスが標準から外れていないことを確信できるうえ、新参のメンバーはまったく安全にサブクラスをつくれるようになります。新たに加わるプログラマーは、要件を掘り起こすためにスーパークラスを探し回る必要はありません。新たにサブクラスを書くときは、単にこれらのテストをインクルードすればよいのです。

◉スーパークラスによる制約を確認する

Bicycleクラスは、サブクラスがdefault_tire_sizeを実装していない場合エラーを起こすべきでしょう。この要件はサブクラスに課されるものの、実際に制約を課す振る舞いをするのはBicycleです。それゆえ、テストはBicycleTestに直接置きます。次のコードの8行目に示すとおりです。

```
1  class BicycleTest < MiniTest::Unit::TestCase
2    include BicycleInterfaceTest
3
4    def setup
5      @bike = @object = Bicycle.new({tire_size: 0})
6    end
7
8    def test_forces_subclasses_to_implement_default_tire_size
9      assert_raises(NotImplementedError) {@bike.default_tire_size}
10   end
11 end
```

BicycleTestの5行目のBicycleの作成時に、タイヤのサイズ(奇妙なサイズですが)を与えていることに注意してください。Bicycleのinitializeメソッドを見返してみると、その理由がわかります。initializeメソッドは、tire_sizeを値として受け取るか、もしくはdefault_tire_sizeメッセージを送ることで取得できると思っています。もし5行目でtire_sizeを引数からなくしてしまうと、このテストはsetupメソッドでBicycleのインスタンスをつくっている最中に死んでしまいます。この引数がないと、Bicycleはオブジェクトを初期化できません。

tire_size引数が必要なのは、Bicycleが抽象クラスでありnewメッセージを受け取ることを予期していないからです。Bicycleには親しみやすくすてきな作成プロトコルはありません。実際のアプリケーションでは、Bicycleのインスタンスをつくることはありえないため、必要ないのです。しかし、アプリケーションが新しいBicycleのインスタンスをつくらないからといって、それは絶対に起こらないのでしょうか。もちろんそんなことはありません。上記のBicycleTestの5行目では、抽象クラスのインスタンスを明らかに新しくつくっています。

この問題は、抽象クラスのテストにはいつでも起こり得ます。BicycleTestはテストを実行するためにオブジェクトを必要とします。最も明白な候補はBicycleのインスタンスです。しかし、抽象クラスのインスタンスの作成は、難しいか、かなり難しいか、不可能かのどれかです。幸運なことにこのテストでは、Bicycleの作成プロトコルがtire_sizeを渡せば、Bicycleのインスタンスをつくれるようになっていました。しかし、テストできるオブジェクトをつくるのは、いつもこんなにかんたんにいくものではありません。より洗練された戦略が必要とされるときもあるでしょう。幸いにも、この一般的な問題をかんたんに乗り越える方法があります。それは、「抽象スーパークラスの振る舞いをテストする」(P290)で取り扱うことにしましょう。

現時点では、tire_sizeを引数で渡すことで問題なく動作しています。BicycleTestを実行すると、より抽象クラスらしい結果が表示されます。

```
1 BicycleTest
2     PASS test_responds_to_default_tire_size
3     PASS test_responds_to_size
4     PASS test_responds_to_default_chain
5     PASS test_responds_to_tire_size
6     PASS test_responds_to_chain
7     PASS test_responds_to_spares
8     PASS test_forces_subclasses_to_implement_default_tire_size
```

固有の振る舞いをテストする

継承のテストに関して、ここまでは共通の性質をテストすることについて集中的に取り扱ってきました。できあがったテストのほとんどは共有可能で、最終的にはモジュール（BicycleInterfaceTestとBicycleSubclassTest）に置かれました。一方、1つ（test_forces_subclasses_to_implement_default_tire_size）だけは、BicycleTestに直に置かれました。

共通の振る舞いを分配し終えたところで、2つのギャップが残っています。特化した部分のテストはいまだにありません。具象的なサブクラスによって用意されるものと、抽象的なスーパークラスに定義されるものの両方についてです。まずは、前者を取り上げます。個々のサブクラスで特化しているものをテストします。その後視点を階層構造の上部へと移し、Bicycleに固有の振る舞いをテストしていきましょう。

◉具象サブクラスの振る舞いをテストする

ついに、必要最低限の数のテストを書くことに注力するときがきました。RoadBikeクラスを振り返ってみましょう。共有されたモジュールによって振る舞いの大部分は証明されています。残るテストは、RoadBikeで特化したところです。

これらの特化した部位をテストする際に重要なのは、スーパークラスの知識をテスト内に埋め込まないことです。たとえば、RoadBikeはlocal_sparesを実装し、sparesにも応答します。RoadBikeTestは意図的にsparesメソッドの存在を無視していることを伝えつつ、local_sparesが動作することを保証するべきです。共有されたBicycleInterfaceTestは、RoadBikeが正しくsparesに応答することを証明しているので、このテスト内でそれを直接参照することは冗長であり、結局は制限になります。

一方でlocal_sparesメソッドは、明らかにRoadBikeの責任です。次の9行目で、この特化した箇所を直接RoadBikeTest内でテストしています。

```
1  class RoadBikeTest < MiniTest::Unit::TestCase
2    include BicycleInterfaceTest
3    include BicycleSubclassTest
4
5    def setup
6      @bike = @object = RoadBike.new(tape_color: 'red')
7    end
8
9    def test_puts_tape_color_in_local_spares
10     assert_equal 'red', @bike.local_spares[:tape_color]
11   end
12 end
```

RoadBikeTestを実行すると、それが共通の責任をまっとうし、また自身で特化も行っていることがわかるでしょう。

```
1  RoadBikeTest
2     PASS test_responds_to_default_chain
3     PASS test_responds_to_default_tire_size
4     PASS test_puts_tape_color_in_local_spares
5     PASS test_responds_to_spares
6     PASS test_responds_to_size
7     PASS test_responds_to_local_spares
8     PASS test_responds_to_post_initialize
9     PASS test_responds_to_tire_size
10    PASS test_responds_to_chain
```

◉抽象スーパークラスの振る舞いをテストする

これでサブクラスの特化した箇所はテストできました。今度は、一歩下がってスーパークラスのテストを終わらせましょう。視点を階層構造の上、Bicycleへと上げると、以前遭遇した問題に再度ぶつかります。Bicycleは抽象スーパークラスなのです。Bicycleのインスタンスをつくることは難しいだけでなく、そのインスタンスはテストを実行するために必要なすべての振る舞いを持たない可能性もあります。

幸いにも、設計スキルで問題は解決できます。Bicycleは具象的な特化を獲得するためにテンプレートメソッドを使っているので、通常はサブクラスによって提供される振る舞いをスタブできます。さらに良いことに、リスコフの置換原則を理解したので、このテストのためだけに使われるサブクラスをつくることで、テスト可能なBicycleのインスタンスをかんたんにつくれます。

次のテストは、まさしくそのような戦略をとったものです。1行目で新しいクラスであるStubbedBikeを、Bicycleのサブクラスとして定義しています。テストではこのクラスのインスタンスをつくり（15行目）、サブクラスによるlocal_sparesへの寄与を、Bicycleがsparesに正しく含められているかの証明に使っています（23行目）。

14行目のように、tire_sizeを引数に渡す必要があったとしても、抽象クラスであるBicycleのインスタンスをつくることは便利なときもあります。このBicycleのインスタンスはテストで使われ続けます。ここでは、18行目で抽象クラスがサブクラスにdefault_tire_sizeの実装を強制することを証明するために使っています。

この2種類のBicycleは、次のように、1つのテストに問題なく共存しています。

```
 1 class StubbedBike < Bicycle
 2   def default_tire_size
 3     0
 4   end
 5   def local_spares
 6     {saddle: 'painful'}
 7   end
 8 end
 9
10 class BicycleTest < MiniTest::Unit::TestCase
11   include BicycleInterfaceTest
12
13   def setup
14     @bike = @object = Bicycle.new({tire_size: 0})
15     @stubbed_bike   = StubbedBike.new
16   end
17
18   def test_forces_subclasses_to_implement_default_tire_size
19     assert_raises(NotImplementedError) {
20       @bike.default_tire_size}
21   end
22
23   def test_includes_local_spares_in_spares
24     assert_equal @stubbed_bike.spares,
25                  { tire_size: 0,
26                    chain:     '10-speed',
```

```
27                    saddle:     'painful'}
28   end
29 end
```

スタブを用意するためにサブクラスをつくるというアイデアは、多くの状況で役に立ちます。リスコフの置換原則を破らない限り、どのテストでもこのテクニックを使えます。

BicycleTestを実行すると、sparesの一覧にサブクラスの寄与が含まれることが証明されます。

```
1 BicycleTest
2    PASS test_responds_to_spares
3    PASS test_responds_to_tire_size
4    PASS test_responds_to_default_chain
5    PASS test_responds_to_default_tire_size
6    PASS test_forces_subclasses_to_implement_default_tire_size
7    PASS test_responds_to_chain
8    PASS test_includes_local_spares_in_spares
9    PASS test_responds_to_size
```

最後にもう1つ要点を述べましょう。StubbedBikeが古くなってしまい、BicycleTestが失敗するべきときに通ってしまうようになることを恐れるとき、その解決法はすぐ近くにあります。すでに共通のBicycleSubclassTestがあります。DiameterDoubleが上手に振る舞い続けることを保証するためにDiameterizableInterfaceTestを使ったように、BicycleSubclassTestをStubbedBikeの継続的な正しさを保証するために使えます。次のコードをBicycleTestに追加しましょう。

```
1 # このテストが期待するインターフェースを、
2 # テストダブルが守ることを証明する
3 class StubbedBikeTest < MiniTest::Unit::TestCase
4   include BicycleSubclassTest
5
6   def setup
7     @object = StubbedBike.new
8   end
9 end
```

この変更を加えてBicycleTestを実行すれば、追加の結果が得られます。

```
1 StubbedBikeTest
2     PASS test_responds_to_default_tire_size
3     PASS test_responds_to_local_spares
4     PASS test_responds_to_post_initialize
```

注意深く書かれた継承構造のテストはかんたんです。共有可能なテストを1つ、全体のインターフェースに対して書き、もう1つをサブクラスの責任に対して書きます。1つ1つ責任を隔離していきましょう。特に注意すべきは、サブクラスの特化をテストするときです。スーパークラスの知識がサブクラスのテストに漏れてこないように注意を払いましょう。

抽象スーパークラスのテストは、難しいものです。ですから、リスコフの置換原則を活用しましょう。リスコフの置換原則を最大限活用し、テスト専用のサブクラスをつくるときには、それらのサブクラスにもサブクラスの責任のテストを適用するようにしましょう。それにより、意図せず古くなってしまわないことが保証できます。

9.7 まとめ

テストはなくてはならないものです。適切に設計されたアプリケーションは適切に抽象化されており、絶え間のない進化が求められます。テストがなければ、アプリケーションは理解もできず、安全に変更することもできません。最も良いテストとは、対象のコードと疎結合であり、すべてに対し一度だけテストをし、そしてそれが適切な場所で行われているものです。コストを上げることなく価値を追加します。

注意深くつくられたテストスイートを伴う、適切に設計されたアプリケーションは、見るのも拡張するのも楽しいものです。どんな新たな環境にも対応でき、予期していなかったどんな要求にも応えてくれることでしょう。

あとがき

責任、依存関係、インターフェース、ダック、継承、振る舞いの共有、コンポジション、そしてテスト。これらすべてについて学んできました。オブジェクトの世界に潜り込むことができ、この本が目的を達成できたならば、はじめてオブジェクト指向に触れたころに比べて、いまはオブジェクトについて異なる考えを持っていることでしょう。

「第1章　オブジェクト指向設計」では、オブジェクト指向設計とは依存関係の管理だと述べました。これに変わりはありませんが、あくまでもこれは設計についての1つの事実にすぎません。より真相にあるのは、どんなオブジェクトもある意味すべて同一である、という事実です。オブジェクトが表すものが、アプリケーション全体であろうと、主要なサブシステムであろうと、個々のクラスであろうと、はたまた簡素なメソッドであろうともです。単独で存在するオブジェクトは1つとしてなく、アプリケーションは互いに関連するオブジェクトから構成されます。たとえば鍵と錠前、手と手袋、あるいは呼び出しとその応答、など定義してみるとわかるように、オブジェクトを関連づけるのは、それが何をするかではなく、その間で交わされるメッセージです。オブジェクト指向設計はフラクタルです。言ってみれば、問題の核心は、オブジェクトが互いに交流するための拡張性がある方法を定義することにあり、オブジェクトをどの規模でとらえようと、この問題はいつでも見てとれます。

本書は規則であふれています。依存関係を管理し、インターフェースをつくるための、コードの書き方についての規則です。これらの規則を学んだので、次は自身の目的に合わせて曲げることができます。設計に緊張が伴う理由は、これらの規則を破るためです。上手に破ることを学べば、それは設計者の一番の強みとなります。

設計についての教義は道具であり、繰り返し使うことで自然と手になじみます。これらの道具を使うことで、楽しみながらも、目的にかない、変更可能なアプリケーションをつくれます。アプリケーションが完璧になることはありませんが、くじけてはいけません。完璧さというのは捉えがたく、おそらく到達もできないでしょう。しかし、だからといって追求の自由は奪われません。忍耐、実践、実験、想像。ベストを尽くせば、自然とほかのものもついてくるでしょう。

訳者あとがき

『オブジェクト指向設計実践ガイド』いかがでしたでしょうか。RubyやRails（あるいはほかのオブジェクト指向言語やフレームワーク）をはじめたばかりのような初心者の方には、とても良い内容であったことを切に願います（以下、主にそういった方に向けたあとがきとなっていますが、本書の想定読者は初心者だけではありません）。

オブジェクト指向設計にまつわる知識はまだまだあります。原則、パターン、手法にしても、本書で紹介されているものは一部です。また、実践も到底足りるものではありません。しかし、本書を読んだことで、オブジェクト指向の世界に入り込み、自らの足で、険しくも楽しい旅をはじめる準備ができたと信じています。かくいう訳者も、以前はコードレビューの場などで、設計の議論に参加することも、質問することもできませんでした。そう、本書を読むまでは。本書が訳者にもたらしてくれた杖を、みなさんも同様に手に入れることができれば訳者としても本望です。そして、1人でも多くの方が、オブジェクト指向の概念で挫折することなく、プログラミングを続けてくだされればと思います。本書がみなさんの次なる一歩の支えとなれれば幸いです。

こうして邦訳版が出版されるまでには、多くの方のご尽力がありました。ですから、無事出版できることを嬉しく思います。最初に企画を繋いでくださった高橋和道さん、そして、企画を実現し、最後まで粘り強く、かつ丁寧に編集してくださった山﨑香さん。レビュワーとしてご協力いただいた片桐英人さん、出版の実現に向けてご協力いただいた水野洋樹さん。折を見て相談にのってくださった株式会社Misocaのメンバー、そして西日暮里.rbのメンバーのみなさん。また、ほかに関わってくださった多くのみなさんに、深く感謝いたします。

また、本書の訳および文章における至らぬ点につきましては、訳者の力不足によるものであり、ご協力いただいた方に帰するものではないことをここに記します。

2016年8月の暑い日

髙山 泰基

Index

索引 —— *Index*

N

O

P

R

S

T

U

あ行

か行

Index

さ行

た行

な行

は行

ま行

や行

Index

ら行

■著者紹介

Sandi Metz（サンディ・メッツ）

成長と変化を乗り越え、存続してきたプロジェクトに取り組んできた30年間の経験を持つ。ソフトウェア・アーキテクトとして、デューク大学にて毎日コードを書いている。デューク大学のチームでは、15年以上進化しつづけてきた大規模なオブジェクト指向アプリケーションを抱える顧客の、実際の問題を一丸となって解決している。全力で取り組んでいることは、有用なソフトウェアを極めて実践的な方法によって世に出すこと。本書は、何年にも及ぶホワイトボード上での議論を凝集したものであり、オブジェクト指向設計についての生涯にわたる会話から導き出された理論の集大成となっている。Ruby Nation、Gotham Ruby User's Conferenceにおいて過去数回発表を行った。現在、ノースカロライナのダーラム在住。

■訳者紹介

髙山 泰基（たかやま・たいき）

株式会社Misoca勤務。西日暮里.rbのメンバー。

● 装丁 ……………………………… 花本浩一（麒麟三隻館）
● 本文デザイン／レイアウト … 酒徳葉子（技術評論社）
● 担当 ……………………………… 山﨑香

■お問い合わせについて
本書の内容に関するご質問は、下記の宛先までFAXまたは書面にてお送りください。下記のWebサイトでも質問用フォームをご用意しております。なお電話によるご質問、および本書に記載されている内容以外の事柄に関するご質問にはお答えできかねます。あらかじめご了承ください。

〒162-0846
新宿区市谷左内町21-13
株式会社技術評論社　書籍編集部
「オブジェクト指向設計実践ガイド」質問係
FAX番号　03-3513-6183
Web　http://gihyo.jp/book/2016/978-4-7741-8361-9

※ なお、ご質問の際に記載いただいた個人情報は、ご質問の返答以外の目的には使用いたしません。
また、ご質問の返答後は速やかに破棄させていただきます。

オブジェクト指向設計実践ガイド
～Rubyでわかる 進化しつづける柔軟なアプリケーションの育て方

2016年10月5日　初版　第1刷発行

著者　Sandi Metz
　　　髙山泰基
発行者　片岡　巌
発行所　株式会社技術評論社
　　　東京都新宿区市谷左内町 21-13
　　　電話　03-3513-6150　販売促進部
　　　　　　03-3513-6166　書籍編集部
印刷／製本　港北出版印刷株式会社

定価はカバーに表示してあります。

造本には細心の注意を払っておりますが、万一、乱丁（ページの乱れ）や落丁（ページの抜け）がございましたら、小社販売促進部までお送りください。送料小社負担にてお取り替えいたします。

ISBN978-4-7741-8361-9 C3055
Printed in Japan